建筑结构设计与工程管理

王　晋　黎　新　刘丽霞　主编

吉林科学技术出版社

图书在版编目（CIP）数据

建筑结构设计与工程管理 / 王晋，黎新，刘丽霞主
编 . —— 长春：吉林科学技术出版社，2023.6
　　ISBN 978-7-5744-0819-7

　　Ⅰ . ①建… Ⅱ . ①王… ②黎… ③刘… Ⅲ . ①建筑结
构—结构设计②建筑工程—工程管理 Ⅳ . ① TU318
② TU71

中国国家版本馆 CIP 数据核字 (2023) 第 169770 号

建筑结构设计与工程管理

主　　编　王　晋　黎　新　刘丽霞
出 版 人　宛　霞
责任编辑　袁　芳
封面设计　刘梦杏
制　　版　刘梦杏
幅面尺寸　185mm×260mm
开　　本　16
字　　数　360 千字
印　　张　18.75
印　　数　1–1500 册
版　　次　2023年6月第1版
印　　次　2024年2月第1次印刷

出　　版　吉林科学技术出版社
发　　行　吉林科学技术出版社
地　　址　长春市福祉大路5788号
邮　　编　130118
发行部电话/传真　0431-81629529 81629530 81629531
　　　　　　　　　 81629532 81629533 81629534
储运部电话　0431-86059116
编辑部电话　0431-81629518
印　　刷　三河市嵩川印刷有限公司

书　　号　ISBN 978-7-5744-0819-7
定　　价　113.00元

建筑结构设计是根据建筑、给排水、电气和采暖通风的要求，合理选择建筑物的结构类型和结构构件，采用合理的简化力学模型进行结构计算，然后依据计算结果和国家现行结构设计规范完成结构构件的计算，最后依据计算结果绘制施工图的过程，可以分为确定结构方案、结构计算、施工图设计三个阶段。因此，建筑结构设计是一个非常系统的工作，需要我们掌握扎实的基础理论知识，并具备严肃、认真和负责的工作态度。

"建筑工程项目管理"主要研究建筑工程项目管理的科学规律、理论和方法。建筑工程项目管理是以具体的建设项目或施工项目为对象、目标、内容，不断优化目标的全过程、一次性综合管理与控制过程。鉴于建设项目的一次性，为了节约投资、节能减排和实现建设预期目标、建造符合需求的建筑产品，作为工程建设管理人员，必须清醒地认识到建筑工程项目管理在工程建设过程中的重要性。

优秀的结构设计师，不仅需要树立创新意识，建立开放的知识体系，还需要不断吸取新的科技成果，从而提高自己解决各种复杂问题的能力。创新不是标新立异和哗众取宠，其基础在于工程实践。

本书首先介绍了建筑施工技术；然后详细阐述了建筑结构设计及房产管理内容，以适应当前建筑结构设计与工程管理的发展。

本书突出了基本概念与基本原理，在写作时尝试多方面知识的融会贯通，注重知识层次递进，同时注重理论与实践的结合。希望可以对广大读者提供借鉴或帮助。

由于作者水平和时间所限，书中难免存在错误和不足，恳请读者批评指正。

Contents 目 录

第一章　土方与基坑工程施工工艺

第一节　土方工程概述

土方工程是建筑工程施工的首项工程，主要包括土的开挖、运输和填筑等施工，有时还要进行排水、降水和土壁支护等准备与辅助工作。土方工程具有量大面广、劳动繁重和施工条件复杂等特点，受气候、水文、地质、地下障碍等因素影响较大，不确定因素较多，存在较大的危险性。因此，在施工前必须做好调查研究，选用合理的施工方案，采用先进的施工方法和机械施工，以保证工程的质量和安全。

一、土方工程施工特点

（一）土方工程的工程内容

常见的土方工程施工包括平整场地、挖基槽、挖基坑、挖土方、回填土等。

（1）平整场地。平整场地是指工程破土开工前对施工现场厚度300mm以内地面的挖填和找平。

（2）挖基槽。挖基槽是指挖土宽度在3m以内且长度大于宽度3倍时设计室外地坪以下的挖土。

（3）挖基坑。挖基坑是指挖土底面积在20m³以内且长度小于或等于宽度3倍时设计室外地坪以下挖土。

（4）挖土方。凡是不满足上述平整场地、基槽、基坑条件的土方开挖，均为挖土方。

（5）回填土。回填土可分为夯填和松填。基础回填土和室内回填土通常都采用夯填。

（二）土方工程的施工特点

（1）土方量大，劳动繁重，工期长。因此，为了减轻土方施工繁重的劳动、提高劳动生产率、缩短工期、降低工程成本，在组织土方工程施工时，应尽可能采用机械化施工的方法。

（2）施工条件复杂。土方施工一般为露天作业，受地区、气候、水文地质条件的影响大，同时，受周围环境条件的制约也很多。因此，在组织土方施工前，必须根据施工现场的具体施工条件、工期和质量要求，拟订切实可行的土方工程施工方案。

二、土的工程分类

土的种类繁多，分类方法各异。在土方工程施工中，土的工程分类按土的开挖难易程度可以分为八类，见表1-1所示。表中一类土至四类土为土，五类土至八类土为岩石。在选择施工挖土机械和套用建筑安装工程劳动定额时要依据土的工程类别进行选择。

表1-1　土的分类

土的分类	土的名称	坚实系数	密度（t·m⁻³）	开挖方法及工具
一类土（松软土）	砂土、粉土、冲积砂土层、疏松的种植土、淤泥（泥炭）	0.5～0.6	0.6～1.5	用锹、锄头挖掘，少许用脚蹬
二类土（普通土）	粉质黏土；潮湿的黄土；夹有碎石、卵石的砂；粉土混卵（碎）石、种植土、填土	0.6～0.8	1.1～1.6	用锹、锄头挖掘，少许用镐翻松
三类土（坚土）	软及中等密实黏土；重粉质黏土、砾石土；干黄土，含有碎石、卵石的黄土，粉质黏土；压实回填土	0.8～1.0	1.75～1.9	主要用镐，少许用锹、锄头挖掘，部分用撬棍
四类土（砂砾坚土）	坚硬密实的黏性土或黄土；含碎石、卵石的中等密实的黏性土或黄土；粗卵石；天然级配砂石；软泥灰岩	1.0～1.5	1.9	先用镐、撬棍，后用锹挖掘，部分用楔子及大锤
五类土（软石）	硬质黏土；中密的页岩、泥灰岩、白垩土；胶结不紧的砾岩，软石灰及贝壳石灰石	1.5～4.0	1.1～2.7	用镐或撬棍、大锤挖掘，部分使用爆破方法
六类土（次坚石）	泥岩，砂岩，砾岩；坚实的页岩、泥灰岩，密实的石灰岩；风化花岗石、片麻岩及正长岩	4.0～10.0	2.2～2.9	用爆破方法开挖，部分用风镐
七类土（坚石）	大理石；辉绿岩；玢岩；粗、中粒花岗石；坚实的白云岩、砂岩、砾岩、片麻岩、石灰岩；微风化的安山岩、玄武岩	10.0～18.0	2.5～3.1	用爆破方法开挖
八类土（特坚石）	安山岩；玄武岩；花岗片麻岩；坚实的细粒花岗石、闪长岩、石英岩、辉长岩、辉绿岩、玢岩、角闪岩	18.0～25.0以上	2.7～3.3	用爆破方法开挖

三、土的性质

土一般由土颗粒（固相）、水（液相）和空气（气相）三部分组成，这三部分之间的比例关系随着周围条件的变化而变化。三者之间比例不同，反映出土的物理状态也不同，如干燥、稍湿或很湿，密实、稍密或松散。这些指标是最基本的物理性质指标，对评价土的工程性质，进行土的工程分类具有重要的意义。

土的三相物质是混合分布的，为阐述方便，一般用土的三相图表示。三相图中将土的固体颗粒、水、空气各自划分开来。

（1）土的天然密度和干密度。土在天然状态下单位体积的质量，称为土的天然密度。单位体积中土的固定颗粒的质量称为土的干密度。

土的干密度越大，表示土越密实。工程上常将土的干密度作为评定土体密实程度的标准，以控制填土工程的压实质量。

（2）土的天然含水率。土的含水率是土中水的质量与固体颗粒质量之比的百分率。

（3）土的孔隙比和孔隙率。孔隙比和孔隙率反映了土的密实程度，孔隙比和孔隙率越小土越密实。

对于同一类土，孔隙率越大，孔隙体积就越大，从而使土的压缩性和透水性都增大，土的强度降低。故工程上也常用孔隙比来判断土的密实程度和工程性质。

（4）土的可松性。土具有可松性，即自然状态下的土经开挖后，其体积因松散而增大，以后虽经回填压实，仍不能恢复其原来的体积。

土的可松性对确定场地设计标高、土方量的平衡调配、计算运土机具的数量和弃土坑的容积，以及计算填方所需的挖方体积等均有很大影响。

（5）土的压缩性。土的压缩性是指土在压力作用下体积变小的性质。取土回填或移挖作填，松土经运输、填压以后，均会压缩。

（6）土的渗透性。土的渗透性是指土体被水透过的性质，通常用渗透系数 K 表示。渗透系数 K 表示单位时间内水穿透土层的能力，以 m/d 表示。根据渗透系数不同，土可分为透水性土（如砂土）和不透水性土（如黏土）。土的渗透性影响施工降水与排水的速度。

第二节　土方工程量计算

　　土方工程开工前，需要先计算出土方工程量，以便拟订施工方案，配备人力和物力，安排施工计划，控制施工进度，预算工程费用。

　　工程中需要挖掘或填筑的土方几何形状与大小，随工程种类、要求与地形不同而各异。对于不规则的土方几何体积，一般是先将其划分成若干较规则的形状，然后逐一计算，再求其总和，基本可以满足所需的计算精度。

一、基坑（槽）土方量计算

（一）边坡坡度

土方边坡用边坡坡度和边坡系数表示。

边坡坡度以土方挖土深度 h 与边坡底宽度 b 之比来表示，即

$$土方边坡坡度 = \frac{h}{b} = 1 : m \qquad (1-1)$$

边坡系数以土方边坡底宽度 b 与挖土深度 h 之比来表示，用 m 表示，即土方边坡系数为

$$m = \frac{b}{h} \qquad (1-2)$$

式中：h——土方边坡高度；

　　　　b——土方边坡底宽。

边坡可以做成直线形边坡、折线形边坡或阶梯形边坡。

若边坡高度较高，土方边坡可根据各层土体所受的压力，其边坡可做成折线形或阶梯形，以减少挖填土方量。土方边坡的大小主要与土质、开挖深度、开挖方法、边坡留置时间的长短、边坡附近的各种荷载状况及排水情况有关。

（二）基槽土方量计算

基槽开挖时，两边留有一定的工作面，分放坡开挖和不放坡开挖两种情形。

当基槽不放坡时，

$$V=h（a+2c）L \tag{1-3}$$

当基槽放坡时，

$$V=h（a+2c+mh）L \tag{1-4}$$

式中：V——基槽土方量（m³）；

a——基础底面宽度（m）；

h——基槽开挖深度（m）；

c——工作面宽（m）；

m——坡度系数；

L——基槽长度（外墙按中心线，内墙按净长线）（m）。

如果基槽沿长度方向断面变化较大，应分段计算，然后将各段土方量汇总即得总土方量。

（三）基坑土方量计算

基坑开挖时，四边留有一定的工作面，分放坡开挖和不放坡开挖两种情况。

当基坑不放坡时，

$$V=h（a+2c）（b+2c） \tag{1-5}$$

当基坑放坡时，

$$V=h（a+2c+mh）（b+2c+mh）+m^2h^3 \tag{1-6}$$

式中：V——基坑土方量（m³）；

h——基坑开挖深度（m）；

a——基础底长（m）；

b——基础底宽（m）；

c——工作面宽（m）；

m——坡度系数。

二、场地平整土方工程量计算

场地平整就是将自然地面改造成人们所要求的平面。场地设计标高应满足规划、生产工艺及运输、排水及最高洪水水位等要求，并力求使场地内土方挖填平衡且土方量最小。建筑工程项目施工前需要确定场地设计平面，并进行场地平整。

（一）场地设计标高的初步确定

小型场地平整如对场地标高无特殊要求，一般可以根据平整前后土方量相等的原则求得设计标高，但是这仅仅意味着把场地推平，使土方量和填方量相等、平衡，并不能从根本上保证土方量调配最小。

计算场地设计标高时，首先在场地的地形图上根据要求的精度划分边长为10～40m的方格网，然后标出各方格角点的自然标高。各角点自然标高可根据地形图上相邻两等高线的标高，用插入法求得，当无地形图或场地地形起伏较大（用插入法误差较大）时，可在地面用木桩打好方格网，然后用仪器直接测出自然标高。

按照挖填方平衡的原则，场地设计标高即为各个方格平均标高的平均值，可按下式计算：

$$H_0 \cdot M \cdot a^2 = \sum \left(a^2 \cdot \frac{H_{16} + H_{17} + H_{21} + H_{22}}{4} \right) \qquad (1-7)$$

所以

$$H_0 = \frac{\sum (H_{16} + H_{17} + H_{21} + H_{22})}{4M} \qquad (1-8)$$

式中：H_0——所计算场地的设计标高（m）；

a——方格边长（m）；

M——方格数；

H_{16}、H_{17}、H_{21}、H_{22}——任一方格的四个角点的标高（m）。

由于相邻方格具有公共的角点标高，在一个方格网中，某些角点是4个相邻方格的公共角点，其标高需加4次；某些角点是3个相邻方格的公共角点，其标高需加3次；而某些角点标高仅需加2次；又如方格网4角的角点标高仅需加1次，因此上式可改写成

$$H_0 = \frac{\sum H_1 + 2\sum H_2 + 3\sum H_3 + 4\sum H_4}{4M} \qquad (1-9)$$

式中：H_1——1个方格仅有的角点标高（m）；

H_2——2个方格共有的角点标高（m）；

H_3——3个方格共有的角点标高（m）；

H_4——4个方格共有的角点标高（m）。

（二）设计标高的调整

根据上述公式计算出的设计标高只是一个理论值，实际上还需要考虑以下因素进行

调整：

（1）由于土壤具有可松性，即一定体积的土方开挖后体积会增大，为此需相应提高设计标高，以达到土方量的实际平衡。

（2）设计标高以上的各种填方工程（如场区上填筑路堤）会影响设计标高的降低，设计标高以下的各种挖方工程会影响设计标高的提高（如开挖河道、水池、基坑等）。

（3）根据经济比较的结果，将部分挖方就近弃于场外，或部分填方就近取于场外而引起挖、填土方量的变化后，需增、减设计标高。

（三）考虑泄水坡度对设计标高的影响

如果按照上式计算出的设计标高进行场地平整，那么整个场地表面将处于同一个水平面；但实际上由于排水要求，场地表面均有一定的泄水坡度。因此，还需根据场地泄水坡度的要求（单面泄水或双面泄水），计算出场地内各方格角点实际施工时所采用的设计标高。

（1）单向泄水时，场地各点设计标高的求法。在考虑场内挖填平衡的情况下，将上式计算出的设计标高 H_0，作为场地中心线的标高，场地内任一点的设计标高为

$$H_n = H_0 \pm Li \qquad (1\text{-}10)$$

式中：H_n——任意一点的设计标高（m）；

L——该点至 H_0 的距离（m）；

i——场地泄水坡度，不小于0.2%；

±——该点比 H_0 点高则取"+"，反之取"-"。

（2）双向泄水时，场地各点设计标高的求法。H_0 为场地中心点标高，场地内任意一点的设计标高为

$$H_n = H_0 \pm l_x i_x \pm l_y i_y \qquad (1\text{-}11)$$

式中：l_x，l_y——该点于 $x\text{-}y$、$y\text{-}y$ 方向距场地中心线的距离；

i_x，i_y——该点于 $x\text{-}y$、$y\text{-}y$ 方向的泄水坡度。

式中其余符号意义同前。

（四）场地土方量的计算

大面积场地平整的土方量通常采用方格网法计算，即根据方格网各方格角点的自然地面标高和实际采用的设计标高，计算出相应的角点挖填高度（施工高度），然后计算每一方格的土方量，并计算出场地边坡的土方量。

（1）计算各方格角点的施工高度。施工高度是设计地面标高与自然地面标高的差值，将各角点的施工高度填在方格网的右上角；设计标高和自然地面标高分别标注在方格网的右下角和左下角；方格网的左上角填的是角点编号。

（2）计算零点位置。在一个方格网内同时有填方或挖方时，要先计算出方格网边的零点位置。所谓"零点"，是指方格网边线上不挖不填的点。将零点位置标注于方格网上，将各相邻边线上的零点连接起来，即为零线。零线是挖方区和填方区的分界线，零线求出后，场地的挖方区和填方区也随之标出。一个场地内的零线不是唯一的，可能是一条，也可能是多条。当场地起伏较大时，零线可能出现多条。

（3）计算方格土方工程量。按方格网底面积图形计算每个方格内的挖方或填方量。表内公式是按各计算图形底面积乘以平均施工高度而得出的，即平均高度法。

（4）边坡土方量的计量。边坡的土方量可以划分为两种近似几何形体计算：一种为三角棱锥体，另一种为三角棱柱体。

（5）计算土方总量。将挖方区（或填方区）所有方格的土方量和边坡土方量汇总，即可得到场地平整挖（填）方的工程量。

三、土方调配

（一）土方调配的原则

土方工程量计算完毕后，即可着手对土方进行平衡与调配。土方的平衡与调配是土方规划设计的一项重要内容，是对挖土的利用、堆弃和填土这三者之间的关系进行综合平衡处理，达到即使土方运输费用最低又能方便施工的目的。土方调配的原则主要有以下几项：

（1）挖填方平衡和运输量最小。这样可以降低土方工程的成本。然而，仅限于场地范围的平衡，一般很难满足运输量最小的要求，因此，还需根据场地和其周围地形条件综合考虑，必要时可在填方区周围就近借土，或在挖方区周围就近弃土，而不是只局限于场地以内的挖填方平衡，这样才能做到经济合理。

（2）近期施工与后期利用相结合。当工程分期分批施工时，先期工程的土方余额应结合后期工程的需要而考虑其利用数量与堆放位置，以便就近调配。堆放位置的选择应为后期工程创造良好的工作面和施工条件，力求避免重复挖运。如先期工程有土方欠额时，可由后期工程地点挖取。

（3）尽可能与大型地下建（构）筑物的施工相结合。当大型建（构）筑物位于填土区而其基坑开挖的土方量又较大时，为了避免土方的重复挖填和运输，该填土区暂时不予填土。待地下建（构）筑物施工之后再行填土，为此在填方保留区附近应有相应的挖方保留区，或将附近挖方工程的余土按需要合理堆放，以便就近调配。

（4）调配区大小的划分应满足主要土方施工机械工作面大小（如铲运机铲土长度）的要求，使土方机械和运输车辆的效率能得到充分发挥。

总之，进行土方调配，必须根据现场的具体情况、有关技术资料、工期要求、土方机械与施工方法，结合上述原则予以综合考虑，从而制订经济合理的调配方案。

（二）划分土方调配区

划分土方调配区应注意以下几点：

（1）调配区的划分应该与房屋和构筑物的平面位置相协调，并考虑它们的开工顺序、工程的分期施工顺序。

（2）调配区的大小应该满足土方施工用主导机械（铲运机、挖土机等）的技术要求，如调配区的范围应该大于或等于机械的铲土长度，调配区的面积最好和施工段的大小相适应。

（3）调配区的范围应该和土方的工程量计算用的方格网协调，通常由若干个方格组成一个调配区。

（4）当土方运距较大或场区范围内土方不平衡时，可考虑就近借土或就近弃土，这时一个借土区或一个弃土区都可作为一个独立的调配区。

（三）计算土方的平均运距

调配区的大小及位置确定后，便可计算各挖填调配区之间的平均运距。当用铲运机或推土机平土时，挖方调配区和填方调配区土方重心之间的距离，通常就是该挖填调配区之间的平均运距。因此，确定平均运距需先求出各个调配区土方的重心，并把重心标在相应的调配区图上，然后用比例尺量出每对调配区之间的平均运距即可。当挖填方调配区之间的距离较远，采用汽车、自行式铲运机或其他运土工具沿工地道路或规定线路运输时，其运距可按实际计算。

（四）进行土方调配

1.做初始方案

用"最小元素法"求出初始调配方案。所谓"最小元素法"，即对运距最小，优先并最大限度地供应土方量，如此依次分配，直至土方量分配完为止。需注意的是，这只是优先考虑"最近调配"，所求得的总运输量是较小的，但这并不能保证总运输量最小，因此，需判别它是否为最优方案。

2.方案调整。

（1）先在所有负检验数中挑选一个，可选最小。

（2）找出这个数的闭合回路。做法如下：从这个数出发，沿水平或垂直方向前进，遇到适当的有数字的方格做90°转弯（也可不转），然后继续前进，直至回到出发点。

（3）从回路中某一格出发，沿闭合回路（方向任意）一直前进，在各奇数项转角点的数字中，挑选出一个最小的，最后将它调到原方格中。

（4）将被挑出方格中的数字视为0，同时，将闭合回路其他奇数项转角上的数字都减去同样数字，使挖填方区土方量仍然保持平衡。

（五）绘制土方调配图

根据表上作业法求得的最优调配方案，在场地地形图上绘出土方调配图，图上应标出土方调配方向、土方数量及平均运距。

第三节　基坑支护与排水、降水

一、基坑工程的设计原则与基坑安全等级

（一）基坑支护结构的极限状态

根据中华人民共和国现行行业标准《建筑基坑支护技术规程》（JGJ 120-2012）的规定，基坑支护结构应采用以分项系数表示的极限状态设计方法进行设计。

基坑支护结构的极限状态，可分为承载能力极限状态和正常使用极限状态两类。

1.承载能力极限状态

（1）支护结构构件或连接因超过材料强度而破坏，或因过度变形而不适于继续承受荷载，或出现压屈、局部失稳。

（2）支护结构及土体整体滑动。

（3）坑底土体隆起而丧失稳定。

（4）对支挡式结构，坑底土体丧失嵌固能力而使支护结构推移或倾覆。

（5）对锚拉式支挡结构或土钉墙，土体丧失对锚杆或土钉的锚固能力。

（6）重力式水泥土墙整体倾覆或滑移。

（7）重力式水泥土墙、支挡式结构因其持力土层丧失承载能力而破坏。

（8）地下水渗流引起的土体渗透破坏。

2.正常使用极限状态

（1）造成基坑周边建（构）筑物、地下管线、道路等损坏或影响其正常使用的支护结构位移。

（2）因地下水位下降、地下水渗流或施工因素而造成基坑周边建（构）筑物、地下管线、道路等损坏或影响其正常使用的土体变形。

（3）影响主体地下结构正常施工的支护结构位移。

（4）影响主体地下结构正常施工的地下水渗流。

（二）基坑支护结构的安全等级

根据《建筑基坑支护技术规程》（JGJ 120-2012）的规定，其坑侧壁的安全等级分为三级，不同等级采用相对应的重要性系数（%），基坑侧壁的安全等级分级见表1-2所示。

表1-2　基坑支护结构的安全等级

安全等级	破坏后果	重要性系数（%）
一级	支护结构破坏、土体失稳或过大变形对基坑周边环境及地下结构施工影响很严重	1.10
二级	支护结构破坏、土体失稳或过大变形对基坑周边环境及地下结构施工影响一般	1.00
三级	支护结构破坏、土体失稳或过大变形对基坑周边环境及地下结构施工影响不严重	0.90

支护结构设计，应考虑其结构水平变形、地下水的变化对周边环境的水平与竖向变形的影响。对于安全等级为一级的和对周边环境变形有限定要求的二级建筑基坑侧壁，应根据周边环境的重要性，对变形适应能力和土的性质等因素，确定支护结构的水平变形限值。

当地下水位较高时，应根据基坑及周边区域的工程地质条件、水文地质条件、周边环境情况和支护结构形式等因素，确定地下水的控制方法。当基坑周围有地表水汇流、排泄或地下水管渗漏时，应对基坑采取保护措施。

对于安全等级为一级及对支护结构变形有限定的二级建筑基坑侧壁，应对基坑周边环境及支护结构变形进行验算。

基坑工程分级的标准，各种规范和各地也不尽相同，各地区、各城市根据自己的特点和要求做了相应的规定，以便进行岩土勘察、支护结构设计和审查基坑工程施工方案等。

二、土中应力

（一）土层自重应力

土层自重应力是指由土体重力引起的应力。自重应力一般是从土体形成就在土中产生，它与是否修建建筑物无关。

1.竖向自重应力

假想天然地基为一无限大的均质同性半无限体，各土层分界面为水平面。于是，在自重力作用下只能产生竖向变形，而无侧向位移及剪切变形存在。因此，地基中任意深度处的竖向自重应力就等于单位面积上的土柱自重。

2.水平自重应力

地基中除存在作用于水平面上的竖向自重应力外，还存在作用于竖直面上的水平向应力。

3.不透水层的影响

在地下水位以下如果存在不透水层，如基岩或只含结合水的坚硬黏土层，由于不透水层中不存在水的浮力，作用在不透水层及层面以下的土的自重应力应等于上覆土和水的总重。

4.地下水对自重应力的影响

处于地下水位以下的土，由于受到水的浮力作用，土的重度减轻，计算时采用土的有效重度。

地下水位的升降会引起土中自重应力的变化。当水位下降时，原水位以下自重应力增加；当水位上升时，对设有地下室的建筑或地下建筑工程地基的防潮不利。

（二）基底压力

建筑物上部结构荷载和基础自重通过基础传递，在基础底面处施加于地基上的单位面积压力（方向向下），称为基底压力。同时，也存在着地基对基础的反作用力（方向向上），称为地基反力。两者大小相等。在计算地基土中某点的应力及确定基础结构时，必须研究基底压力的计算方法和分布规律。

试验和理论都证明，基底压力的分布形态与基础的刚度、平面形状、尺寸、埋置深度、基础上作用荷载的大小及性质和地基土的性质等因素有关。

当基础为完全柔性时，就像放在地上的薄膜一样，在垂直荷载作用下没有抵抗弯矩变形的能力，基础随着地基一起变形。基底压力的分布与作用在基础上的荷载分布完全一致。在中心受压时，为均匀受压。实际工程中并没有完全柔性的基础，常把土坝（堤）及用钢板做成的储油罐底板等视为柔性基础。

绝对刚性基础，本身刚度很大，在外荷载作用下，基础底面保持不变形，即基础各点的沉降是相同的，为了使基础与地基的变形保持协调一致，刚性基础基底压力的分布要重新调整。通常在中心荷载作用下，基底压力呈马鞍形分布，中间小而两边大。当基础上的荷载较大时，基础边缘因为应力很大，使土产生塑性变形，边缘应力不再增大，而使中间部分继续增大，基底压力分布呈抛物线形。当作用在基础上的荷载继续增大，接近地基的破坏荷载时，应力图形又变成中部凸出的钟形。通常把块式整体基础和素混凝土基础视为刚性基础。

一般建筑物基础是介于柔性基础与绝对刚性基础之间的，具有一定的抗弯刚度。作用在基础上的荷载一般不会很大，基底压力分布大多呈马鞍形。因此，精确地确定基底压力是一个相当复杂的问题，工程中通常将基底压力近似按直线分布考虑。

（三）竖向荷载作用下地基附加应力

地基中的附加应力是指由新增外加荷载在地基中引起的应力增量，它是引起地基变形与破坏的主要因素。目前，我国采用的附加应力计算方法是根据弹性理论推导的。假定地基土是各向同性、均质的线性变形体，而且在深度和水平方向上都是无限延伸的。本节首先讨论在竖向集中荷载作用下地基附加应力的计算，然后应用竖向集中力的解答，通过积分的方法得到矩形均布荷载下土中应力。

1.竖向矩形均布荷载作用下土中附加应力

在工程实际中荷载很少以集中荷载的形式作用在地基上，一般都是通过一定尺寸的基础传递给地基的。对矩形基础，基础底面的形状和荷载分布都有规律，可利用对上述集中荷载引起的附加应力进行积分的方法，计算地基中任意点的附加应力。

2.条形均布荷载下任意点处的附加应力

当矩形基础底面的长宽比很大，称为条形基础。砌体结构房屋的墙基与挡土墙等，都属于条形基础。

当条形基础在基底产生的变形荷载沿长度不变时，地基应力属于平面问题，即垂直于长度方向的任一截面上的附加应力分布规律都是相同的。（基础两端另行处理）

条形均布荷载下地基中的应力分布规律。从中可以看出，条形均布荷载下地基中的附加应力具有扩散分布性；在离基底不同深度处的各个水平面上，以基底中心点下轴线处最大，随着距离中轴线越远附加应力越小；在荷载分布范围内之下沿垂线方向的任意点，随深度越向下附加应力越小。

三、土的抗剪强度

在外部荷载作用下，土体中的应力将发生变化。当土体中的剪应力超过土体本身的抗剪强度时，土体将产生沿着其中某一滑裂面的滑动，而使土体丧失整体稳定性。所以，土体的破坏通常都是剪切破坏。

在工程建设实践中，基坑和堤坝边坡的滑动、挡土墙后填土的滑动和地基失稳等丧失稳定性的例子是很多的。为了保证土木工程建设中建（构）筑物的安全和稳定，就必须详细研究土的抗剪强度和土的极限平衡等问题。

（一）库仑定律

土的抗剪强度是指土体对外荷载所产生的剪应力的极限抵抗能力。土体发生剪切破坏时，将沿着其内部某一曲线面（滑动面）产生相对滑动，而该滑动面上的剪应力就等于土的抗剪强度。

对于无黏性土，其抗剪强度仅由粒间的摩擦力构成；对于黏性土，其抗剪强度由摩擦力和黏聚力两部分构成。摩擦力包括土粒之间的表面摩擦力和由于土粒之间的互相嵌入而产生的咬合力。因此，抗剪强度的摩擦力除与剪切面上的法向总应力有关外，还与土的原始密度、土粒的形状、表面的粗糙程度以及级配等因素有关。黏聚力主要是由于土粒间之间的胶结作用和电分子引力等因素形成的。因此，黏聚力通常与土中黏粒含量、矿物成分、含水量、土的结构等因素有关。

砂土的内摩擦角变化范围不是很大，中砂、粗砂、砾砂一般为32°～40°；粉砂、细砂一般为28°～36°。孔隙比越小，内摩擦角越大，但是，含水量饱和的粉砂、细砂很容易失去稳定，因此对其内摩擦角的取值宜慎重，有时规定取20°左右。砂土有时也有很小的黏聚力（在10kPa以内），这可能是由于砂土中夹有一些黏土颗粒。

黏性土的抗剪强度指标的变化范围很大，它与土的种类有关，并且与土的天然结构是否破坏、试样在法向压力下的排水固结程度及试验方法等因素有关。内摩擦角的变化范围为0°～30°；黏聚力则可从小于10kPa变化到200kPa以上。

（二）土的极限平衡条件

当土中任意点在某一方向的平面上所受的剪应力达到土体的抗剪强度时，就称该点处于极限平衡状态。

土体中某点处于极限平衡状态时的应力条件，称为极限平衡条件，也称为土体的剪切破坏条件。

当土中某点可能发生剪切破坏面的位置已经确定，只要算出作用于该面上的剪应力和正应力，就可以用图解法利用库仑直线直接判别出该点是否会发生剪切破坏。但是，土中某点可能发生剪切破坏面的位置一般不能预先确定。该点往往处于复杂的应力状态，无法利用库仑定律直接判别是否会发生剪切破坏。为简单计，现以平面应变课题为例，研究该点是否会产生破坏。

（三）土的抗剪强度指标的测定

土的抗剪强度指标的试验方法主要有室内剪切试验和现场剪切试验两大类。室内剪切试验常用的方法有直接剪切试验、三轴压缩试验和无侧限抗压强度试验等；现场剪切试验常用的方法主要有十字板剪切试验。

1.直接剪切试验

直接剪切试验简称直剪试验，它是测定土体抗剪强度指标最简单的方法。直接剪切试验使用的仪器称为直接剪切仪（简称直剪仪），按施加剪力的特点分为应变控制式和应力控制式两种。前者对试样采用等速剪应变测定相应的剪应力，后者则是对试样分级施加剪应力测定相应的剪切位移。两者相比，应变控制式直剪仪具有明显的优点。以我国普遍采用的应变控制式直剪仪为例，主要由剪力盒、垂直和水平加载系统及测量系统等部分组成。试验时，试样放在盒内上下两块透水石之间，由杠杆系统通过加压活塞和透水石对试样施加某一法向应力。然后匀速旋转手轮推动下盒，使试样在沿上下盒之间的水平面上受剪直至破坏。剪应力的大小可借助与上盒接触的量力环确定，当土样受剪破坏时，受剪面上所施加的剪应力即为土的抗剪强度。对于同一种土需要3～4个土样，在不同的法向应力下进行剪切试验，测出相应的抗剪强度，然后根据3或4组相应的试验数据可以点绘出库仑直线，由此求出土的抗剪强度指标。

（1）试验方法。试验和工程实践都表明，土的抗剪强度与土受力后的排水固结状况有关，因而在土工工程设计中所需要的强度指标试验方法必须与现场的施工加荷实际相结合。例如，软土地基上快速堆填路堤，由于加荷速度快，地基土体渗透性低，则这种条件下的强度和稳定问题是处于不能排水条件下的稳定分析问题，这就要求室内的试验条件能模拟实际加荷状况，即在不能排水的条件下进行剪切试验。但是直剪仪的构造无法满足任意控制土样是否排水的要求，为了在直剪试验中能考虑这类实际需要，可通过快剪、固结快剪和慢剪三种直剪试验方法，近似模拟土体在现场受剪的排水条件。

①快剪。对试样施加竖向压力后，立即以0.8mm/min的剪切速率快速施加剪应力使试样剪切破坏。一般从加荷到剪坏只用3～5min。由于剪切速率较快，可认为对于渗透系数小于10^{-6}cm/s的黏性土在这样短的时间内还没来得及排水固结。

②固结快剪。对试样施加压力后，让试样充分排水，待固结稳定后，再以0.8mm/min的剪切速率快速施加水平剪应力使试样剪切破坏。固结快剪试验同样只适用于渗透系数小

于10^{-6}cm/s的黏性土。

③慢剪。对试样施加竖向压力后，让试样充分排水，待固结稳定后，再以0.6mm/min的剪切速率施加水平剪应力直至试样剪切破坏，从而使试样在受剪过程中一直充分排水和产生体积变形。

（2）直剪试验缺点。直剪试验具有设备简单、土样制备及试验操作方便等优点，因而至今仍被国内一般工程所广泛应用。但也存在不少缺点，主要有以下几点：

①剪切面限定在上下盒之间的平面，而不是沿土样最薄弱的面剪切破坏。

②剪切过程中试样内的剪应变和剪应力分布不均匀。试样剪破时，靠近剪力盒边缘的应变最大，而试样中间部位的应变相对小得多；另外，剪切面附近的应变又大于试样顶部和底部的应变；基于同样原因，试样中的剪应力也很不均匀。

③在剪切过程中，土样剪切面逐渐缩小，而在计算抗剪强度时仍按土样的原截面面积计算。

④试验土样的固结和排水是靠加荷速度快慢来控制的，实际上无法严格控制排水，也无法测量孔隙水应力。在进行不排水剪切时，试件仍有可能排水，特别是对于饱和黏性土，由于它的抗剪强度受排水条件的影响显著，故不排水试验结果不够理想。

⑤试验时上下盒之间的缝隙中易嵌入砂粒，使试验结果偏大。

2.三轴压缩试验

（1）三轴压缩试验的基本原理。三轴压缩试验是测定土抗剪强度的一种较为完善的方法。试验所用的仪器——三轴压缩仪，主要由主机、稳压调压系统及量测系统三部分组成。各系统之间用管路和各种阀门开关连接。主机部分包括压力室、轴向加荷系统等。压力室是三轴仪的主要组成部分，它是一个由金属上盖、底座、透明有机玻璃圆筒组成的密闭容器，压力室底座通常有3个小孔分别与稳压系统以及体积变形和孔隙水压力量测重点系统相连。稳压调压系统由压力泵、调压阀和压力表等组成。试验时通过压力室对试样施加周围压力，并在试验过程中根据不同的试验要求对压力予以控制或调节，如保持恒压或变化压力等。量测系统由排水管、体变管和孔隙水压力量测装置等组成。试验时分别测出试样受力后土中排出的水量变化及土中孔隙水压力的变化。对于试样的竖向变形，则利用置于压力室上方的测微表或位移传感器测读。

常规试验方法的主要步骤如下：将土切成圆柱体套在橡胶膜内，放在密封的压力室中，然后向压力室内注入液压或气压，使试件在各向受到周围压力，并使该周围压力在整个试验过程中保持不变，此时土样周围各方向均产生压应力作用，因此不产生剪应力。然后通过加压活塞杆施加竖向应力，并不断增加，此时水平向主应力保持不变，而竖向主应力逐渐增大，试件最终受剪而破坏。根据量测系统的围压值和竖向应力增量，可得到土样破坏时的第一主应力，由此可绘出破坏时的极限莫尔应力圆，该圆应该与库仑直线相切。

同一土体的若干土样在不同作用下得出的试验结果，可绘出不同的极限莫尔应力圆，其公切线就是土的库仑直线，由此求出土的抗剪强度指标。

（2）三轴压缩试验方法。根据土样在周围压力作用下固结的排水条件和剪切时的排水条件，三轴试验可分为以下三种试验方法。

三轴压缩试验的优点是：

①能够控制排水条件，可以量测土样中孔隙水压力的变化；

②试验中试件的应力状态也比较明确，剪切破坏时的破裂面在试件的最薄弱处，不像直接剪切仪那样限定在上下盒之间；

③三轴压缩仪还可用以测定土的其他力学性质，如土的弹性模量。

常规三轴压缩试验的主要缺点是：试样所受的力是轴对称的，即试样所受的三个主应力中，有两个是相等的，但在工程实际中土体的受力情况并非属于这类轴对称的情况；三轴试验的试件制备比较麻烦，土样易受扰动。

（3）三轴试验结果的整理与表达。从以上对试验方法的讨论可以看到，同一种土施加的总应力虽然相同，但若试验方法不同，或者说控制的排水条件不同，则所得的强度指标就不同，故土的抗剪强度与总应力之间没有唯一的对应关系。有效应力原理指出，土中某点的总应力，等于有效应力与孔隙水压力之和，因此，若在试验时量测土样的孔隙水压力，据此算出土中的有效应力，从而就可以用有效应力与抗剪强度的关系式表达试验结果。

抗剪强度的有效应力法由于考虑了孔隙水压力的影响，因此对于同一种土，不论采取哪一种试验方法，只要能够准确测量出土样破坏时的孔隙水压力，则均可用相同公式表示土的强度关系，而且所得的有效抗剪强度指标应该是相同的。换言之，在理论上抗剪强度与有效应力应有对应关系，这一点已为许多试验所证实。但限于室内试验和现场条件，不可能所有工程都采用有效应力法分析土的抗剪强度。因此，工程中也常采用总应力法，但要尽可能模拟现场土体排水条件和固结速度。

从理论上讲，试验所得极限应力圆上的破坏点都应落在公切线即强度包线上，但由于土样的不均匀性及试验误差等原因，作出公切线并不容易，因此往往需用经验来加以判断。另外，这里所作的强度包线是直线，由于土的强度特性会受某些因素如应力历史、应力水平等的影响，从而使得土的强度包线不一定是直线，因而给通过作图确定带来困难；但非线性的强度包线目前仍未成熟到可以实用的程度，所以一般包线还是简化为直线。

3. 无侧限抗压强度试验

无侧限抗压强度试验实际是三轴剪切试验的特殊情况，又称单轴剪切试验。试验时土样侧向压力为零，仅在轴向施加压力，由此测出试样在无侧限压力条件下，抵抗轴向压力的极限强度，称为土样的无侧限抗压强度。利用无侧限抗压强度试验可以测定饱和软黏土的不排水抗剪强度。由于周围压力不能变化，因而根据试验结果，只能作一个极限应力圆，难以得到破坏包线图。饱和黏性土的三轴不固结不排水试验结果表明，其破坏包线为一水平线。由无侧限抗压强度试验所得的极限应力圆的水平切线就是破坏包线。

无侧限抗压强度试验仪器构造简单，操作方便，用来测定饱和黏性土的不固结不排水强度与灵敏度非常方便。

4.现场十字板剪切试验

前面介绍的三种试验方法都是室内测定土的抗剪强度的方法，这些试验方法都要求事先取得原状土样，但由于试样在采取、运送、保存和制备等过程中不可避免地受到扰动，土的含水量也难以保持天然状态，特别是对于高灵敏度的黏性土，因此，室内试验结果对土实际情况的反映就会受到不同程度的影响。原位测试时的排水条件、受力状态与土所处的天然状态比较接近。在抗剪强度的原位测试方法中，国内广泛应用的是十字板剪切试验。这种试验方法适合于在现场测定饱和黏性土的原位不排水抗剪强度，特别适用于均匀饱和软黏土。

试验时，先把套管打到要求测试的深度以下75cm，并将套管内的土清除，然后通过套管将安装在钻杆下的十字板压入土中至测试的深度。由地面上的扭力装置对钻杆施加扭矩，使埋在土中的十字板扭转，直至土体剪切破坏，破坏面为十字板旋转所形成的圆柱面。记录土体剪切破坏时所施加的扭矩为。土体破坏面为圆柱面（包括侧面和上下面），作用在破坏土体圆柱面上的剪应力所产生的抵抗矩应该等于所施加的扭矩。

十字板剪切试验直接在现场进行试验，不必取土样，故土体所受的扰动较小，被认为是能够比较真实地反映土体原位强度的测试方法，在软弱黏性土的工程勘察中得到了广泛应用。但如果在软土层中夹有薄层粉砂，测试结果可能失真或偏高。

四、土压力与土坡稳定

在房屋建筑、铁路桥梁及水利工程中，地下室的外墙、重力式码头的岸壁、桥梁接岸的桥台，以及地下硐室的侧墙等都支持着侧向土体。这些用来侧向支持土体的结构物，统称为挡土墙。而被支持的土体作用于挡土墙上的侧向压力，称为土压力。土压力是设计挡土结构物断面和验算其稳定性的主要荷载。土压力的计算是个比较复杂的问题，影响因素很多。土压力的大小和分布，除了与土的性质有关外，还和墙体的位移方向、位移量土体与结构物间的相互作用及挡土结构物的类型有关。

（一）土压力的类型

1.土压力的分类

作用在挡土结构上的土压力，按挡土结构的位移方向、大小及土体所处的三种平衡状态，可分为静止土压力、主动土压力和被动土压力三种。

（1）静止土压力。挡土墙静止不动时，土体由于墙的侧限作用而处于弹性平衡状态，此时墙后土体作用在墙背上的土压力称为静止土压力。

（2）主动土压力。挡土墙在墙后土体的推力作用下，向前移动，墙后土体随之向前移动。土体内阻止移动的强度发挥作用，使作用在墙背上的土压力减小。当墙向前移动达到主动极限平衡状态时，墙背上作用的土压力减至最小。此时作用在墙背上的最小土压力称为主动土压力。

（3）被动土压力。挡土墙在较大的外力作用下，向后移动推向填土，则填土受墙的挤压，使作用在墙背上的土压力增大，当墙向后移动达到被动极限平衡状态时，墙背上作用的土压力增至最大。此时作用在墙背上的最大土压力称为被动土压力。

大部分情况下，作用在挡土墙上的土压力值均介于上述三种状态下的土压力值之间。

2.影响土压力的因素

（1）挡土墙的位移。挡土墙的位移（或转动）方向和位移的大小，是影响土压力大小的最主要因素，产生被动土压力的位移量大于产生主动土压力的位移量。

（2）挡土墙的形状。挡土墙剖面形状，包括墙背为竖直或是倾斜，墙背为光滑或粗糙，不同的情况，土压力的计算公式不同，计算结果也不一样。

（3）填土的性质。挡土墙后填土的性质，包括填土的松密程度、重度、干湿程度等，土的强度指标内摩擦角和黏聚力的大小，以及填土的形状（水平、上斜或下斜）等，都将影响土压力的大小。

（二）库仑土压力理论

法国的库仑（C.A. Coulomb）根据极限平衡的概念，并假定滑动面为平面，分析了滑动楔体的力系平衡，从而求算出挡土墙上的土压力，成为著名的库仑土压力理论。该理论能适用于各种填土面和不同的墙背条件，且方法简便，有足够高的精度，至今仍然是一种被广泛采用的土压力理论。

库仑研究了回填砂土挡土墙的主动土压力，把处于主动土压力状态下的挡土墙离开土体的位移，看成与一块楔形土体（土楔）沿墙背和土体中某一平面（滑动面）同时发生向下滑动。土楔夹在两个滑动面之间，一个面是墙背，另一个面在土中，土楔与墙背之间有摩擦力作用。因为填土为砂土，故不存在黏聚力。根据土楔的静平衡条件，可以求出挡土墙对滑动土楔的支撑反力，从而可求出作用于墙背的总土压力。按照受力条件的不同，它可以是总主动土压力，也可以是总被动土压力。这种计算方法又称为滑动土楔平衡法。应该指出，应用库仑土压力理论时，要试算不同的滑动面，只有最危险滑动面对应的土压力才是土楔作用于墙背的压力。

（三）挡土墙设计

1.挡土墙形式的选择

（1）挡土墙选型原则。

①挡土墙的用途、高度与重要性。

②建筑场地的地形与地质条件。

③尽量就地取材，因地制宜。

④安全而经济。

（2）常用的挡土墙形式。

①重力式挡土墙。重力式挡土墙的特点是体积大，靠墙自重保持稳定性。墙背可做成仰斜、垂面和俯斜三种，一般由块石或素混凝土材料砌筑，适用于高度小于6m，地层稳定开挖土石方时不会危及相邻建筑物安全的地段。其结构简单，施工方便，能就地取材，在建筑工程中应用最广。

②悬臂式挡土墙。悬臂式挡土墙的特点是体积小，利用墙后基础上方的土重保持稳定性。一般由钢筋混凝土砌筑，拉应力由钢筋承受，墙高一般小于或等于8m。其优点是能充分利用钢筋混凝土的受力特点，工程量小。

③扶壁式挡土墙。扶壁式挡土墙的特点是为增强悬臂式挡土墙的抗弯性能，沿长度方向每隔一定长度做一扶壁。由钢筋混凝土砌筑，扶壁间填土可增强挡土墙的抗滑和抗倾覆能力，一般用于重大的大型工程。

④锚定板及锚杆式挡土墙。一般由预制的钢筋混凝土立柱、墙面、钢拉杆和埋置在填土中的锚定板在现场拼装而成，依靠填土与结构相互作用力维持稳定，与重力式挡土墙相比，其结构轻、高度大、工程量少、造价低、施工方便，特别适用于地基承载力不大的地区。

⑤加筋式挡土墙。加筋式挡土墙由墙面板、加筋材料及填土共同组成，依靠拉筋与填土之间的摩擦力来平衡作用在墙背上的土压力以保持稳定。拉筋一般采用镀锌扁钢或土工合成材料，墙面板用预制混凝土板。墙后填土需要较大的摩擦力，此类挡土墙目前应用较广。

2.重力式挡土墙设计

（1）重力式挡土墙截面尺寸设计。挡土墙的截面尺寸一般按试算法确定，即先根据挡土墙所处的工程地质条件、填土性质、荷载情况以及墙身材料、施工条件等，凭经验初步拟定截面尺寸，然后进行验算。如不满足要求，可修改截面尺寸，或采取其他措施。挡土墙截面尺寸一般包括以下几项：

①挡土墙高度。挡土墙高度一般由任务要求确定，即考虑墙后被支挡的填土呈水平时墙顶的高度。有时，对长度很大的挡土墙，也可使墙顶低于填土顶面，而用斜坡连接，以节省工程量。

②挡土墙的顶宽和底宽。挡土墙墙顶宽度，一般块石挡土墙不应小于400mm，混凝土挡土墙不应小于200mm。底宽由整体稳定性确定，一般为0.5~0.7倍的墙高。

（2）重力式挡土墙的计算。重力式挡土墙的计算内容包括稳定性验算、墙身强度验算和地基承载力验算。

（3）重力式挡土墙的构造。在设计重力式挡土墙时，为了保证其安全合理、经济，除进行验算外，还需采取必要的构造措施。

①基础埋深。重力式挡土墙的基础埋深应根据地基承载力、冻结深度、岩石风化程度等因素决定，在土质地基中，基础埋深不宜小于0.5m；在软质岩石地基中，不宜小于0.3m。在特强冻胀、强冻胀地区应考虑冻胀影响。

②墙背的倾斜形式。当采用相同的计算指标和计算方法时，挡土墙背以仰斜时主动土压力最小，直立居中，俯斜最大。墙背倾斜形式应根据使用要求、地形和施工条件等因素综合考虑确定，应优先采用仰斜墙。

③墙面坡度选择。当墙前地面较陡时，墙面可采用（1:0.05~1:0.2）仰斜坡度，亦采用百立面、当墙前地形较为平坦时，对中、高挡土墙，墙用直立载面。当墙前地形较为平坦时，对中、高挡土墙，墙面坡度可较缓，但不宜缓于1:0.4。

④基底坡度。为增加挡土墙身的抗滑稳定性，基底可做成逆坡，但逆坡坡度不宜过大，以免墙身与基底下的三角形土体一起滑动。一般土质地基不宜大于1:10，岩石地基不宜大于1:5。

⑤墙趾台阶。当墙高较大时，为了提高挡土墙抗倾覆能力，可加设墙趾台阶，墙趾台阶的高宽比可取2:1。

⑥设置伸缩缝。重力式挡土墙应每间隔10~20m设置一道伸缩缝。当地基有变化时，宜加设沉降缝。在挡土结构的拐角处，应采取加强构造措施。

⑦墙后排水措施。挡土墙因排水不良，雨水渗入墙后填土，使得填土的抗剪强度降低，对挡土墙的稳定产生不利的影响。当墙后积水时，还会产生静水压力和渗流压力，使作用于挡土墙上的总压力增加，对挡土墙的稳定性更不利。因此，在挡土墙设计时，必须采取排水措施。

a.截水沟：凡挡土墙后有较大面积的山坡，则应在填土顶面，离挡土墙适当的距离设置截水沟，把坡上径流截断排除。截水沟的剖面尺寸要根据暴雨集水面积计算确定，并应用混凝土衬砌。截水沟出口应远离挡土墙。

b.泄水孔：已渗入墙后填土中的水，则应将其迅速排出。通常在挡土墙处设置排水孔，排水孔应沿横竖两个方向设置，其间距一般取2～3m，排水孔外斜坡度宜为5%，孔眼尺寸不宜小于100mm。泄水孔应高于墙前水位，以免倒灌。在泄水孔入口处，应用易渗的粗粒材料做滤水层，必要时做排水暗沟，并在泄水孔入口下方铺设黏土夯实层，防止积水渗入地基，不利于墙体的稳定。墙前也要设置排水沟，在墙顶坡后地面宜铺设防水层。

⑧填土质量要求。挡土墙后填土应尽量选择透水性较强的填料，如砂、碎石、砾石等。因这类土的抗剪强度较稳定，易于排水。当采用黏性土做填料时，应掺入适当的碎石。在季节性冻土地区，应选择炉渣、碎石、粗砂等非冻结填料，不应采用淤泥、耕植土、膨胀土等作为填料。

（四）土坡稳定分析

土坡可分为天然土坡和人工土坡，由于人工开挖和不利的自然因素，土坡可能发生整体滑动而失稳。土坡稳定性分析的目的是设计出土坡在给定条件下合理的断面尺寸或验算土坡已拟定的断面尺寸是否稳定和合理。

土坡失去稳定，发生滑动，主要是土体内抗剪强度的降低和剪应力的增加这一对矛盾相互发展和斗争的结果，抗剪强度降低的原因可能有以下几项：

（1）由于降雨或蓄水后土的湿化、膨胀以及黏土夹层因浸水而发生润滑作用。

（2）由于黏性土的蠕变。

（3）由于饱和细、粉砂因受震动而液化。

（4）由于气候的变化使土质变松等。

土中剪应力增加的原因则可能有以下几项：

（1）由于在土坡上加载。

（2）由于裂缝中的静水压力。

（3）由于雨期中土的含水量增加，使土的自重增加，并在土中渗流时产生动水力。

（4）由于地震等动力荷载等。

五、基坑支护方式

（一）一般基坑的支护

深度不大的三级基坑，当放坡开挖有困难时，可采用短柱横隔板支撑和临时挡土墙支撑、斜柱支撑和锚拉支撑等支护方法。

1.简易支护

放坡开挖的基坑，当部分地段放坡宽度不够时，可采用短柱横隔板支撑、临时挡土墙支撑等简易支护方法进行基础施工。

2.斜柱支撑

先沿基坑边缘打设柱桩，在柱桩内侧支设挡土板并用斜撑支顶，挡土板内侧填土夯实。斜柱支撑适用于深度不大的大型基坑。

3.锚拉支撑

先沿基坑边缘打设柱桩，在柱桩内侧支设挡土板，柱桩上端用拉杆拉紧，挡土板内侧填土夯实。锚拉支撑适用于深度不大，且不能安设横（斜）撑的大型基坑使用。

（二）深基坑支护

深基坑支护的基本要求：确保支护结构能起挡土作用，基坑边坡保持稳定；确保相邻的建（构）筑物、道路、地下管线的安全，不因土体的变形、沉陷、坍塌受到危害；通过排降水，确保基础施工在地下水位以上进行。

水泥土挡墙式，依靠其本身自重和刚度保护坑壁，一般不设支撑，特殊情况下经采取措施后亦可局部加设支撑。

排桩与板墙式，通常由围护墙、支撑（或土层锚杆）及防渗帷幕等组成。土钉墙由密集的土钉群、被加固的原位土体、喷射的混凝土面层等组成。现将常用的几种支护结构介绍如下：

1.排桩支护

开挖前在基坑周围设置混凝土灌注桩，桩的排列有间隔式、双排式和连续式，桩顶设置混凝土连系梁或锚桩、拉杆。施工方便、安全度好、费用低。

排桩桩型应根据工程与水文地质条件及当地施工条件确定，桩径应通过计算确定。一般人工挖孔桩桩径不宜小于800mm，冲（钻）孔灌注桩桩径不宜小于600mm。直径0.6~1.1m的钻孔灌注桩可用于深7~13m的基坑支护，直径0.5~0.8m的沉管灌注桩可用于深度在10m以内的基坑支护，单层地下室常用0.8~1.2m的人工挖孔灌注桩作支护结构。

排桩中心距可根据桩受力及桩间土稳定条件确定，一般取（1.2~2.0）d（d为桩径），砂性土或黏土中宜采用较小桩距。

排桩支护的桩间土，当土质较好时，可不进行处理，否则应采用横挡板、砖墙、挂钢丝网喷射混凝土面层等措施维护桩间土的稳定。当桩间渗水时，应在护面上设泄水孔。

排桩桩顶应设置钢筋混凝土压顶梁，并宜沿基坑呈封闭结构。压顶梁工作高度（水平方向）宜与排桩桩径相同，宽度（垂直方向）宜在（0.5~0.8）d（d为排桩桩径），排桩主筋应伸入压顶梁（30~35）d（d为主筋直径），压顶梁可按构造配筋。排桩与顶梁的混凝土强度等级不宜低于C20。

在支护结构平面拐角处宜设置角撑，并可适当增加拐角处排桩间距或减少锚杆支撑数量。支锚式排桩支护结构应在支点标高处设水平腰梁，支撑或锚杆应与腰梁连接，腰梁可用钢筋混凝土或钢梁，腰梁与排桩的连接可用预埋铁件或锚筋。

2.地下连续墙支护

利用各种挖槽机械，借助于泥浆的护壁作用，在地下挖出窄而深的沟槽，并在其内浇筑适当的材料而形成一道具有防渗（水）、挡土和承重功能的连续的地下墙体。

地下连续墙的墙体厚度宜按成槽机的规格，选取600mm，800mm、1000mm或1200mm。一字形槽段长度宜取4～6m。当成槽施工可能对周边环境产生不利影响或槽壁稳定性较差时，应取较小的槽段长度。必要时，宜采用搅拌桩对槽壁进行加固。

地下连续墙的转角处若有特殊要求时，单元槽段的平面形状可采用L形、T形等。地下连续墙的混凝土设计强度等级宜取C30～C40。地下连续墙用于截水时，墙体混凝土抗渗等级不宜小于P6，槽段接头应满足截水要求。

地下连续墙的纵向受力钢筋应沿墙身每侧均匀配置，可按内力大小沿墙体纵向分段配置，且通长配置的纵向钢筋不应小于50%；纵向受力钢筋宜采用HRB335级或HRB400级钢筋，直径不宜小于15mm，净间距不宜小于75mm。水平钢筋及构造钢筋宜选用HPB300级、HRB335级或HRB400级钢筋，直径不宜小于12mm，水平钢筋间距宜取200～400mm。冠梁按构造设置时，纵向钢筋锚入冠梁的长度宜取冠梁厚度。冠梁按结构受力构件设置时，桩身纵向受力钢筋伸入冠梁的锚固长度应符合现行国家标准《混凝土结构设计规范（2015年版）》（GB 50010-2010）对钢筋锚固的有关规定。当不能满足锚固长度的要求时，其钢筋末端可采取机械锚固措施。

地下连续墙纵向受力钢筋的保护层厚度，在基坑内侧不宜小于50mm，在基坑外侧不宜小于70mm。

钢筋笼两侧的端部与槽段接头之间、钢筋笼两侧的端部与相邻墙段混凝土接头面之间的间隙应不大于150mm，纵筋下端500mm长度范围内宜按1:10的斜度向内收口。

地下连续墙的槽段接头应按下列原则选用：地下连续墙宜采用圆形锁口管接头、波纹管接头、楔形接头、工字钢接头或混凝土预制接头等柔性接头；当地下连续墙作为主体地下结构外墙，且需要形成整体墙体时，宜采用刚性接头；刚性接头可采用一字形或十字形穿孔钢板接头、钢筋承插式接头等；在采取地下连续墙顶设置通长的冠梁、墙壁内侧槽段接缝位置设置结构壁柱、基础底板与地下连续墙刚性连接等措施时，也可采用柔性接头。

地下连续墙墙顶应设置混凝土冠梁。冠梁宽度不宜小于墙厚，高度不宜小于墙厚的0.6倍。冠梁钢筋应符合现行国家标准《混凝土结构设计规范》（GB 50010-2010）对梁的构造配筋要求。冠梁用作支撑或锚杆的传力构件或按空间结构设计时，还应按受力构件进行截面设计。

3.土钉墙支护

天然土体通过钻孔、插筋、注浆来设置土钉（亦称砂浆锚杆）并与喷射混凝土面板相结合，形成类似重力挡墙的土钉墙，以抵抗墙后的土压力，保持开挖面的稳定。土钉墙也称为喷锚网加固边坡或喷锚网挡墙。

土钉墙支护施工工艺：

（1）基坑开挖。基坑要按设计要求严格分层、分段开挖，在完成上一层作业面土钉与喷射混凝土面层达到设计强度的70%以前，不得进行下一层土层的开挖。每层开挖最大深度取决于在支护投入工作前土壁可以自稳而不发生滑动破坏的能力，实际工程中常取基坑每层挖深与土钉竖向间距相等。每层开挖的水平分段宽度也取决于土壁自稳能力，且与支护施工流程相互衔接，一般为10～20m长。当基坑面积较大时，允许在距离基坑四周边坡8～10m的基坑中部自由开挖，但应注意与分层作业区的开挖相协调。

挖方要选用对坡面土体扰动小的挖土设备和方法，严禁边壁出现超挖或造成边壁土体松动。坡面经机械开挖后，要采用小型机械或铲锹进行切削清坡，以使坡度及坡面平整度达到设计要求。

为防止基坑边坡的裸露土体塌陷，对于易塌的土体可采取下列措施：

①对修整后的边坡，立即喷上一层薄的砂浆或混凝土，凝结后再进行钻孔。

②在作业面上先构筑钢筋网喷射混凝土面层，然后进行钻孔和设置土钉。

③在水平方向上分小段间隔开挖。

④先将作业深度上的边壁做成斜坡，待钻孔并设置土钉后再清坡。

⑤在开挖前，沿开挖面垂直击入钢筋或钢管，或注浆加固土体。

（2）喷射第一道面层。每步开挖后应尽快做好面层，即对修整后的边壁立即喷上一层薄混凝土或砂浆。若土层地质条件好，可省去该道面层。

（3）设置土钉。土钉的设置虽然可以采用专门设备将土钉钢筋击入土体，但是通常的做法是先在土体中成孔，然后置入土钉钢筋并沿全长注浆。

①钻孔。钻孔前，应根据设计要求定出孔位并做出标记及编号。当成孔过程中遇到障碍物需调整孔位时，不得损害支护结构设计原定的安全程度。

采用的机具应符合土层特点，满足设计要求，在进钻和抽出钻杆过程中不得引起土体坍孔。而在易坍孔的土体中钻孔时宜采用套管成孔或挤压成孔。成孔过程中应由专人做成孔记录，按土钉编号逐一记载取出土体的特征、成孔质量、事故处理等，并将取出的土体及时与初步设计所认定的土质加以对比，若发现有较大的偏差，要及时修改土钉的设计参数。

土钉钻孔的质量应符合下列规定：孔距允许偏差为 ±100mm；孔径允许偏差为 ±5 mm；孔深允许偏差为 ±30mm；倾角允许偏差为 ±1。

②插入土钉钢筋。插入土钉钢筋前要进行清孔检查，若孔中出现局部渗水、坍孔或掉落松土应立即处理。土钉钢筋置入孔中前，要先在钢筋上安装对中定位支架，以保证钢筋

处于孔位中心且注浆后其保护层厚度不小于25mm。支架沿钉长的间距可为2~3m，支架可为金属或塑料件，以不妨碍浆体自由流动为宜。

③注浆。注浆前要验收土钉钢筋安设质量是否达到设计要求。

一般可采用重力、低压（0.4~0.6MPa）或高压（1~2MPa）注浆，水平孔应采用低压或高压注浆。压力注浆时应在孔口或规定位置设置止浆塞，注满后保持压力3~5min。重力注浆以满孔为止，但在浆体初凝前需补浆1~2次。

对于向下倾角的土钉，注浆采用重力或低压注浆时宜采用底部注浆方式，注浆导管底端应插至距孔底250~500mm处，在注浆的同时将导管匀速、缓慢地撤出。注浆过程中注浆导管口始终埋在浆体表面以下，以保证孔中气体能全部逸出。

注浆时要采取必要的排气措施。对于水平土钉的钻孔，应用口部压力注浆或分段压力注浆，此时需配排气管并与土钉钢筋绑扎牢固，在注浆前与土钉钢筋同时送入孔中。

向孔内注入浆体的充盈系数必须大于1。每次向孔内注浆时，宜预先计算所需的浆体体积并根据注浆泵的冲程数计算出实际向孔内注入的浆体体积，以确认实际注浆量超过孔内容积。

注浆材料宜用水泥浆或水泥砂浆。水泥浆的水胶比宜为0.5；水泥砂浆的配合比宜为1:1~1:2（质量比），水胶比宜为0.38~0.45。需要时可加入适量速凝剂，以促进早凝和控制泌水。

水泥浆、水泥砂浆应拌和均匀，随拌随用，一次拌和的水泥浆、水泥砂浆应在初凝前用完。

注浆前应将孔内残留或松动的杂土清除干净。注浆开始或中途停止超过30min时，应用水或稀水泥浆润滑注浆泵及其管路。

用于注浆的砂浆强度用70mm×70mm×70mm立方体试块经标准养护后测定。每批至少留取3组（每组3块）试件，给出3~28d强度。

为提高土钉抗拔能力，还可采用二次注浆工艺。

（4）喷第二道面层。在喷混凝土前，先按设计要求绑扎、固定钢筋网。面层内的钢筋网片应牢固地固定在边壁上并符合设计规定的保护层厚度要求。钢筋网片可用插入土中的钢筋固定，但在喷射混凝土时不应出现振动。

钢筋网片可焊接或绑扎而成，网格允许偏差为±10mm。铺设钢筋网时每边的搭接长度应不小于一个网格边长或200mm，如为搭焊则焊接长度不小于网片钢筋直径的10倍。网片与坡面间隙不小于20mm。

土钉与面层钢筋网的连接可通过垫板、螺帽及土钉端部螺纹杆固定。垫板钢板厚8~10mm，尺寸为200mm×200mm~300mm×300mm。垫板下空隙需先用高强度水泥砂浆填实，待砂浆达一定强度后方可旋紧螺帽以固定土钉。土钉钢筋也可通过井字加强钢筋直接焊接在钢筋网上，焊接强度要满足设计要求。

喷射混凝土的配合比应通过试验确定，粗集料的最大粒径不宜大于12mm，水胶比不宜大于0.45，并应通过外加剂来调节所需工作度和早强时间。当采用干法施工时，应事先对操作人员进行技术考核，以保证喷射混凝土的水胶比和质量达到设计要求。

喷射混凝土前，应对机械设备、风、水管路和电路进行全面检查和试运转。

为保证喷射混凝土厚度达到均匀的设计值，可在边壁上隔一定距离打入垂直短钢筋段作为厚度标志。喷射混凝土的射距宜保持在0.6～1.0m范围内，并使射流垂直于壁面。在有钢筋的部位可先喷钢筋的后方以防止钢筋背面出现空隙。喷射混凝土的路线可从壁面开挖层底部逐渐向上进行，但底部钢筋网搭接长度范围以内先不喷混凝土，待与下层钢筋网搭接绑扎之后，再与下层壁面同时喷混凝土。混凝土面层接缝部分做成45°斜面搭接。当设计面层厚度超过100mm时，混凝土应分两层喷射，一次喷射厚度不宜小于40mm，且接缝错开。混凝土接缝在继续喷射混凝土前应清除浮浆碎屑，并喷少量水润湿。

面层喷射混凝土终凝后2h应喷水养护，养护时间宜为3～7d，养护视当地环境条件采用喷水、覆盖浇水或喷涂养护剂等方法。

喷射混凝土强度可用边长为100mm的立方体试块进行测定。制作试块时，将试模底面紧贴边壁，从侧向喷入混凝土，每批至少留取3组（每组3块）试件。

（5）排水设施的设置。水是土钉支护结构最为敏感的问题，不但要在施工前做好降排水工作，还要充分考虑土钉支护结构工作期间地表水及地下水的处理，设置排水构造措施。

基坑四周地表应加以修整并构筑明沟排水，严防地表水再向下渗流。可将喷射混凝土面层延伸到基坑周围地表构成喷射混凝土护顶并在土钉墙平面范围内地表做防水地面，可防止地表水渗入土钉加固范围的土体中。

基坑边壁有透水层或渗水土层时，混凝土面层上要做泄水孔，即按间距1.5～2.0m均匀铺设长0.4～0.6m、直径不小于40mm的塑料排水管，外管口略向下倾斜，管壁上半部分可钻些透水孔，管中填满粗砂或圆砾作为滤水材料，以防止土颗粒流失。另外，也可在喷射混凝土面层施工前预先沿土坡壁面每隔一定距离设置一条竖向排水带，即用带状皱纹滤水材料夹在土壁与面层之间形成定向导流带，使土坡中渗出的水有组织地导流到坑底后集中排除，但施工时要注意每段排水带滤水材料之间的搭接效果，必须保证排水路径畅通无阻。

为了排除积聚在基坑内的渗水和雨水，应在坑底设置排水沟和集水井。排水沟应离开坡脚0.5～1m，严防冲刷坡脚。排水沟和集水井宜用砖衬砌并用砂浆抹内表面，以防止渗漏。坑中积水应及时排除。

4.锚杆支护

锚杆支护是在未开挖的土层立壁上钻孔至设计深度，孔内放入拉杆，灌入水泥砂浆与土层结合成抗拉力强的锚杆，锚杆一端固定在坑壁结构上，另一端锚固在土层中，将立壁土体侧压力传至深部的稳定土层。锚杆支护适于较硬土层或破碎岩石中开挖较大、较深基坑，邻近有建筑物时须保证边坡稳定时采用。

锚杆施工包括钻孔、安放拉杆、灌浆和张拉锚固。在正式开工前。还需进行必要的准备工作。

（1）施工准备工作。在锚杆正式施工前，一般需进行下列准备工作：

①锚杆施工必须清楚施工地区的土层分布和各土层的物理力学特性（天然重度、含水量、孔隙比、渗透系数、压缩模量、凝聚力、内摩擦角等），这对于确定锚杆的布置和选择钻孔方法等都十分重要。

另外，还需了解地下水位及其随时间的变化情况，以及地下水中化学物质的成分和含量，以便研究对锚杆腐蚀的可能性和应采取的防腐措施。

②要查明锚杆施工地区的地下管线、构筑物等的位置和情况，慎重研究锚杆施工对它们产生的影响。

③要研究锚杆施工对邻近建筑物等的影响，如锚杆的长度超出建筑红线应得到有关部门和单位的批准或许可。

同时，也应研究附近的施工（如打桩、降低地下水位、岩石爆破等）对锚杆施工带来的影响。

④编制锚杆施工组织设计，确定施工顺序；保证供水、排水和动力的需要；制定机械进场、正常使用和保养维修制度；安排好劳动组织和施工进度计划；施工前应进行技术交底。

（2）钻孔。钻孔工艺影响锚杆的承载能力、施工效率和成本。钻孔的费用一般占总费用的30%，有时达50%。钻孔要求不扰动土体，减少原来土体内应力场的变化，尽量不使自重应力释放。

（3）安放拉杆。锚杆用的拉杆，常用的有钢管（钻杆用作拉杆）、粗钢筋、钢丝束和钢绞线。其主要根据锚杆的承载能力和现有材料的情况来选择。承载能力较小时，多用粗钢筋；承载能力较大时，多用钢绞线。

（4）压力灌浆。压力灌浆是锚杆施工中的一个重要工序。施工时，应将有关数据记录下来，以备将来查用。灌浆的作用是形成锚固段，将锚杆锚固在土层中；防止钢拉杆腐蚀；充填土层中的孔隙和裂缝。

灌浆的浆液为水泥砂浆（细砂）或水泥浆。水泥一般不宜用高铝水泥，由于氯化物会引起钢拉杆腐蚀，因此其含量不应超过水泥重的0.1%。由于水泥水化时会生成SO_3，所以硫酸盐的含量不应超过水泥重的4%。我国多用普通硅酸盐水泥，有些工程为了早强、抗冻和抗收缩，曾使用过硫铝酸盐水泥。

拌和水泥浆或水泥砂浆所用的水，一般应避免采用含高浓度氯化物的水，因为它会加速钢拉杆的腐蚀。若对水质有疑问，应事先进行化验。

（5）锚杆张拉与施加预应力。锚杆压力灌浆后，待锚固段的强度大于15MPa并达到设计强度等级的75%后，方可进行张拉。

锚杆宜张拉至设计荷载的0.9~1.0倍后，再按设计要求锁定。锚杆张拉控制应力，不应超过拉杆强度标准值的75%。

锚杆张拉时，其张拉顺序要考虑对邻近锚杆的影响。

（6）锚杆试验。锚杆锚固段浆体强度达到15MPa，或达到设计强度等级的75%时方可进行锚杆试验。

加载装置（千斤顶、油泵）的额定压力必须大于试验压力，且试验前应进行标定。加荷反力装置的承载力和刚度应满足最大试验荷载要求。

5.深层搅拌水泥土桩墙

深层搅拌水泥土桩墙围护墙是用深层搅拌机就地将土和输入的水泥浆强制搅拌，形成连续搭接的水泥土柱状加固体挡墙。

水泥土加固体的渗透系数不大于10^{-7}cm/s，能止水防渗，因此这种围护墙属重力式挡墙，利用其本身质量和刚度进行挡土和防渗，具有双重作用。

水泥土围护墙截面呈格栅形，相邻桩搭接长宽不小于200mm，截面置换率对淤泥不宜小于0.8，淤泥质土不宜小于0.7，一般黏性土、黏土及砂土不宜小于0.6。格栅长宽比不宜大于2。

如为改善水泥土的性能和提高早期强度，可掺加木钙、三乙醇胺、氯化钙、碳酸钠等。水泥土的施工质量对围护墙性能有较大影响。因此，要保护设计规定的水泥掺和量，并严格控制桩位和桩身垂直度；要控制水泥浆的水胶比≤0.45，否则桩身强度难以保证；要搅拌均匀，采用二次搅拌工艺，喷浆搅拌时控制好钻头的提升或下沉速度；要限制相邻桩的施工间歇时间，以保证搭接成整体。

水泥土围护墙的优点：由于坑内无支撑，便于机械化快速挖土；具有挡土、挡水的双重功能；一般比较经济。其缺点：不宜用于深基坑，一般不宜大于6m；位移相对较大，尤其在基坑长度大时，这时可采取中间加墩、起拱等措施以限制过大的位移；厚度较大，只有在红线位置和周围环境允许时才能采用，而且水泥土搅拌桩施工时要注意防止影响周围环境。水泥土围护墙宜用于基坑侧壁安全等级为二、三级者；地基土承载力不宜大于150kPa。

高压旋喷桩所用的材料亦为水泥浆，只是施工机械和施工工艺不同。它是利用高压经过旋转的喷嘴将水泥浆喷入土层与土体混合形成水泥土加固体，相互搭接形成桩排，用来挡土和止水。高压旋喷桩的施工费用要高于深层搅拌水泥土桩，但它可用于空间较小处。施工时要控制好上提速度、喷射压力和水泥浆喷射量。

六、基坑降水、排水

基坑开挖时，流入坑内的地下水和地表水如不及时排除，会使施工条件恶化、造成土壁塌方，亦会降低地基的承载力。施工排水可分为明排水法和人工降低地下水位法两种。

在软土地区基坑开挖深度超过3m，一般就要用井点降水。开挖深度浅时，亦可边开挖边用排水沟和集水井进行集水明排。地下水控制方法有多种，选择时根据土层情况、降水深度、周围环境、支护结构种类等综合考虑后优选。当因降水而危及基坑及周边环境安全时，宜采用截水或回灌方法。

当基坑底为隔水层且层底作用有承压水时，应进行坑底突涌验算；必要时，可采取水平封底隔渗或钻孔减压措施，保证坑底土层稳定，否则一旦发生突涌，将给施工带来极大麻烦。

（一）明排水法

1.明沟与集水井排水

在基坑的一侧或四周设置排水明沟，在四角或每隔20～30m设一集水井，排水沟始终比开挖面低0.4～0.5m，集水井比排水沟低0.5～1m，在集水井内设水泵将水抽排出基坑。此种方法适用于土质情况较好、地下水量不大的基坑排水。

2.分层明沟排水

当基坑开挖土层由多种土层组成，中部夹有透水性强的砂类土时，为防止上层地下水冲刷基坑下部边坡，宜在基坑边坡上分层设置明沟及相应的集水井。此种方法适用于深度较大、地下水位较高、上部有透水性强的土层的基坑排水。

3.深层明沟排水

当地下基坑相连，土层渗水量和排水面积大，为减少大量设置排水沟的复杂性，可在基坑内的深基础或合适部位设置一条纵、长、深的主沟，其余部位设置边沟或支沟与主沟连通，通过基础部位用碎石或砂子做盲沟。此种方法适用于深度大的大面积地下室、箱形基础的基坑施工排水。

（二）井点降水

在含水丰富的土层中开挖大面积基坑时，明沟排水法难以排干大量的地下涌水；当遇粉细砂层时，还会出现严重的翻浆、冒泥、涌砂现象，不仅基坑无法挖深，还可能造成大量水土流失、边坡失稳、地面塌陷，严重者危及邻近建筑物的安全。遇有此种情况时，应采用井点降水的人工降水方法施工。

1.井点降水的作用

（1）防止地下水涌入基坑内。

（2）防止边坡由于地下水的渗流引起的塌方。

（3）防止基坑底发生管涌。

（4）降水后可以降低支护结构承受的横向荷载。

（5）防止发生流砂现象。

2.井点降水的种类

（1）轻型井点。轻型井点是沿基坑四周将井点管埋入蓄水层内，利用抽水设备将地下水从井点管内不断抽出，将地下水位降至基坑底以下。

（2）喷射井点。喷射井点是在井点管内设特制的喷射器，用高压水泵或空气压缩机向喷射器输入高压水或压缩空气，形成水射流，将地下水抽出排走。其降水深度一般为8～20m。

（3）电渗井点。电渗井点以井点管为负极，打入的钢筋为正极，通入直流电后，土颗粒自负极向正极移动，水则自正极向负极移动而被集中排出。该法常与轻型井点或喷射井点结合使用。

（4）管井井点。管井井点由滤水井管、吸水管和抽水机组成。管井埋设的深度和距离根据需降水面积、深度及渗透系数确定，一般间距10～50m，最大埋深可达10m，管井距基坑边缘距离不小于1.5m（冲击钻成孔）或3m（钻孔法成孔），适用于降水深度为3～5m，渗透系数为20～200m/d的基坑中施工降水。管井井点设备简单、排水量大、易于维护、经济实用。

如需降水深度较大，可采用深井井点，其适用于降水深度＞15m、渗透系数为10～250m/d的基坑，故称为"深井泵法"。

（三）轻型井点降水

1.轻型井点的设备

设备由井点管、弯联管、集水总管、滤管和抽水设备组成。

滤管为进水设备，长度一般为1.0～1.5m，直径常与井点管相同；管壁上钻有直径为12～18mm的呈梅花形状的滤孔，管壁外包两层滤网，内层为细滤网，采用网眼为30～51孔/cm²的黄铜丝布、生丝布或尼龙丝布；外层为粗滤网，采用网眼为3～10孔/cm²的铁丝布或尼龙丝布或棕树皮。为避免滤孔淤塞，在管壁与滤网间用铁丝绕成螺旋状隔开，滤网外面再围一层8号粗铁丝保护层。滤管下端放一个锥形的铸铁头。井点管为直径38～55mm的钢管（或镀锌钢管），长度为5～7m，井点管上端用弯联管与总管相连。弯联管宜用透明塑料管或橡胶软管。

集水总管一般用直径为75～100mm的钢管分节连接，每节长度为4m，每间隔0.8～1.6m设一个连接井点管的接头。

抽水设备有两种类型，一种是真空泵轻型井点设备，由真空泵、离心泵和汽水分离器组成，这种设备国内已有定型产品供应，设备形成的真空度高（67～80kPa），带井点管数多（60～70根），降水深度较大（5.5～6.0m）；但该设备较复杂，易出故障，维修管理困难，耗电量大，适用于重要的较大规模的工程降水。另一种是射流泵轻型井点设备，它由离心泵、射流泵（射流器）、水箱等组成。射流泵抽水系由高压水泵供给工作水，经射流泵后产生真空，引射地下水流；该设备构造简单，制造容易，降水深度较大（可达9m），成本低，操作维修方便，耗电少，但其所带的井点管一般只有25～40根，总管长度为30～50m。若采用两台离心泵和两个射流器联合工作，能带动井点管70根，总管长度为100m。这种形式目前应用较广，是一种有发展前景的抽水设备。

2.轻型井点的平面布置

当基坑（槽）宽小于6m且降水深度不超过5m时，可采用单排井点，布置在地下水上游一侧，两端延伸长度以不小于槽宽为宜。如宽度大于6m或土质不良、渗透系数较大，宜采用双排井点，布置在基坑（槽）的两侧。当基坑面积较大时宜采用环形井点，非环形井点考虑运输设备入道，一般在地下水下游方向布置成不封闭状态。井点管距离基坑壁一般可取0.7～1.0m，以防局部发生漏气。井点管间距为0.8m、1.2m、1.6m，由计算或经验确定。井点管在总管四角部分应适当加密。

3.轻型井点的高程布置

轻型井点降水深度一般不大于6m。井点管埋置深度H（不包括滤管）。

（1）当H值小于降水深度6m时，则可用一级井点。

（2）当H值稍大于6m时，如降低井点管的埋置面可满足降水深度要求时，仍可用一级井点降水。

（3）在确定井点管埋置深度时，还应考虑井点管露出地面0.2～0.3m，滤管必须埋在透水层内。

（4）当一级井点达不到降水深度要求时，则可采用二级井点。

4.轻型井点的设计及计算

井点系统的设计应掌握施工现场地形图、水文地质勘察资料和基坑的施工图设计等资料。

设计内容除进行井点系统的平面布置和高程布置外，还应进行涌水量的计算、确定井点管数量及井距和选择抽水设备等工作。

5.轻型井点的埋设程序

轻型井点的埋设程序:排放总管→埋设井点管→用弯联管将井点管与总管接通→安装抽水设备。井点管的埋设一般采用水冲法进行,借助于高压水冲刷土体,用冲管扰动土体助冲,将土层冲成圆孔后埋设井点管。整个过程可分冲孔与埋管两个过程。冲孔的直径一般为300mm,以保证井管四周有一定厚度的砂滤层;冲孔深度宜比滤管底深0.5m左右,以防冲管拔出时部分土颗粒沉于底部而触及滤管底部。

井孔冲成后,立即拔出冲管,插入井点管,并在井点管与孔壁之间迅速填灌砂滤层,以防孔壁塌土。砂滤层的填灌质量是保证轻型井点顺利抽水的关键。一般宜选用干净粗砂,填灌要均匀,并填至滤管顶上1~1.5m,以保证水流畅通。井点填砂后,需用黏土封口,以防漏气。

井点管埋设完毕后,需进行试抽,以检查有无漏气、淤塞现象,出水是否正常,如有异常情况,应检修好方可使用。

6.防范井点降水不利影响的措施

井点降水必然会形成降水漏斗,从而导致周围土固结并引起地面沉陷,为减少井点降水对周围建筑物及地下管线造成影响,可考虑在井点设置线外4~5m处设置回灌井点,从井点中抽出水经沉淀后,用压力注入回灌井中,形成一道水墙。

设置挡水帷幕也可减少井点降水引起的不利影响。

(四)喷射井点降水

当基坑开挖较深或降水深度大于8m时,必须使用多级轻型井点才可收到预期效果。但需要增大基坑土方开挖量,延长工期并增加设备数量,因此不够经济。此时宜采用喷射井点降水,在渗透系数3~50m/d的砂土中应用最为有效,在渗透系数为0.1~2m/d的亚砂土、粉砂、淤泥质土中效果也较显著,其降水深度可达8~20m。

1.喷射井点设备

喷射井点根据其工作时使用液体或气体的不同,可分为喷水井点和喷气井点两种。其设备主要由喷射井管、高压水泵(或空气压缩机)和管路系统组成。喷射井管由内管和外管组成,在内管下端装有升水装置喷射扬水器与滤管相连。在高压水泵作用下,具有一定压力水头(0.7~0.8MPa)的高压水经进水总管进入井管的内外管之间的环形空间,并经扬水器的侧孔流向喷嘴。由于喷嘴截面突然缩小,流速急剧增加,压力水由喷嘴以很高流速喷入混合室,将喷嘴口周围空气吸入,被急速水流带走,致使该室压力下降而造成一定真空度。此时地下水被吸入喷嘴上面的混合室,与高压水汇合,流经扩散管时,由于截面扩大,流速降低而转化为高压,沿内管上升经排水总管排于集水池内,此池内的水,一部分用水泵排走,另一部分供高压水泵压入井管用。如此循环不断,将地下水逐步抽出,降低了地下水水位。高压水泵宜采用流量为50~80m²/h的多级高压水泵，每套能带动20~30根井管。

2.喷射井点布置与使用

喷射井点的管路布置、井管埋设方法及要求与轻型井点相同。喷射井管间距一般为2~3m，冲孔直径为400~600mm，深度应比滤管深1m以上。使用时，为防止喷射器损坏，需先对喷射井管逐根冲洗，开泵时压力要小一些（小于0.3MPa），以后再逐渐开足，如发现井管周围有翻砂、冒水现象，应立即关闭井管检修。工作水应保持清洁，试抽两天后应更换清水，此后视水质污浊程度定期更换清水，以减轻工作水对喷射嘴及水泵叶轮等的磨损。

（五）管井井点降水

管井井点又称大口径井点，适用于渗透系数大（20~200m/d）、地下水丰富的土层和砂层，或用集水井法易造成土粒大量流失，引起边坡塌方及用轻型井点难以满足要求的情况下使用，具有排水量大、降水深、排水效果好、可代替多组轻型井点作用等特点。

1.管井井点系统主要设备

设备由滤水井管、吸水管和抽水机械等组成。滤水井管的过滤部分，可采用钢筋焊接骨架外包孔眼为1~2mm、长度为2~3m的滤网，井管部分宜用直径为200mm以上的钢管或竹木、混凝土等其他管材。吸水管宜用直径为50~100mm的胶皮管或钢管，插入滤水井管内，其底端应插到管井抽吸时的最低水位以下，必要时装设逆止阀，上端装设一节带法兰盘的短钢管。抽水机械常用100~200mm的离心式水泵。

2.管井布置

沿基坑外圈四周呈环形或沿基坑（或沟槽）两侧或单侧呈直线布置。井中心距基坑（或沟槽）边缘的距离，根据所用钻机的钻孔方法而定，当用冲击式钻机用泥浆护壁时为0.5~1.5m；当用套管法时不小于3m。管井的埋设深度和间距根据所需降水面积和深度以及含水层的渗透系数与因素而定，埋深为5~10m，间距为10~50m，降水深度为3~5m。

第四节 土方开挖

一、土方开挖准备工作

土方工程施工前通常需完成场地清理、排除地面水、修筑临时设施、燃料和其他材料的准备、供电与供水管线的敷设、临时停机棚和修理间等的搭设、土方工程的测量放线和编制施工组织设计等准备工作。

（一）场地清理

场地清理包括清理地面及地下各种障碍。在施工前应拆除旧建筑；拆迁或改建通信、电力设备，上、下水道以及地下建（构）筑物；迁移树木并去除耕植土及河塘淤泥等。此项工作由业主委托有资质的拆卸公司或建筑施工公司完成，发生的费用由业主承担。

（二）排除地面水

场地内低洼地区的积水必须排除，雨水也要排除，使场地保持干燥，以利土方施工。地面水的排除一般采用排水沟、截水沟、挡水土坝等措施。

排水沟应尽量利用自然地形来设置，使水直接排至场外，或流向低洼处再用水泵抽走。主排水沟最好设置在施工区域的边缘或道路的两旁，其横断面和纵向坡度应根据最大流量确定。一般排水沟的横断面尺寸不小于0.5m×0.5m，纵向坡度一般不小于2%。在场地平整过程中，要注意保持排水沟畅通，必要时应设置涵洞。山区的场地平整施工，应在较高一面的山坡上开挖截水沟。在低洼地区施工时，除开挖排水沟外，必要时应修筑挡水土坝，以阻挡雨水的流入。

（三）修筑临时设施

修筑好临时道路及供水、供电等临时设施，做好材料、机具及土方机械的进场工作。

（四）定位放线

1.基槽放线

根据房屋主轴线控制点，首先将外墙轴线的交点用木桩测设在地面上，并在桩顶钉上铁钉作为标志。房屋外墙轴线测定以后，以外墙轴线为依据，再按照建筑施工平面图中轴线间的尺寸，将内部开间所有轴线都测出；然后根据边坡系数及工作面大小计算开挖宽度；最后在中心轴线两侧用石灰在地面上撒出基槽开挖边线。同时在房屋四周设置龙门板，以便基础施工时复核轴线位置。

2.柱基放线

在基坑开挖前，从设计图上查对基础的纵横轴线编号和基础施工详图，根据柱子的纵横轴线，用经纬仪在矩形控制网上测定基础中心线的端点，同时，在每个柱基中心线上测定基础定位桩，每个基础的中心线上设置4个定位木桩，其桩位离基础开挖线的距离为0.5～1.0m。若基础之间的距离不大，可每隔一个或多个基础打一个定位桩，但两个定位桩的间距以不超过20m为宜，以便拉线恢复中间柱基的中线。在桩顶上钉一个钉子，标明中心线的位置。然后按边坡系数和基础施工图上柱基的尺寸及工作面确定的挖土边线的尺寸，放出基坑上口挖土灰线，标出挖土范围。

大基坑开挖，根据房屋的控制点，按基础施工图上的尺寸和按边坡系数及工作面确定的挖土边线的尺寸，放出基坑四周的挖土边线。

二、基坑（槽）开挖

（一）基坑开挖程序

土方开挖应遵循"开槽支撑，先撑后挖，分层开挖，严禁超挖"的原则。基坑（槽）开挖可分为人工开挖和机械开挖两种。对于大型基坑应优先考虑选用机械化施工，以加快施工进度。开挖基坑（槽），应按规定的尺寸合理确定开挖顺序和分层开挖深度，连续地进行施工，尽快完成。因土方开挖施工要求标高、断面准确，土体应有足够的强度和稳定性，所以在开挖过程中要随时注意检查。

基坑开挖程序一般是：测量放线→分层开挖→排降水→修坡→整平→留足预留土层等。相邻基坑开挖时，应遵循先深后浅或同时进行的施工程序。挖土应自上而下水平分段分层进行，每层0.3m左右，边挖边检查坑底宽度及坡度，不够时应及时修整，每3m左右修一次坡，至设计标高，再统一进行一次修坡清底，检查坑底宽和标高，要求坑底凹凸不超过2cm。

（二）基坑土方开挖方式

基坑开挖分两种情况：一是无支护结构基坑的放足边坡开挖，二是有支护结构基坑的开挖。

1.无支护结构基坑的放足边坡开挖工艺

采用放足边坡开挖时，一般基坑深度较浅，挖土机可以一次开挖至设计标高，因此，在地下水水位高的地区，软土基坑采用反铲挖土机配合运土汽车在地面作业。如果地下水水位较低，坑底坚硬，也可以让运土汽车下坑，配合正铲挖土机在坑底作业。当开挖基坑深度超过4m时，若土质较好，地下水水位较低，场地允许，有条件放坡，边坡宜设置阶梯平台，分阶段、分层开挖，每级平台宽度不宜小于1.5m。

在采用放足边坡开挖时，要求基坑边坡在施工期间保持稳定。基坑边坡坡度应根据土质、基坑深度、开挖方法、留置时间、边坡荷载、排水情况及场地大小确定。放坡开挖应有降低坑内水位和防止坑外水倒灌的措施。若土质较差且基坑施工时间较长，边坡坡面可采用钢丝网喷浆进行护坡，以保持基坑边坡稳定。

放足边坡开挖基坑内作业面大，方便挖土机械作业，施工程序简单，经济效益好，但在城市密集地区施工，条件往往不允许采用这种开挖方式。

2.有支护结构基坑的开挖工艺

有支护结构基坑的开挖按其坑壁结构可分为直立壁无支撑开挖、直立壁内支撑开挖和直立壁土钉（或土锚杆、拉锚）开挖。有支护结构基坑开挖的顺序、方法必须与设计工况一致，并应遵循"开槽支撑，先撑后挖，分层开挖，严禁超挖"和"分层、分段、对称、限时"的原则。

（1）直立壁无支撑开挖工艺。这是一种重力式坝体结构，一般采用水泥土搅拌桩作坝体材料，也可采用粉喷桩等复合桩体作坝体材料。重力式坝体结构既挡土又止水，给坑内创造宽敞的施工空间和可降水的施工环境。

止水重力坝的基坑深度一般为5~6m，故可采用反铲挖土机配合运土汽车在地面作业。由于采用止水重力坝的基坑，地下水水位一般都比较高，因此，很少使用正铲挖土机下坑挖土作业。

（2）直立壁内支撑开挖工艺。在基坑深度大，地下水水位高，周围地质和环境又不允许作拉锚和土钉、土锚杆的情况下，一般采用直立壁内支撑开挖形式。基坑采用内支撑，能有效地控制侧壁的位移，具有较高的安全性，但减小了施工机械的作业面，影响挖土机械、运土汽车的作业效率，增加了施工难度。

采用直立壁内支撑的基坑，深度一般较大，超过挖土机的挖掘深度，需分层开挖。在施工过程中，土方开挖和支撑施工需交叉进行。内支撑是随着土方的分层、分区开挖，形成支撑施工工作面，然后施工内支撑，结束后待内支撑达到一定强度后进行下一层（区）土方的开挖，形成下一道内支撑施工工作面，重复施工，从而逐步形成支护结构体系。因此，基坑土方开挖必须和支撑施工密切配合，根据支护结构设计的工况，先确定土方分层、分区开挖的范围，然后分层、分区开挖基坑土方。在确定基坑土方分层、分区开挖范围时，还应考虑土体的时空效应、支撑施工的时间、机械作业面的要求等。

当有较密的内支撑时或为了严格限制支护结构的位移，常采用盆式开挖顺序，即在尽量多挖去基坑下层中心区域的土方后，架设"十"字对称式钢管支撑并施加预应力，或在挖去本层中心区域土方后，浇筑钢筋混凝土支撑，并逐个区域挖去周边土方，逐步形成对围护壁的支撑。这时使用的机械一般为反铲和抓铲挖土机。必要时，还可对挡墙内侧四周的土体进行加固，以提高内侧土体的被动土压力，满足控制挡墙变形的要求。

（3）直立壁土钉（或土锚杆、拉锚）开挖工艺。当周围的环境和地质条件允许进行拉锚或采用土钉和土层锚杆时，应选用此方式，因为直立壁土钉开挖使坑内的施工空间宽敞，挖土机械效率较高。在土方施工中，需进行分层、分区段开挖，穿插进行土钉（或土锚杆）施工。土方分层、分区段开挖的范围应和土钉（或土锚杆）的设置位置一致，满足土钉（土锚杆）施工机械的要求，也要满足土体稳定性的要求。

为了利用基坑中心部分土体搭设栈桥以加快土方外运，提高挖土速度，设直立壁土钉（或土锚杆、拉锚）的基坑开挖或者采用周边桁架空间支撑系统的基坑开挖有时采用岛式开挖顺序，即先挖除挡墙内四周土方，待周边支撑形成后再开挖中间岛区的土方。中间环形桁架空间支撑系统形成一定强度后即可穿插开挖中间岛区土，同时，钢筋混凝土支撑继续养护，缩短了挖土时间。其缺点是由于先挖挡墙内四周的土方，挡墙的受荷时间长，在软黏土中时间效应显著，有可能增大支护结构的变形量，所以应用较少。

（三）基坑土方开挖中的注意事项

（1）支护结构与挖土应紧密配合，遵循"先撑后挖、分层分段、对称、限时"的原则。挖土与坑内支撑安装要密切配合，每次开挖深度不得超过将要加支撑位置以下500mm，防止立柱及支撑失稳。每次挖土深度与所选用的施工机械有关。当采用分层分段开挖时，分层厚度不宜大于5m，分段的长度不宜大于25m，并应快挖快撑，时间以1～2d为宜，以充分利用土体结构的空间作用，减少支护结构的变形。为防止地基一侧失去平衡而导致坑底涌土、边坡失稳、坍塌等情况，深基坑挖土时应注意对称分层开挖的方法。

（2）要重视打桩效应，防止桩位移和倾斜。对一般先打桩、后挖土的工程，如果打桩后紧接着开挖基坑，由于开挖时地基卸土，打桩时积聚的土体应力释放，再加上挖土高差形成侧向推力，土体易产生一定的水平位移，使先打设的桩易产生水平位移和倾斜，因此，打桩后应有一段停歇时间，待土体应力释放、重新固结后再开挖，同时，挖土要分层、对称，尽量减少挖土时的压力差，保证桩位正确。对于打预制桩的工程，必须先打工程桩再施工支护结构，否则也会由于打桩挤土效应，引起支护结构位移变形。

（3）注意减少坑边地面荷载，防止开挖完的基坑暴露时间过长。基坑开挖过程中，不宜在坑边堆置弃土、材料和工具设备等，应尽量减轻地面荷载，严禁超载。基坑开挖完成后，应立即验槽，并及时浇筑混凝土垫层，封闭基坑，防止暴露时间过长。如发现基底土超挖，应用素混凝土或砂石回填夯实，不能用素土回填。若挖方后不能立即转入下道工序或雨期挖方，应在坑槽底标高上保留15~30cm厚的土层不挖，待下道工序开工前再挖掉。冬期挖方时，每天下班前应挖一步（30cm左右）虚土或用草帘覆盖，以防地基土受冻。

（4）当挖土至坑槽底50cm左右时，应及时抄平。

（5）在基坑开挖和回填过程中应保持井点降水工作的正常进行。

（6）开挖前要编制包含周详安全技术措施的基坑开挖施工方案，以确保施工安全。

三、深基坑土方开挖

深基坑开挖一般遵循"分层开挖，先撑后挖"的原则。开挖方法主要有分层挖土、分段挖土、盆式挖土、中心岛式挖土等几种。施工中应根据基坑面积大小、开挖深度、支护结构形式、环境条件等因素选用开挖方法。

（一）分层挖土

分层挖土是将基坑按深度分为多层进行逐层开挖。分层厚度，软土地基应控制在2m以内；硬质土可控制在5m以内。开挖顺序可从基坑的某一边向另一边平行开挖，或从基坑两端对称开挖，或从基坑中间向两边平行对称开挖，也可交替分层开挖，具体应根据工作面和土质情况决定。

运土可采取设坡道或不设坡道两种方式。设坡道土的坡度视土质、挖土深度和运输设备情况而定，一般为1:8~1:10，坡道两侧要采取挡土或加固措施。不设坡道一般设钢平台或栈桥作为运输土方通道。

（二）分段挖土

分段挖土是将基坑分成几段或几块分别开挖。分段与分块的大小、位置和开挖顺序，根据开挖场地、工作面条件、地下室平面与深浅及施工工期而定。分块开挖即开挖一块，施工一块混凝土垫层或基础，必要时可在已封底的坑底与围护结构之间加设斜撑，以增强支护的稳定性。

（三）盆式挖土

盆式挖土是先分层开挖基坑中间部分的土方，基坑周边一定范围内的土暂不开挖。开挖时，可视土质情况按1：1～1：1.25放坡，使之形成对四周围护结构的被动土反压力区，以增强围护结构的稳定性，待中间部分的混凝土垫层、基础或地下室结构施工完成之后，再用水平支撑或斜撑对四周围护结构进行支撑，并突击开挖周边支护结构内部分被动土区的土，每挖一层支一层水平横顶撑，直至坑底，最后浇筑该部分结构混凝土。本法对支护挡墙受力有利，时间效应小，但大量土方不能直接外运，需集中提升后装车外运。

（四）中心岛式挖土

中心岛式挖土是先开挖基坑周边土方，在中间留土墩作为支点搭设栈桥，挖土机可利用栈桥下到基坑挖土，运土的汽车也可利用栈桥进入基坑运土，可有效加快挖土和运土的速度。土墩留土高度、边坡的坡度、挖土分层与高差应经仔细研究确定。挖土也是采用分层开挖的方式，一般先全面挖去一层，然后中间部分留置土墩，周围部分分层开挖。挖土多用反铲挖土机，如基坑深度很大，则采用向上逐级传递方式进行土方装车外运。整个土方开挖顺序应遵循"开槽支撑，先撑后挖，分层开挖，防止超挖"的原则。

深基坑在开挖过程中，随着土的挖除，下层土因逐渐卸载而有可能回弹，尤其在基坑挖至设计标高后，如搁置时间过久，回弹更为显著。如弹性隆起在基坑开挖和基础工程初期发展很快，将加大建筑物的后期沉降。因此，对深基坑开挖后的土体回弹，应有适当的估计，如在勘察阶段，土样的压缩试验中应补充卸荷弹性试验等；还可以采取结构措施，在基底设置桩基等，或事先对结构下部土质进行深层地基加固。施工中减少基坑弹性隆起的一个有效方法是把土体中有效应力的改变降低到最小，具体方法有加速建造主体结构，或逐步利用基础的重量来代替被挖去土体的重量。

第五节　土方回填

一、填土的要求

（一）土料要求

填方土料应符合设计要求，设计无规定时应符合以下规定：

（1）碎石类土、砂土和爆破石渣（粒径不大于每层铺厚的2/3），可用于表层以下的填料。

（2）含水量符合压实要求的黏性土，可用作各层填料。

（3）碎块草皮和有机质含量大于8%的土，仅用于无压实要求的填方。

（4）淤泥和淤泥质土，一般不能用作填料，但在软土或沼泽地区，经过含水量处理符合压实要求后，可用于填方中的次要部位。含有大量有机物的土壤、石膏或水溶性硫酸盐含量大于2%的土壤、冻结或液化状态的土壤不能作填土之用。

（二）最佳含水量

回填土含水量过大或过小都难以夯压密实，当土壤在最佳含水量条件下压实时，能获得最大的密实度。当土壤过湿时，可先晒干或掺入干土；当土壤过干时，应洒水湿润以取得较佳的含水量。黏性土料施工含水量与最优含水量之差可控制在-4%～+2%范围内（使用振动碾时，可控制在-6%～+2%范围内）。

土料含水量一般以手握成团，落地开花为适宜。当含水量过大时，应采取翻松、晾干、风干、换土回填、掺入干土或其他吸水性材料等措施；如土料过干，则应预先洒水润湿。

当含水量小时，亦可采取增加压实遍数或使用大功率压实机械等措施。

当气候干燥时，须采取加速挖土、运土、平土和碾压过程，以减少土的水分散失。当填料为碎石类土（充填物为砂土）时，碾压前应充分洒水湿透，以提高压实效果。

（三）填方施工注意事项

（1）填土应从场地最低部分开始，由一端向另一端自下而上分层铺筑。

（2）斜坡上的土方回填应将斜坡改成阶梯形，以防填方滑动。

（3）填方区如有积水、杂物和软弱土层等，必须进行换土回填，换土回填亦分层进行。

（4）回填基坑、墙基或管沟时，应从四周或两侧分层、均匀、对称进行，以防基础、墙基或管道在土压力下产生偏移和变形。

二、填土的压实方法

（一）碾压法

碾压法适用于大面积的场地平整和路基、堤坝工程，用压路机进行填方压实时，填土厚度不应超过25～30cm，碾压遍数一样，碾轮重量先轻后重，碾压方向应从两边逐渐压向中央，每次碾压应有15～25cm的重叠。

（二）夯实法

夯实法俗称"打夯"，是利用夯锤自由下落的冲击力来夯实土壤。中国传统的"打夯"方法有木夯、石夯、铁夯等。

常用的蛙式打夯机、振动打夯机、内燃打夯机适用于黏性较低的土，常用于基坑（槽）、管沟部位小面积回填土的夯实，也可配合压路机对边缘或边角碾压不到之处进行夯实。填土厚度不大于25cm，一夯压半夯、依次夯打。

（三）强夯法

强夯法是利用起重机械和重锤进行软土地基处理的施工方法，可夯实较厚的土层。

（四）振动法

振动法适用于非黏性土壤的振动夯实。此法的主要施工机械是振动压路机、平板振动器。双钢轮驱动振动压路机压实效果好、影响深度大、生产效率高，适用于各类土壤的压实，是大型土石方压实的首选设备。

三、土方回填质量验收标准

（一）主控项目

（1）标高。标高是指回填后的表面标高，用水准仪测量。检查测量记录。

（2）分层压实系数。填土压实后必须达到密实度要求，填土密实度以设计规定的控制干密度（或规定的压实系数8）作为检查标准，土的控制干密度与最大干密度之比称为压实系数。土的最大干密度乘以规范规定或设计要求的压实系数，即可计算出填土控制干密度的值。土的实际干密度可用"环刀法"测定。分层压实系数应符合设计要求，按规定方法取样，试验测量，不满足要求时随时进行返工处理，直到达到要求。检查测试记录。

（二）一般项目

（1）回填土料。符合设计要求；取样检查或直观鉴别；做出记录，检查试验报告。

（2）分层厚度及含水量。符合设计要求；用水准仪检查分层厚度；取样检测含水量；检查施工记录和试验报告。

（3）表面平整度。用水准仪或靠尺检查；控制在允许偏差范围内。

土方回填前清除基底的垃圾、树根等杂物，抽除坑穴积水、淤泥，验收基底标高。如在耕植土或松土上填方，应在基底压实后再进行。

填方土料按设计要求验收。

填方施工过程中应检查排水措施、每层填筑厚度、含水量控制和压实程度。

填筑厚度及压实遍数应根据土质、压实系数及所用机具确定。检查施工记录和试验报告。

第六节 土方工程机械化施工

一、土方工程施工的常用机械

土方工程的施工过程包括土方开挖、运输、填筑与压实等。由于土方工程量大、劳动繁重，施工时，应尽可能地采用机械化、半机械化施工，以减轻繁重的体力劳动、加快施工进度、降低工程造价。

土方工程施工机械的种类繁多，有推土机、铲运机、平土机、松土机、单斗挖土机及多斗挖土机和各种碾压、夯实机械等。而在房屋建筑工程施工中，尤其以推土机、铲运机和单斗挖土机应用最广，也最具有代表性。

现就这几种类型机械的性能、适用范围及施工方法做以下介绍。

（一）推土机

推土机是土方工程施工的主要机械之一，是在履带式拖拉机上安装推土铲刀等工作装置而成的机械。按铲刀的操纵机构不同，推土机可分为索式和液压式两种。索式推土机的铲刀凭借本身自重切入土中，在硬土中切土深度较小；液压式推土机由于用液压操纵，能使铲刀强制切入土中，切入深度较大。同时，液压式推土机的铲刀还可以调整角度，具有更大的灵活性，是目前常用的一种推土机。

推土机操纵灵活，运转方便，所需工作面较小，行驶速度快，易于转移，能爬30°左右的缓坡，因此应用范围较广，适用于开挖一至三类土。推土机多用于挖土深度不大的场地平整，开挖深度不大于1.5m的基坑，回填基坑和沟槽，堆筑高度在1.5m以内的路基、堤坝，平整其他机械卸置的土堆；推送松散的硬土、岩石和冻土，配合铲运机进行助铲；配合挖土机施工，为挖土机清理余土和创造工作面。另外，将铲刀卸下后，推土机还能牵引其他无动力的土方施工机械，如拖式铲运机、松土机、羊足碾等，进行土方其他施工过程的施工。

推土机的运距宜在100m以内，效率最高的推运距离为40~60m。为提高生产效率，可采用下述方法：

（1）下坡推土。推土机顺地面坡势沿下坡方向推土，借助机械往下的重力作用，可增大铲刀切土深度和运土数量，提高推土机能力和缩短推土时间，一般可提高30%~40%的生产效率，但坡度不宜大于15°，以免后退时爬坡困难。

（2）槽形推土。当运距较远、挖土层较厚时，利用已推过的土槽再次推土，可以减少铲刀两侧土的散漏。这样，作业可提高10%~30%的效率。槽深以1m左右为宜，槽间土梗宽约为0.5m。在推出多条槽后，再将土推入槽内，然后运出。

另外，在推运疏松土壤，且运距较大时，还应在铲刀两侧装置挡板，以增加铲刀前土的体积，减少土向两侧散失。在土层较硬的情况下，可在铲刀前面装置活动松土齿，当推土机倒退回程时，即可将土翻松。这样，便可减少切土时的阻力，从而提高切土运行速度。

（3）并列推土。对于大面积的施工区，可用2~3台推土机并列推土。推土时，两铲刀相距15~30cm，这样可以减少土的散失而增大推土量，能提高15%~30%的生产效率，但平均运距不宜超过50~75m，也不宜小于20m，且推土机数量不宜超过3台；否则，倒车不便，行驶不一致，反而影响生产效率的提高。

（4）多铲集运（即分批集中，一次推送）。若运距较远而土质又比较坚硬，由于切土的深度不大，宜采用多次铲土，分批集中，再一次推送的方法，使铲刀前保持满载，以提高生产效率。

（二）铲运机

铲运机是一种能够独立完成铲土、运土、卸土、填筑、整平的土方机械。按行走方式的不同，铲运机可分为拖式铲运机和自行式铲运机两种。拖式铲运机由拖拉机牵引；自行式铲运机的行驶和作业都靠本身的动力设备。铲运机按铲斗的操纵系统的不同可分为索式和液压式两种。

铲运机对行驶道路的要求较低，操纵灵活，行驶速度快，生产效率较高，可在一至三类土中直接挖、运土，常用于坡度在20°以内的大面积土方挖、填、平整和压实，大型基坑、沟槽的开挖，路基和堤坝的填筑，不适用于砾石层、冻土地带及沼泽地区。坚硬土开挖时要用推土机助铲或用松土机配合。

在土方工程中，常使用的铲运机的铲斗容量为2.5~8m³；自行式铲运机适用于运距为800~3500m的大型土方工程施工，以运距在800~1500m的范围内的生产效率最高；拖式铲运机适用于运距为80~800m的土方工程施工，而运距为200~350m时，效率最高。如果采用双联铲运或挂大斗铲运，其运距可增加到1000m。运距越长，生产效率越低，因此在规划铲运机的运行路线时，应力求符合经济运距的要求。

在场地平整施工中，铲运机的运行路线应根据场地挖、填区分布的具体情况合理选择，这对提高铲运机的生产效率有很大影响。铲运机的运行路线一般有以下几种：

1.环形路线

当地形起伏不大，施工地段较短时，多采用环形路线。环形路线每一循环只完成一次铲土和卸土、挖土和填土交替；挖、填之间距离较短时，则可采用大环形路线，一个循环能完成多次铲土和卸土，这样可减少铲运机的转弯次数，提高工作效率。采用环形路线时，为了防止机件单侧磨损，应每隔一定时间按顺、反时针方向交替行使，避免仅向一侧转弯。

2. "8" 字形路线

施工地段较长或地形起伏较大时，多采用 "8" 字形路线。采用这种开行路线时，铲运机在上、下坡时是斜向行驶，受地形坡度限制小；一个循环中两次转弯方向不同，可避免机械行驶时的单侧磨损；一个循环完成两次铲土和卸土，减少了转弯次数及空车行驶距离，从而缩短了运行时间，提高了生产效率。

另外还需要指出的是，铲运机应避免在转弯时铲土，否则，铲刀受力不均易引起翻车事故。因此，为了充分发挥铲运机的效能，保证能在直线段上铲土并装满土斗，要求铲土区应有足够的最小铲土长度。

（三）单斗挖土机

单斗挖土机是基坑（槽）土方开挖中常用的一种机械。按其行走装置的不同可分为履带式和轮胎式两类。根据工作的需要，其工作装置可以更换。按其工作装置的不同可分为正铲、反铲、拉铲和抓铲四种。

1.正铲挖土机

正铲挖土机的挖土特点是前进向上，强制切土。其适用于开挖停机面以上的一至三类土，且需与运土汽车配合完成整个挖运任务，其挖掘力大，生产效率高。开挖大型基坑时需设坡道，挖土机在坑内作业，因此，其适宜在土质较好、无地下水的地区工作。当地下水水位较高时，应采取降低地下水水位的措施，把基坑水疏干。

（1）正铲挖土机的作业方式。根据挖土机的开挖路线与汽车相对位置的不同，其卸土方式有侧向卸土和后方卸土两种。

①正向挖土、侧向卸土。挖土机沿前进方向挖土，运输车辆停在侧面卸土（可停在停机面上或高于停机面的地方）。采用此法卸土时，挖土机动臂转角小，运输车辆行驶方便，故生产效率高，应用较广。

②正向挖土、后方卸土。挖土机沿前进方向挖土，运输车辆停在挖土机后方装土。采用此法卸土时，挖土机动臂转角大、生产效率低，运输车辆要倒车进入，一般在基坑窄而深的情况下采用。

（2）正铲挖土机的开行通道。在正铲挖土机开挖大面积基坑时，必须对挖土机作业时的开行路线和工作面进行设计，确定开行次序和次数，其称为开行通道。当基坑开挖深度较小时，可布置一层开行通道，基坑开挖时，挖土机开行三次。第一次开行采用正向挖土、后方卸土的作业方式，为正工作面；挖土机进入基坑要挖坡道，坡道的坡度为1∶8左右。第二、三次开行时，采用侧方卸土的平卸侧工作面。

当基坑宽度稍大于正工作面的宽度时，为了减少挖土机的开行次数，可采用加宽工作面的办法，让挖土机按"Z"形路线开行。

当基坑的深度较大时，开行通道可布置成多层。

2.反铲挖土机

反铲挖土机的挖土特点是后退向下，强制切土。其挖掘力比正铲挖土机小，能开挖停机面以下的一至三类土（机械传动反铲挖土机只宜挖一至二类土）。其不需设置进出口通道，适用于一次开挖深度为4m左右的基坑、基槽、管沟，也可用于地下水水位较高的土方开挖。在深基坑开挖中，依靠止水挡土结构或井点降水，反铲挖土机通过下坡道，采用台阶式接力方式挖土也是常用的方法。反铲挖土机可以与自卸汽车配合装土运走，也可弃土于坑槽附近。

反铲挖土机的作业方式可分为沟端开挖和沟侧开挖两种。

（1）沟端开挖。挖土机停在基坑（槽）的端部，向后倒退挖土，汽车停在基槽两侧装土。其优点是挖土机停放平稳，装土或甩土时回转角度小，挖土效率高，挖土的深度和宽度也较大。基坑较宽时，可多次开行开挖。

（2）沟侧开挖。挖土机沿基槽的一侧移动挖土，将土弃于距基槽较远处。沟侧开挖时，开挖方向与挖土机移动方向垂直，因此其稳定性较差，而且挖土的深度和宽度均较小，一般只在无法采用沟端开挖或挖土不需运走时采用。

3.拉铲挖土机

拉铲挖土机的土斗用钢丝绳悬挂在挖土机长臂上，挖土时，土斗在自重作用下落到地面，切入土中。其挖土特点是后退向下，自重切土。其挖土深度和挖土半径均较大，能开挖停机面以下的一至二类土，但不如反铲挖土机动作灵活、准确。它适合开挖较深、较大的基坑（槽）、沟渠，挖取水中泥土，填筑路基，修筑堤坝等。

拉铲挖土机的开挖方式与反铲挖土机相似，既可沟侧开挖，也可沟端开挖。

4.抓铲挖土机

抓铲挖土机是在挖土机臂端用钢丝绳吊装一个抓斗。其挖土特点是直上直下，自重切土。其挖掘力较小，能开挖停机面以下的一至二类土。它适合开挖软土地基基坑，特别是其中窄而深的基坑、深槽、深井，采用抓铲效果理想。抓铲还可用于疏通旧有渠道以及挖取水中淤泥等，或用于装卸碎石、矿渣等松散材料。

5.挖土机和运土车辆配套计算

基坑开挖采用单斗（反铲等）挖土机施工时，需用运土车辆配合，将挖出的土随时运走。因此，挖土机的生产效率不仅取决于挖土机本身的技术性能，还取决于挖土机与所选运土车辆的运土能力的协调。为使挖土机充分发挥生产能力，应配备足够数量的运土车辆，以保证挖土机连续工作。

二、土方挖运机械的选择和机械挖土的注意事项

（1）机械开挖应根据工程地下水水位的高低、施工机械条件、进度要求等合理地选用施工机械，以充分发挥机械效率，节省机械费用，加快工程进度。

一般深度在2m以内、基坑不太长时的土方开挖，宜采用推土机或装载机推土和装车；对于深度在2m以内、长度较大的基坑，可用铲运机铲运土或助铲铲土；对面积大且深的基坑，且有地下水或土的湿度大，基坑深度不大于5m时，可采用液压反铲挖土机在停机面一次开挖；基坑深5m以上时，通常采用反铲挖土机分层开挖并开坡道运土。如土质好且无地下水也可开沟道，用正铲挖土机下人基坑分层开挖，多采用斗容量为0.5m³、1.0m³的液压正铲挖土机挖掘。在地下水中挖土时可用拉铲或抓铲挖土机，效率较高。

（2）使用大型土方机械在坑下作业时，如为软土地基或在雨期施工，进入基坑行走需铺垫钢板或铺路基垫道。所以对大型软土基坑，为减少分层挖运土方的复杂性，可采用"接力挖土法"。它是利用两台或三台挖土机分别在基坑的不同标高处同时挖土。一台在地表，两台在基坑不同标高的台阶上，边挖土边向上传递到上层由地表挖土机装车，用自卸汽车运至弃土地点。如上部可用大型反铲挖土机，中、下层可用反铲液压中、小型挖土机，以便挖土、装车均衡作业，机械开挖不到之处，再配以人工开挖修坡、找平。在基坑纵向两端设有道路出入口，上部汽车开行单向行驶。用本法开挖基坑，可一次挖到设计标高，一次完成，一般两层挖土可挖到−10m，三层挖土可挖到−15m左右。这种挖土方法与通常开坡道运输汽车运土相比，土方运输效率将受到影响。但某些面积不大、深度较大的基坑，本身开坡道有困难，此法可避免将载重汽车开进基坑进行装土、运土作业，其工作条件好，效率也较高，并可降低成本。最后用搭枕木垛的方法，使挖土机开出基坑或将其牵引拉出，如坡度过大也可用吊车将挖土机吊运出坑。

（3）土方开挖应绘制土方开挖图，确定开挖路线、顺序、范围、基底标高、边坡坡度、排水沟、集水井位置以及挖出的土方堆放地点。绘制土方开挖图应尽可能使机械多挖。

（4）由于大面积基础群基坑底标高不一，机械开挖次序一般采取先整片挖至一平均标高，然后再挖个别较深部位的方法。当一次开挖深度超过挖土机最大挖掘高度（5m以上）时，宜分二至三层开挖，并修筑10%～15%角度的坡道，以便挖土及运输车辆进出。

（5）基坑边角部位，即机械开挖不到之处，应用少量人工配合清坡，将松土清至机械作业半径范围内，再用机械掏取运走。人工清土所占比例一般为1.5%～4%，修坡以厘米作限制误差。大基坑宜另配一台推土机清土、送土、运土。

（6）由于机械挖土对土的扰动较大，且不能准确地将地基抄平，容易出现超挖现象，所以要求施工中机械挖土只能挖至基底以上20～30cm，其余20～30cm的土方采用人工或其他方法挖除。

第二章　桩基础工程施工工艺

第一节　桩基础工程概述

确定建筑物地基基础方案时，从安全、合理、经济角度出发，应优先选择天然地基浅基础。当地基浅层土质软弱，选择天然地基浅基础不满足地基强度及变形要求时，或采用人工加固处理地基不经济时，或是高层建筑基础、重型设备基础时，可采用地基基础方案中的天然地基深基础方案。桩基础就是天然地基深基础方案之一。

一、桩基础的概念及作用

桩基础是深基础。桩基础通常是由桩和承台组成，在承台上面是上部结构。桩本身像置于土中的柱子，承台则类似钢筋混凝土扩展式浅基础。但桩和承台的设计及计算不同于柱及钢筋混凝土扩展式浅基础。

（1）承台的作用承受上部结构荷载，并将荷载传递给各桩。承台箍住桩顶使各个桩共同承受荷载。考虑承台效应时，承台还具有提供竖向承载力的作用。

（2）桩的作用桩承受承台传递过来的荷载，通过桩侧对土的摩擦力及桩端对土的压力将荷载传递到土中。

（3）桩基础的作用将上部结构传来的荷载，通过承台传递给桩，再由桩传递到土中。

二、桩基础的特点

对比浅基础，桩基础承载力高，稳定性好，沉降量小且均匀，能承受一定的水平荷载，又有一定的抗震能力和抗拔承载力，适用性强。

桩基础造价一般较高，施工较复杂。桩基础施工时有振动及噪声，影响环境。桩基工作机理比较复杂，其设计计算方法相对不完善。

三、桩基础的适用性

在天然地基浅基础方案不能满足要求的前提下，常常选用桩基础方案。下列情况适于选用桩基础：

（1）当地基上部土质软弱或地基土质不均匀，或上部结构荷载分布不均匀，而在桩端可达到深度处，埋藏有坚实土层时。

（2）高层建筑，高耸建筑物，重型厂房，重要的、有纪念性的大型建筑，对基础沉降与不均匀沉降有较严格的限制时。

（3）地基上部存在不良土层，如湿陷性土、膨胀性土、季节性冻土等，而不良土层下部有较好的土层时，可采用桩基础穿过不良土层，将荷载传递到好土层中。

（4）建筑物除了承受垂直荷载外，还有较大的偏心荷载、水平荷载或动力及周期性荷载作用时。

（5）地下水位高，采用其他基础形式施工困难，或位于水中的构筑物基础适宜选用桩基础。

（6）地震区域建筑物，浅基础不能满足结构稳定要求时。

四、桩基础设计原则

建筑桩基础应按下列两类极限状态设计。

（一）承载能力极限状态

桩基础达到最大承载能力、整体失稳或发生不适于继续承载的变形。

（二）正常使用极限状态

桩基达到建筑物正常使用所规定的变形限值或达到耐久性要求的某项限值。根据建筑规模，功能特征，对差异变形的适用性、场地地基和建筑物体形的复杂性及由于桩基问题可能造成建筑物破坏或影响正常使用的程度，将桩基设计分为三个安全等级，并要求进行如下计算和验算。

（1）所有桩基均应根据具体条件分别进行承载能力计算和稳定性验算，内容包括：

①根据桩基使用功能和受力特征分别进行竖向和水平向承载力计算。

②计算桩身和承台结构的承载力；当桩侧土不排水抗剪强度小于10kPa且桩长径比大于50时，应进行桩身压屈验算；对混凝土预制桩应按吊装，运输和锤击作用进行桩身承载力验算；对钢管桩应进行局部压屈验算。

③桩端平面以下存在软弱下卧层时应进行软弱下卧层承载力验算。

④坡地、岸边桩基应进行整体稳定性验算。

⑤抗浮、抗拔桩基应进行基桩和群桩的抗拔承载力计算。

⑥抗震设防区的桩基应进行抗震承载力验算。

（2）以下桩基尚应进行变形验算：

①设计等级为甲级的非嵌岩桩和非深厚坚硬持力层的建筑桩基，设计等级为乙级的体形复杂、荷载分布显著不均匀或桩端平面以下存在软弱土层的建筑桩基，以及软土地基上多层建筑减沉复合疏桩基础应进行沉降计算。

②承受较大水平荷载或对水平变位有严格限制的建筑桩基应计算其水平位移。

（3）对不允许出现裂缝或需限制裂缝宽度的混凝土桩身和承台还应进行抗裂或裂缝宽度验算。桩基设计时所采用的作用效应组合与相应的抗力应符合下列规定：

①确定桩数和布桩时，应采用传至承载底面的荷载效应标准组合，相应的抗力采用基桩或复合基桩承载力特征值。

②计算风荷载作用下的桩基沉降和水平位移时，应采用荷载效应准永久组合；计算水平地震作用、风荷载作用下的桩基水平位移时，应采用水平地震作用，风荷载效应标准组合。

③验算坡地、岸边建筑桩基的整体稳定性时，应采用荷载效应标准组合；抗震设防区应采用地震作用效应和荷载效应的标准组合。

④计算桩基结构承载力，确定尺寸和配筋时，应采用传至承台顶面的荷载效应基本组合；当进行承台和桩身裂缝控制验算时，应分别采用荷载效应的标准组合和准永久组合。

桩基结构安全等级、设计使用年限和结构重要性系数应按现行有关建筑结构规范的规定采用；对桩基结构进行抗震验算时，其承载力调整系数应按现行《建筑抗震设计规范》（GB 50011—2010）的规定采用。

对软土，湿陷性黄土、季节性冻土和膨胀土、岩溶地区及坡地岸边上的桩基，抗震设防区桩基和可能出现负摩阻力的桩基，均应根据各自不同的特殊条件，遵循相应的设计原则。

五、桩基础和桩的分类

桩和桩基础可以按不同的方法分类，工程中合理地选择桩和桩基础的类型是桩基设计极为重要的环节。分类的目的是掌握其不同的特点，以便设计桩基时根据现场的具体条件选择适当的桩型。

（一）桩基础的分类

桩基础可以采用单根桩的形式承受和传递上部结构的荷载，这种基础称为单桩基础。但绝大多数桩基础是由2根或2根以上的多根桩组成群桩，由承台将桩群在上部联结成一个整体，建筑物的荷载通过承台分配给各根桩，桩群再把荷载传递给地基，这种由2根或2根以上桩组成的桩基础称为群桩基础，群桩基础中的单桩称基桩。

桩基础由设置于土中的桩和承接上部结构荷载的承台两部分组成。根据承台与地面的相对位置，桩基础一般可分为低承台桩基和高承台桩基。低承台桩基的承台底面位于地面以下，其受力性能好，具有较强的抵抗水平荷载的能力，建筑工程中几乎都使用低承台桩基；高承台桩基的承台底面位于地面以上，且常处于水下，水平受力性能差，但可避免水下施工及节省基础材料，多用于桥梁及港口工程。

（二）桩的分类

桩基础中的桩可竖直或倾斜，建筑工程行业大多以承受竖向荷载为主，因而多用竖直桩。按桩的承载性状，施工方法、使用功能，桩身材料及设置效应等，桩又可划分为各种类型。

1.按承载性状分类

根据竖向荷载下桩土相互作用特点，达到承载力极限状态时，桩侧与桩端阻力的发挥程度和分担荷载比例，将桩分为摩擦型桩和端承型桩两大类。

（1）摩擦型桩。

竖向极限荷载作用下，桩顶荷载全部或主要由桩侧阻力承受的桩称为摩擦型桩。根据桩侧阻力分担荷载的比例，摩擦型桩又分为摩擦桩和端承摩擦桩两类。

摩擦桩：桩顶极限荷载绝大部分由桩侧阻力承担，桩端阻力可忽略不计。例如：①桩长径比很大，桩顶荷载只通过桩身压缩产生的桩侧阻力传递给桩周土，桩端土层分担荷载很小；②桩端下无较坚实的持力层；③桩底残留虚土或沉渣的灌注桩；④桩端出现脱空的打入桩等。

端承摩擦桩：桩顶极限荷载由桩侧阻力和桩端阻力共同承担，但桩侧阻力分担荷载较大。当桩的长径比不是很大，桩端持力层为较坚实的黏性土、粉土和砂类土时，除桩侧阻力外，还有一定的桩端阻力。这类桩所占比例很大。

（2）端承型桩。

竖向极限荷载作用下，桩顶荷载全部或主要由桩端阻力承受，桩侧阻力相对于桩端阻力可忽略不计的桩称为端承型桩。根据桩端阻力分担荷载的比例，其又可分为端承桩和摩擦端承桩两类。

端承桩：桩顶极限荷载绝大部分由桩端阻力承担，桩侧阻力可忽略不计。桩的长径比较小（一般小于10），桩端设置在密实砂类、碎石类土层中或中，微风化及新鲜基岩中。

摩擦端承桩：桩顶极限荷载由桩侧阻力和桩端阻力共同承担，但桩端阻力分担荷载较大。通常桩端进入中密以上的砂类、碎石类土层中或位于中、微风化及新鲜基岩顶面。这类桩的侧阻力虽属次要，但不可忽略。

此外，当桩端嵌入岩层一定深度（要求桩的周边嵌入微风化或中等风化岩体的最小深度不小于0.5m）时，称为嵌岩桩。对于嵌岩桩，桩侧与桩端荷载分担比例与孔底沉渣及进入基岩深度有关，桩的长径比不是制约荷载分担的唯一因素。

2.按施工方法分类

根据桩的施工方法不同，桩主要可分为预制桩和灌注桩两大类。

（1）预制桩。

预制桩桩体可以在施工现场或工厂预制，然后运至桩位处，再经锤击，振动，静压或旋入等方式设置就位。预制桩可以是木桩、钢桩或钢筋混凝土桩等。

木桩：常用松木、杉木或橡木做成，一般桩径为160～260mm，桩长4～6m，桩顶锯平并加铁箍，桩尖削成棱锥形。木桩制作和运输方便，打桩设备简单，在我国使用历史悠久，目前已很少使用，只在某些加固工程或能就地取材的临时工程中采用。木桩在淡水中耐久性好，但在海水及干湿交替的环境中极易腐烂，因此一般应打入地下水位以下不少于0.5m。

钢桩：常用的有下端开口或闭口的钢管桩和H型钢桩等。一般钢管桩直径为250～1200mm。钢桩的穿透能力强、自重轻，锤击沉桩效果好，承载能力高，无论起吊，运输或沉桩，接桩，均很方便。其缺点是耗钢量大，成本高，易锈蚀。欧美及日本的钢管桩长度已达100m以上，桩径超过2500mm；上海金茂大厦钢管桩桩端进入地面下80m砂层，桩径为914.4mm。

混凝土预制桩：其横截面有方形，圆形等多种形状。一般普通实心方桩边长为300～500mm，桩长25～30m，工厂预制时分节长度不大于12m，沉桩时在现场连接到所需桩长。分节接头应保证质量以满足桩身承受轴力，弯矩和剪力的要求，通常可用钢板，角钢焊接，并涂以沥青以防止腐蚀。也可采用钢板垂直插头加水平销连接，其施工快捷，不影响桩的强度和承载力。大截面实心桩自重大，用钢量大，其配筋主要受起吊、运输、吊立和沉桩等各阶段的应力控制。采用预应力混凝土桩，则可减轻自重，节约钢材，提高桩的承载力和抗裂性。

预应力混凝土管桩采用先张法预应力工艺和离心成型法制作。经高压蒸汽养护生产的为PHC（pre-stressed high-strength concrete）管桩，桩身混凝土强度等级不小于C80；未经高压蒸汽养护的为PC（prestressed concrete）管桩（强度C60～C80）。建筑工程中常用的

PHC、PC管桩外径为300～600mm，每节长5～12m。桩的下端设置开口的钢桩尖或封口的十字刃钢桩尖。沉桩时桩节处通过焊接端头板接长。

预制桩的截面形状，尺寸和桩长可在一定范围内选择，桩尖可达坚硬黏性土或强风化基岩，具有承载能力强、耐久性好，质量较易保证等优点。但其自重大，需大能量的打桩设备，且由于桩端持力层起伏不平而导致桩长不一，施工中多需要接长或截短，工艺比较复杂。

预制桩沉桩深度一般应根据地质资料及结构设计要求估算。施工时以最后贯入度和桩尖设计标高控制。最后贯入度是指沉至某标高时，每次锤击的沉入量，通常以最后每阵的平均贯入量表示。锤击法常以10次锤击为一阵，振动沉桩以1min为一阵。最后贯入度可根据计算或地区经验确定，一般可取最后两阵的平均贯入度为10～50mm/阵。

（2）灌注桩。

灌注桩是直接在所设计桩位处成孔，然后在孔内下放钢筋笼（也有直接插筋或省去钢筋的）再浇灌混凝土而成。其横截面呈圆形，可以做成大直径和扩底桩。保证灌注桩承载力的关键在于桩身的成型及混凝土质量。灌注桩通常可分为沉管灌注桩，钻（冲）孔灌注桩，挖孔灌注桩等，采用套管或沉管护壁，泥浆护壁和干作业等方法成孔。

①沉管灌注桩：利用锤击或振动等方法沉管成孔，然后浇灌混凝土，拔出套管。一般可分为单打，复打（浇灌混凝土并拔管后，立即在原位再次沉管及浇灌混凝土）和反插法（灌满混凝土后，先振动再拔管，一般拔0.5～1.0m，再反插0.3～0.5m）三种。复打后的桩横截面面积增大，承载力增强，但其造价也相应提高。

锤击沉管灌注桩的常用桩径（预制桩尖的直径）为300～500mm，桩长常在20m以内，可打至硬塑黏土层或中、粗砂层。其优点是设备简单，打桩进度快，成本低。但在软、硬土层交界处或软弱土层处易发生缩颈（桩身截面局部缩小）现象，此时通常可放慢拔管速度，增加管内灌注混凝土量，充盈系数（混凝土实际用量与计算的桩身体积之比）一般应达1.10～1.15。此外，也可能由于邻桩挤压或其他振动作用等使土体上隆，引起桩身受拉而出现断桩现象；或出现局部夹土，混凝土离析及强度不足等质量事故。

振动沉管灌注桩的钢管底端带有活瓣桩尖（沉管时桩尖闭合，拔管时活瓣张开以便浇灌混凝土），或套上预制混凝土桩尖。桩横截面尺寸一般为400～500mm，常用振动锤的振动力为70kN、100kN和160kN在黏性土中，其沉管穿透能力比锤击沉管灌注桩稍差，承载力也比锤击沉管灌注桩要弱。

内击式沉管灌注桩（亦称弗朗基桩）的优点是混凝土密实且与土层紧密接触，同时桩头扩大，承载力较强，效果较好，但穿透厚砂层能力较低，打入深度难以掌握。施工时，先在竖起的钢套筒内放进约1m高的混凝土或碎石，用吊锤在套筒内锤打，形成"塞头"。以后锤打时，塞头带动套筒下沉，至设计标高后，吊住套筒，浇灌混凝土并继续锤击，使塞头脱出筒口，形成扩大的桩端，其直径可达桩身直径的2~3倍，当桩端不再扩大而使套筒上升时，开始浇筑桩身混凝土（若需配筋时先吊放钢筋笼），同时边拔套筒边锤击，直达所需高度为止。

②钻（冲）孔灌注桩：钻（冲）孔灌注桩用钻机（如螺旋钻，振动钻、冲抓锥钻，旋转水冲钻等）钻土成孔，然后清除孔底残渣，安放钢筋笼，浇灌混凝土。有的钻机成孔后，可撑开钻头的扩孔刀刃使之旋转切土扩大桩孔，浇灌混凝土后在底端形成扩大桩端，但扩底直径不宜大于3倍桩身直径。

日前国内钻（冲）孔灌注桩多用泥浆护壁，泥浆多选用膨润土或高塑性黏土在现场加水搅拌制成，一般要求其比重为1.1~1.15。施工时泥浆水面应高出地下水面1m以上，清孔后在水下浇灌混凝土。常用桩径为800mm、1000mm、1200mm等。其最大优点是入土深，能进入岩层，刚度大，承载力强，桩身变形小，并便于水下施工。

③挖孔灌注桩：采用人工或机械挖掘成孔，逐段开挖与支护，达到所需深度后再进行扩孔，安装钢筋笼及浇灌混凝土而成。挖孔灌注桩一般内径应不小于800mm，开挖直径不小于1000mm，护壁厚不小于100mm，分节支护，每节高500~1000mm，可用混凝土浇筑或砖砌筑，桩身长度宜限制在40m以内。

挖孔灌注桩可直接观察地层情况，孔底易清除干净，设备简单，噪声小，场区内各桩可同时施工，且桩径大、适应性强，比较经济。但由于挖孔时可能存在塌方，缺氧，有害气体，触电等危险，易造成安全事故，因此应严格执行有关安全操作的规定。此外，难以克制流砂现象。

3.按使用功能分类

按使用功能，桩可分为抗压桩、抗拔桩、水平受荷桩、复合受荷桩。

抗压桩是主要承受竖向下压荷载（简称竖向荷载）的桩，应进行竖向承载力计算，必要时还需计算桩基沉降，验算软弱下卧层的承载力。

抗拔桩是主要承受竖向上拔荷载的桩，应进行桩身强度和抗裂计算及抗拔承载力验算。

水平受荷桩是主要承受水平荷载的桩，应进行桩身强度和抗裂验算及水平承载力和位移验算。

复合受荷桩是承受竖向，水平荷载均较大的桩，应按竖向抗压（或抗拔）桩及水平受荷桩的要求进行验算。例如，水中的风电场基础，既承受竖向荷载，又承受水平方向的波浪及风荷载。

4.按桩的设置效应分类

桩的设置方法（打入或钻孔成桩等）不同，桩周土所受的排挤作用也就不同。排挤作用将使土的天然结构，应力状态和性质发生很大变化，从而影响桩的承载力和变形性质。

这些影响统称桩的设置效应。桩按设置效应可分为三类。

（1）非挤土桩。

非挤土桩包括干作业法钻（挖）孔灌注桩、泥浆护壁法钻（挖）孔灌注桩、套管护壁法钻（挖）孔灌注桩。如钻（冲或挖）孔灌注桩及先钻孔后打入的预制桩等，因设置过程中清除孔中土体，桩周土不受排挤作用，并可能向桩孔内移动，土的抗剪强度降低，桩侧摩阻力有所减小。

（2）部分挤土桩。

长螺旋压灌灌注桩，冲击成孔灌注桩、预钻孔打入式预制桩、H型钢桩、开口钢管桩和开口预应力混凝土管桩等，在桩的设置过程中，对桩周土体稍有排挤作用，但土的强度和变形性质变化不大，一般可用原状土测得的强度指标来估算桩的承载力和沉降量。

（3）挤土桩。

实心的预制桩、下端封闭的管桩，木柱及沉管灌注桩等在锤击和振动贯入过程中都要将桩位处的土体大量排挤开，使土的结构严重扰动破坏，对土的强度及变形性质影响较大。因此，必须采用原状土扰动后再恢复的强度指标来估算桩的承载力及沉降量。

此外，按桩身材料的不同亦可把桩分为混凝土桩、钢桩、木桩及组合材料桩等。也可按桩径大小分为小桩、普通桩和大直径桩三种。

第二节　钢筋混凝土预制桩施工

预制桩是指施工前在工厂或施工现场预先用各种材料制成的一定形式和尺寸的桩（如木桩、混凝土方桩、预应力混凝土管桩、钢桩等），而后用沉桩设备将其打入、压入或振入土中。按桩身材料不同，可分为钢筋混凝土桩、钢桩和木桩。按是否施加预应力又可分为非预应力钢筋混凝土桩和预应力钢筋混凝土桩。

预制钢筋混凝土桩分实心桩和空心桩。最为常用的是实心方桩，截面尺寸从200mm×200mm到600mm×600mm。现场制作桩长可达25～30m，工厂预制一般不超过12m。

空心桩包括预应力混凝土空心方桩和预应力混凝土管桩。

空心方桩是专业工厂采用先张法预应力、离心成型和蒸汽养护等工艺制成的一种细长的外方内圆等截面预制混凝土构件。兼有实心方桩和管桩的优点，其生产工艺更接近管桩。桩身混凝土强度等级要求不得低于C60。

管桩是通过采用预应力工艺，经离心成型、常压或高压蒸汽养护工艺，在工厂标准化、规模化生产制造的预应力中空圆筒体细长混凝土预制件。按桩身混凝土强度等级不同可分为预应力混凝土管桩、预应力高强混凝土管桩和预应力混凝土薄壁管桩。

一、施工准备

（1）整平场地及周边障碍物处理。

（2）定桩位及埋设水准点。依据施工图设计要求，把桩基定位轴线桩的位置在施工现场准确地测定出来，并做出明显的标志。在打桩现场附近设置2~4个水准点，用以抄平场地和作为检查桩入土深度的依据。桩基轴线的定位点及水准点，应设置在不受打桩影响的地方。

（3）桩帽、垫衬和送桩设备机具准备。

二、桩的制作

（1）管桩及长度在10m以内的方桩在预制厂制作，较长的方桩在打桩现场制作。

（2）模板可以保证桩的几何尺寸准确，使桩面平整挺直；桩顶面模板应与桩的轴线垂直；桩尖四棱锥面呈正四棱锥体，且桩尖位于桩的轴线上；底模板、侧模板及进行重叠法生产时，桩面间均应涂刷好隔离层，不得黏结。

（3）钢筋骨架的主筋连接宜采用对焊；主筋接头配置在同一截面内数量不超过50%；同一根钢筋两个接头的距离应大于30d（d：钢筋直径）并不小于500mm。桩顶和桩尖直接受到冲击力易产生很高的局部应力，桩顶和桩尖钢筋配置应做特殊处理。

三、桩的运输和堆放

一般按打桩顺序边打边运，减少二次搬运。运前检查桩的质量、尺寸、桩靴的牢固性以及打桩中使用的标志是否准确齐全等。桩运到现场后应进行外观检查。运输距离不大时，可以在桩下垫滚筒（桩与滚筒间应放有托板），用卷扬机拖动桩身前进；当运距较大时，采用轻便轨道小平台车运输。对较短的桩，可采用汽车运输，运输过程中的支点与吊点的位置应保持一致。

桩的堆放，要求地面平稳坚实，支点垫木的间距应根据吊点位置确定，但不少于2个，且保持在同一平面上，各层垫木应上下对齐处于同一垂线上。堆放层数不宜超过4层。不同类型和尺寸的桩考虑使用先后顺序，故应分开堆放。

四、桩的起吊

待桩身强度达到设计强度的70%后方可以起吊，达到设计强度的100%才能运输和打桩、如需提前起吊，必须进行强度和抗裂验算，吊点的位置应符合设计规定。无规定时，绑扎点的数量及位置按桩长而定，应符合起吊弯矩最小的原则，可按以下规定：用一个吊点吊桩时，吊点设于距桩上端0.3倍桩长处；用两个吊点时，吊点设于距两端各0.21倍桩长处；用三个吊点时，吊点设置、在桩长中点及距离两端各0.15倍桩长处。吊点的位置偏差不应超过设计位置20mm。使用起重机起吊时，应使桩纵轴线夹角小于45°。

五、锤击沉桩

锤击沉桩也称打入桩，是靠打桩机的桩锤下落到桩顶产生的冲击能而将桩沉入土中的一种沉桩方法。该方法施工速度快，机械化程度高，适用范围广，是预制钢筋混凝土桩最常用的沉桩方法。但施工时有冲撞噪声，对地表层有一定的振动，在城区和夜间施工有所限制。

（一）打桩设备及选择

打桩设备包括桩锤、桩架和动力装置。

1.桩锤

桩锤是打桩的主要机具，其作用是对桩施加冲击力，将桩打入土中。锤击法沉桩施工，桩锤选择是关键。首先应根据施工条件选择桩锤的类型，然后决定锤重，一般锤重大于桩重的1.5~2倍时效果较为理想（桩重大于2t时可采用比桩轻的锤，但不宜小于桩重的75%）。

常见的桩锤主要有落锤、汽锤、柴油锤、液压锤。

（1）落锤。一般由铸铁制成，有穿心锤和龙门锤两种，重0.2~2t。它利用绳索或钢丝绳通过吊钩由卷扬机沿桩架导杆提升到一定高度，然后自由落下击打桩顶。但打桩速度慢（6~20次/min），效率低，适于在黏土和含砾石较多的土中打桩。

（2）汽锤。汽锤是利用蒸汽或压缩空气的压力将桩锤上举，然后下落冲击桩顶沉桩，根据其工作情况又可分为单动式汽锤与双动式汽锤。单动式汽锤的冲击体在上升时耗用动力，下降靠自重，打桩速度较落锤快（60~80次/min），锤重1.5~15t，适于各类桩在各类土层中施工。

双动式汽锤的冲击体升降均耗用动力，冲击力更大、频率更快（100~120次/min），锤重0.6~6t，还可用于打钢板桩、水下桩、斜桩和拔桩。

（3）柴油锤。柴油锤本身附有桩架、动力设备，易搬运转移，不需外部能源，应用较为广泛。但施工中有噪声、污染和振动等影响，在城市施工受到一定的限制。

（4）液压锤。液压锤是一种新型打桩设备，它的冲击缸体通过液压油提升与降落，每一击能获得更大的贯入度。液压锤不排出任何废气，无噪声，冲击频率高，并适合水下打桩，是理想的冲击式打桩设备，但构造复杂，造价高。

2.桩架

桩架是支持桩身和桩锤、在打桩过程中引导桩的方向的设备。要求其具有较好的稳定性、机动性和灵活性，保证锤击落点准确，并可调整垂直度。

常用桩架基本有两种形式，一种是沿轨道行走移动的多功能桩架；另一种是装在履带式底盘上自由行走的履带式桩架。

3.动力装置

打桩机构的动力装置及辅助设备主要根据选定的桩锤种类而定。落锤以电源为动力，需配置电动卷扬机等设备；蒸汽锤以高压饱和蒸汽为驱动力，配置蒸汽锅炉等设备；汽锤以压缩空气为动力源，需配置空气压缩机等设备；柴油锤以柴油为能源，桩锤本身有燃烧室，不需外部动力设备。

（二）锤击沉桩施工工艺

锤击沉桩的施工工艺流程：施工准备→确定桩位和沉桩顺序→打桩机就位→吊桩喂桩→校正→锤击沉桩→接桩→再锤击沉桩→送桩→收锤→切割桩头。

1.打桩前的准备工作

打桩前应做好下列准备工作：处理架空高压线和地下障碍物，场地应平整，排水应畅通，并满足打桩所需的地面承载力；设置供电、供水系统；安装打桩机等。施工前还应做好定位放线。桩基轴线的定位点及水准点，应设置在不受打桩影响的区域，水准点设置不得少于两个，轴线控制桩应设置在距最外桩5～10m处，以控制桩基轴线和标高。根据建筑物的轴线控制桩，按设计图纸要求定出桩基础轴线（偏差值应≤20mm）和每个桩位（偏差值应≤10mm）。

打桩施工前，应在桩架或桩侧面设置标尺，以观测、控制桩的入土深度。

2.确定打桩顺序

打桩顺序是否合理，直接关系到打桩进度和施工质量。打桩顺序要求应符合下列规定：

（1）对于密集桩群，自中间向两个方向或四周对称施工。

（2）当一侧毗邻建筑物时，由毗邻建筑物处向另一方向施打。

（3）根据基础的设计标高，宜先深后浅。

（4）根据桩的规格，宜先大后小、先长后短。

一般情况，当桩较密集时（桩中心距小于或等于4倍桩边长或桩径），应由中间向两侧对称施打或由中间向四周施打，这样，打桩时土体由中间向两侧或四周均匀挤压，易保证施工质量。当桩数较多时，也可采用分区段施打。

当桩较稀疏时（桩中心距大于4倍桩边长或桩径），可采用上述两种打桩顺序，也可采用由一侧向另一侧单一方向施打的方式（逐排施打），或由两侧同时向中间施打。

3.打桩机就位

按既定的打桩顺序，将桩架移动至设计所定的桩位处并用缆风绳等稳定。

4.吊桩、喂桩、校正

将桩运至桩架下，一般利用桩架附设的起重钩借桩机上的卷扬机吊桩就位，或配一台履带式起重机送桩就位，并用桩架上夹具或落下桩锤借桩帽固定位置。桩提升为直立状态后，对准桩位中心。

桩就位后，在桩顶安上桩帽，然后放下桩锤轻轻压住桩帽。桩锤、桩帽和桩身中心应在同一垂直线上。在桩的自重和锤重的压力下，桩便会沉入一定深度，等桩下沉达到稳定状态后，再一次复查其平面位置和垂直度，若有偏差应及时纠正，必要时要拔出重打校核桩的垂直度可采用垂直角，即用两个方向（互成90°）的经纬仪使导架保持垂直。校正符合要求后，即可进行打桩。为了防止击碎桩顶，应在混凝土桩的桩顶和桩帽之间、桩锤与桩帽之间放上硬木、麻袋等弹性衬垫做缓冲层。

5.锤击沉桩

打桩开始时，应先采用小的落距（0.5~0.8m）做轻的锤击，使桩正常沉入土中1~2m后，经检查桩尖不发生偏移，再逐渐增大落距至规定高度，继续锤击，直至把桩打到设计要求的深度。

打桩有"轻锤高击"和"重锤低击"两种方式。这两种方式，如果所做的功相同，所得的效果却不相同。轻锤高击，所得的动量小，而桩锤对桩头的冲击力大，因而回弹也大，桩头容易损坏，大部分能量均消耗在桩锤的回弹上，故桩难以入土。相反，重锤低击，所得的动量大，而桩锤对桩头的冲击力小，因而回弹也小，桩头不易被打碎，大部分能量都可以用来克服桩身与土壤的摩阻力和桩尖的阻力，故桩很快入土。此外，由于重锤低击的落距小，因而可提高锤击频率，打桩效率也高，正因为桩锤频率较高，对于较密实的土层，如砂土或黏性土也能较容易地穿过，所以打桩宜采用"重锤低击"。

6.接桩

当设计的桩较长，但由于打桩机高度有限或预制、运输等因素，只能采用分段预制、分段打入的方法，需在桩打入过程中将桩接长。一般混凝土预制桩接头不宜超过2个，预应力管桩接头不宜超过4个，应避免在桩尖接近硬持力层或桩尖处于应持力层中时接桩。

桩的接头应有足够的强度，能传递轴向力、弯矩和剪力，接桩方法有焊接法和浆锚前者适用于各类土层，后者适用于软土层。

接桩方法目前以焊接法应用最多。接桩时，一般在距离地面1m左右处进行，上、下节桩的中心线偏差不得大于10mm，节点弯曲矢高不得大于0.1%的两节桩长。在焊接后应使焊缝在自然条件下冷却10min后方可继续沉桩。

浆锚法接头是将上节桩锚筋插入下节桩锚筋孔内，再用硫黄胶泥锚固，硫黄胶泥是一种热塑冷硬性胶结材料，它是由胶结料、细集料、填充料和增韧剂熔融搅拌混合配制而成。其质量配合比为硫黄∶水泥∶砂∶聚硫橡胶=44∶11∶44∶1。硫黄胶泥灌注后停歇时间不得小于7min，即可继续沉桩施工。浆锚法接桩，可节约钢材，操作简便，接桩时间比焊接法大为缩短，但不宜用于坚硬土层中。

7.送桩（替打）

打桩过程中，借助送桩器将桩顶沿至地面以下的工序称为送桩。

如桩顶标高低于自然土面，则需用送桩管将桩送入土中。桩与送桩管的纵轴线应在同一直线上，拔出送桩管后，桩孔应及时回填或加盖。设计要求送桩时，送桩的中心线应与桩身吻合一致。方能进行送桩。

送桩管一般用钢制成，长度应为桩锤可能达到的最低标高与预制桩顶沉入标高之再加上适当的余量。钢送桩的长度，下沉550mm直径的混凝土管桩，一般采用2.5m，下沉直径大于900mm的钢管桩，一般采用5m。为了能在送桩上插入射水管，需在送桩体留有宽度0.3m、高度1~2m的槽口。

若桩顶不平可用麻袋或厚纸垫平。送桩留下的桩孔应立即回填密实。

8.收锤

锤击沉桩的停锤标准如下：

（1）设计桩尖标高处为硬塑黏性土、碎石土、中密以上的砂土或风化岩等土层时，根据贯入度变化并对照地质资料,确认桩尖已沉入该土层，贯入度达到控制贯入度时,停锤。

（2）当贯入度已达到控制贯入度，而桩尖标高未达到设计标高时，一贯继续锤入10cm左右（或锤击30~50击），如无异常变化时，停锤。若桩尖标高比设计标高高得多时，应报有关部门研究。

（3）设计桩尖标高处为一般黏性土或其他较松软土层时，应以标高控制，贯入度作为校核；当桩尖已达设计标高，贯入度仍较大时，应继续锤击，使贯入度接近控制贯入度。

（4）在同一桩基中，各桩的贯入度应大致接近，而沉入深度不宜相差过大，避免基础产生不均匀沉降；如因土质变化太大，致使各桩贯入度或沉入深度相差较大时，应报有关部门研究，另行确定停锤标准。

对于特殊设计的桩，桩尖设计标高不同时，按设计要求处理。

9.截桩头

如桩底到达了设计深度，而配桩长度大于桩顶设计标高时需要截去桩头。

截桩头宜用锯桩器截割，或用手锤人工凿除混凝土，钢筋用气割割齐。严禁用大锤横向敲击或强行扳拉截桩。

截桩头时不能破坏桩身，要保证桩身的主筋伸入承台，长度应符合设计要求。当桩顶标高在设计标高以下时，在桩位上挖成喇叭口，凿掉桩头混凝土，剥出主筋并焊接接长至设计要求长度，与承台钢筋绑扎在一起，用与桩身同强度等级的混凝土与承台一起浇筑接长桩身。

（三）打桩质量控制

打桩时主要注意两个方面的要求：一是满足贯入度及桩尖标高或入土深度要求，二是桩的位置偏差在允许范围之内。

在打桩过程中，必须做好打桩记录，以作为工程验收的重要依据。应详细记录每打入1m的锤击数和时间、桩位置的偏斜、贯入度（每10击的平均入土深度）和最后贯入度（最后3阵，每阵10击的平均入土深度）、总锤击数等。

打桩的控制原则如下：

（1）桩端（指桩的全断面）位于一般土层时，以控制桩端设计标高为主，贯入度为参考。（2）桩端达到坚硬、硬塑的黏土、中密以上粉土、砂土、碎石类土或风化岩时，以贯入度控制为主，桩端标高为参考。

（3）贯入度达到要求，而桩端标高未达到时，应继续锤击3阵，其每阵10击的平均贯入度不应大于设计规定的数值加以确认。

（4）如控制指标都达到要求时，而其他的指标与要求相差较大时，应同有关单位研究处理。

（5）贯入度由试桩确定，或做打桩试验与有关单位确定。

（四）打桩中的问题及处理方法

1.桩顶、桩身破坏

（1）由于直接受冲击而产生很高的局部应力，因此桩顶的钢筋应做特别处理，纵向钢筋对桩的顶部起到箍筋作用，同时又不会直接受冲击而颤动，避免引起混凝土剥落。

（2）保护层太厚。主筋放得不正是保护层过厚的主要原因。

（3）桩帽垫层材料选用不合适，或已经被打坏。

（4）桩的顶面和桩身的轴线不重合，偏心受力。预制时使桩顶和桩的轴线保持垂直，帽放平整，发现歪斜时及时纠正。

（5）打桩过程中下沉速度慢而施打时间长，过打。遇到过打应分析地质情况，改进操作方法，采取有效的措施解决。

（6）桩身混凝土的强度不高。桩身破坏可加钢夹箍用螺栓拉紧焊牢补强。

2.打歪

（1）检查打桩机的导架两个方向的垂直度。

（2）桩尖对准桩位，桩顶正确地套入桩锤下的桩帽内，勿偏打一边。

（3）打桩开始时，桩锤小落距将桩打入土中，随时检查垂直度，到达一定深度并稳定后，再按要求的落距打桩。

（4）桩顶不平、桩尖偏心。严格控制桩的制作质量和桩的验收、检查工作。

3.打不下

（1）桩顶、桩身已经破坏。

（2）土层有较厚砂层或其他硬土层，或遇到孤石等障碍物，应与设计勘探部门共同解决。

（3）由于特殊原因，打桩不得已中断，停歇一段时间后往往不能顺利将桩打入。应在打桩前做好各项准备工作，保证连续进行。

4.一桩打下，邻桩上升

多在软土中发生，当桩的中心距≤5d（d为桩径）时，采取分段施打，以免土向一个方向运动。

5.桩基复打

对于发生"假极限""吸入"现象的桩和射水下沉的桩基上浮现象的桩，应采取复打。复打前的"休息"天数及复打的要求按下面试桩试验办法中的有关规定处理。

（1）桩穿过砂类土、桩尖位于大块碎石土、紧密的砂类土或坚硬的黏性土上，不少于1d。

（2）在粗、中砂和不饱和粉细砂里，不少于3d。

（3）在黏性土和饱和的粉细砂里，不少于6d。

六、静压沉桩

静压沉桩是利用无振动、无噪声的静压力将预制桩压入土中的沉桩方法。静力压桩的方法较多，有锚杆静压、液压千斤顶加压、绳索系统加压等，凡非冲击力沉桩均按静力压桩考虑。

静压沉桩适用于软土、淤泥质土、沉桩截面小于400mm×400mm，桩长30～35m的钢筋混凝土实心桩或空心桩。与普通打桩相比，可以减少挤土、振动对地基和邻近建筑物的影响，桩顶不易损坏、产生偏心沉桩，节约制桩材料和降低工程成本，且能在沉桩施工中测定沉桩阻力，为设计、施工提供参数，并预估和验证桩的承载能力。

（一）施工准备

（1）压桩前了解土层和地质情况，并据以估算压桩阻力。

（2）根据估算阻力选择压桩设备。

（3）压桩前仔细检查并做好一切准备工作，使压桩工作不间断。

（二）压桩施工

（1）用桩机吊桩时压桩架底盘较宽，必须将桩运至底盘前然后起吊。

（2）吊桩竖直后用撬棍将桩稳住并推到底盘插桩口缓慢落下，离地面10cm左右，再利用撬棍协助对准桩位插桩。

（3）两台卷扬机同时启动，放下压梁、桩帽套住桩顶顺势下压。两台卷扬机"同步"，确保压梁不偏斜，使桩在压桩过程中保持压梁中轴线与桩中轴线在同一直线上。

（4）多节桩施工时，接桩面应距地面1m以上。

（5）压桩沉入深度是以设计标高或允许静压力值控制，或标高与静压力值同时控制。

（6）压桩时尽量避免中途停歇。

（7）当桩尖到砂层时，可采用最大的压桩力作用在桩顶，采用停车再开、忽停忽开的方法，使桩缓慢下沉穿过砂层。

（8）当桩阻力超过压桩机能力，或由于来不及调整平衡，压桩机发生较大倾斜时，应立即停压并采取安全措施，以免造成断桩或其他事故。

（9）沉桩过程中，桩身倾斜或下沉速度加快时，暂停施压。

（10）施工中应密切关注压桩力是否与桩轴线符合，压梁导轮和龙口的接触是否正常，有无卡住。

（11）快达到设计标高时，不能过早停压，严格控制，一次成功。

（三）压桩程序和接桩方法

1.压桩程序

压桩程序为：准备压第一段桩→接第二段桩→接第三段桩→整根桩压平至地面→采用送桩压桩完毕。

2.接桩方法

接桩方法有焊接法接桩和浆锚法接桩两种。

（1）施焊时应两人同时对角对称地进行，以防止节点变形不匀而引起桩身歪斜。

（2）一般采用"硫黄胶泥浆锚法"。上下桩对齐，使四根锚筋插入筋孔，落下压梁并套住桩顶，然后将上节桩和压梁同时上升约200mm（以四根锚筋不脱离筋孔为度），安设施工夹箍（由四块木板，内侧用人造革包裹40mm厚的树脂海绵块而成），将熔化的硫黄胶泥注满锚筋孔内，并使之溢出桩面，然后将上节桩和压梁同时落下，当硫黄胶泥冷却并拆除施工夹箍后，即可继续加荷施压。

硫黄胶泥配合比（质量比）：硫黄：水泥：粉砂：聚硫708胶=44：11：44：1或硫黄：石英砂：石墨粉：聚硫甲胶=60：34.3：5：0.7。聚硫708胶和聚硫甲胶可以改善胶泥的韧性。硫黄胶泥还可用于接桩。

（3）一个墩台桩基中，同一水平面内的桩接头数量不得超过基桩总数的1/4；但采用法兰盘按等强度设计的接头，可不受此限制。

第三节　钢筋混凝土灌注桩施工

灌注桩，是直接在桩位上就地成孔，然后在孔内安放钢筋笼灌注混凝土而成。灌注桩能适应各种地层，无须接桩，施工时无振动、无挤土、噪声小，宜在建筑物密集地区使用。但其操作要求严格，施工后需较长的养护期方可承受荷载，成孔时有大量土渣或泥浆排出。根据成孔工艺不同，分为干作业成孔灌注桩、泥浆护壁成孔灌注桩、套管成孔灌注桩和爆扩成孔灌注桩等。灌注桩施工工艺近年来发展很快，还出现夯扩沉管灌注桩、钻孔压浆成桩等一些新工艺。

一、灌注桩成孔方法

灌注桩按成孔方法分为泥浆护壁成孔灌注桩、干作业成孔灌注桩、套管成孔灌注桩和爆扩成孔灌注桩四种，其适用范围见表2-1所示。

表2-1　适用范围

序号			适用土类
1	泥浆护壁成孔	冲抓 冲击 回转钻	碎石土、砂土、黏性土及风化岩
		潜水钻	黏性土、淤泥、淤泥质土及砂土
2	干作业成孔	螺旋钻	地下水位以上的黏性土、砂土及人工填土
		钻孔扩底	地下水位以上的坚硬、硬塑的黏性土及中等以上砂土
		机动洛阳铲	地下水位以上的黏性土、黄土及人工填土
3	套管成孔	锤击、振动	可塑、软塑、流塑的黏性土，稍密及松散的砂土
4	爆扩成孔		地下水位以上的黏性土、黄土、碎石土及风化岩

成孔的控制深度按不同桩型采用不同标准控制。

（1）摩擦型桩：摩擦桩应以设计桩长控制成孔深度；端承摩擦桩必须保证设计桩长及桩端进入持力层深度。当采用锤击沉管法成孔时，桩管入土深度控制应以标高为主，以贯入度控制为辅。

（2）端承型桩：当采用钻（冲）、挖掘成孔时，必须保证桩端进入持力层的设计深度；当采用锤击沉管法成孔时，桩管入土深度控制以贯入度为主，以控制标高为辅。

二、钢筋笼制作

（一）施工程序

主要施工程序：原材料报检→可焊性试验→焊接参数试验→设备检查→施工准备→台具模具制作→钢筋笼分节加工→声测管安制→钢筋笼底节吊放→第二节吊放→校正、焊接→最后节定位。

（二）钢筋加工允许偏差

钢筋加工允许偏差和检验方法应符合表2-2的规定。

表2-2　钢筋加工允许偏差和检验方法

序号	名称	允许偏差/mm		检验方法
		L≤5000	L＞5000	
1	受力钢筋全长	±10	±20	尺量
2	弯起钢筋的弯折位置	20		
3	箍筋内净尺寸	±3		
注：L为钢筋长度（mm）				

三、泥浆护壁成孔灌注桩

泥浆护壁成孔灌注桩是利用泥浆护壁，钻孔时通过循环泥浆将钻头切削下的土渣排出孔外而成孔，而后吊放钢筋笼，水下灌注混凝土而成桩。宜用于地下水位以下的黏性土、粉土。

泥浆护壁成孔灌注桩的施工工艺流程如下：

测放桩点→埋设护筒→钻机就位→钻孔→注泥浆→排渣→清孔→吊放钢筋笼→插入混凝土导管→灌注混凝土→拔出导管。成孔机械有潜水钻机、冲击钻机、冲抓锥等。

（一）测放桩点

平整清理好施工场地后，设置桩基轴线定位点和水准点，根据桩平面布置施工图，定出每根桩的位置，并做好标志。施工前，桩位要检查复核，以防被外界因素影响而造成偏移。

（二）埋设护筒

护筒的作用：固定桩孔位置，防止地面水流入，保护孔口，增高桩孔内水压力、防止塌孔，成孔时引导钻头方向。

护筒用4~8mm厚钢板制成，内径比钻头直径大100~200mm，顶面高出地面0.4~0.6m，上部开1~2个溢浆孔。埋设护筒时，先挖去桩孔处表土，将护筒埋入土中，其埋设深度，在黏土中不宜小于1m，在砂土中不宜小于1.5m。其高度要满足孔内泥浆液面高度的要求，孔内泥浆面应保持高出地下水位1m以上。采用挖坑埋设时，坑的直径应比护筒外径大0.8~1.0m。护筒中心与桩位中心线偏差不应大于50mm，对位后应在护筒外侧填入黏土并分层夯实。

（三）泥浆制备

泥浆的作用是护壁、携砂排土、切土润滑、冷却钻头，其中以护壁为主。

泥浆制备方法应根据土质条件确定：在黏土和粉质黏土中成孔时，可注入清水，以原土造浆，排渣泥浆的密度应控制在 1.1 ～ 1.3g/cm³；在其他土层中成孔，泥浆可选用高塑性的黏土或膨润土制备；在砂土和较厚夹砂层中成孔时，泥浆密度应控制在 1.1 ～ 1.3g/cm³；在穿过砂夹卵石层或容易塌孔的土层中成孔时，泥浆密度应控制在 1.3 ～ 1.5g/cm³。施工中应经常测定泥浆密度，并定期测定黏度、含砂率和胶体率。泥浆的控制指标为黏度18 ～ 22Pa·s、含砂率不大于 8%、胶体率不小于 90%，为了提高泥浆质量可加入外掺料，如增重剂、增黏剂、分散剂等。施工中废弃的泥浆、泥渣应按环保的有关规定处理。

（四）成孔方法

回转钻成孔是国内灌注桩施工中最常用的方法之一。按排渣方式不同可分为正循环回转钻成孔和反循环回转钻成孔两种。

1.正循环回转钻机成孔

由钻机回转装置带动钻杆和钻头回转切削破碎岩土，由泥浆泵往钻杆输进泥浆，泥浆沿孔壁上升，从孔口溢浆孔溢出流入泥浆池，经沉淀处理返回循环池。正循环成孔泥浆的上返速度低，携带土粒直径小，排渣能力差，岩土重复破碎现象严重，适用于填土、淤泥、黏土、粉土、砂土等地层，对于卵砾石含量不大于15%、粒径小于10mm的部分砂卵砾石层和软质基岩及较硬基岩也可使用。桩孔直径不宜大于1000mm，钻孔深度不宜超过40m。一般砂土层用硬质合金钻头钻进时，转速取40 ～ 80r/min，较硬或非均质地层中转速可适当调慢，对于钢粒钻头钻进时，转速取50 ～ 120r/min，大桩取小值，小桩取大值；对于牙轮钻头钻进时，转速一般取60 ～ 180r/min，在松散地层中，应以冲洗液畅通和钻渣清除及时为前提，灵活确定钻压；在基岩中钻进时，可以通过配置加重铤或重块来提高钻压；对于硬质合金钻钻进成孔，钻压应根据地质条件、钻杆与桩孔的直径差、钻头形式、切削具数目、设备能力和钻具强度等因素综合确定。

2.反循环回转钻机成孔

由钻机回转装置带动钻杆和钻头回转切削破碎岩土，利用泵吸、气举、喷射等措施抽吸循环护壁泥浆，挟带钻渣从钻杆内腔抽吸出孔外的成孔方法。根据抽吸原理不同可分为泵吸反循环、气举反循环和喷射（射流）反循环三种施工工艺，泵吸反循环是直接利用砂石泵的抽吸作用使钻杆的水流上升而形成反循环；喷射反循环是利用射流泵射出的高速水流产生负压使钻杆内的水流上升而形成反循环；气举反循环是利用送入压缩空气使水循环，钻杆内水流上升速度与钻杆内外液柱重度差有关，随孔深增大效率增加。当孔深小于

50m时，宜选用泵吸或射流反循环；当孔深大于50m时，宜采用气举反循环。

（五）清孔

当钻孔达到设计要求深度并经检查合格后，应立即进行清孔。目的是清除孔底沉渣以减少桩基的沉降量，提高承载能力，确保桩基质量。清孔方法有真空吸泥渣法、射水抽渣法、换浆法和掏渣法。

清孔应达到如下标准才算合格：一是对孔内排出或抽出的泥浆，用手摸捻应无粗粒感觉，孔底500mm以内的泥浆密度小于1.25g/cm（原土造浆的孔则应小于1.1g/cm³）；二是在浇筑混凝土前，孔底沉渣允许厚度符合标准规定，即端承型桩≤50mm，摩擦型桩≤100mm，抗拔抗水平桩≤200mm。

（六）吊放钢筋笼

清孔后应立即安放钢筋笼。钢筋笼一般都在工地制作，制作时要求主筋环向均匀布置，箍筋直径及间距、主筋保护层、加劲箍的间距等均应符合设计要求。分段制作的钢筋笼，其接头采用焊接且应符合施工及验收规范的规定。钢筋笼主筋净距必须大于3倍的集料粒径，加劲箍宜设在主筋外侧，钢筋保护层厚度不应小于35mm（水下混凝土不得小于50mm）。可在主筋外侧安设钢筋定位器，以确保保护层厚度。为了防止钢筋笼变形，可在钢筋笼上每隔2m设置一道加强箍，并在钢筋笼内每隔3~4m装一个可拆卸的十字形临时加劲架，在吊放入孔后拆除。吊放钢筋笼时应保持垂直、缓缓放入，防止碰撞孔壁。

若造成塌孔或安放钢筋笼时间太长，应进行二次清孔后再浇筑混凝土。

（七）浇筑混凝土

钢筋笼内插入混凝土导管（管内有射水装置），通过软管与高压泵连接，开动泵水即射出。射水后孔底的沉渣即悬浮于泥浆之中。停止射水后，应立即浇筑混凝土，随着混凝土不断增高，孔内沉渣将浮在混凝土上面，并同泥浆一同排回泥浆池内。水下浇筑混凝土应连续施工，开始灌注混凝土时，导管底部至孔底的距离宜为300~500mm；应有足够的混凝土储备量，导管一次埋入混凝土灌注面以下不应少于0.8m；导管埋入混凝土深度宜为2~6m，严禁将导管拔出混凝土灌注面，并应控制提拔导管速度，应有专人测量导管埋深及管内外混凝土灌注面的高差，填写水下混凝土灌注记录。应控制最后一次灌注量，超灌高度宜为0.8~1.0m，凿除泛浆后必须保证暴露的桩顶混凝土强度达到设计等级。

四、干作业成孔灌注桩

干作业成孔灌注桩即不用泥浆或套管护壁措施而直接排出土成孔的灌注桩。这是在没有地下水的情况下进行施工的方法。目前干作业成孔的灌注桩常用的有螺旋钻孔灌注桩、螺旋钻孔扩孔灌注桩、机动洛阳铲挖孔灌注桩及人工挖孔灌注桩四种。这里介绍应用较为广泛的两种。

（一）螺旋钻孔扩孔灌注桩

螺旋钻孔扩孔灌注桩是适用于工业及民用建筑中地下水以上的一般黏土、砂土及人工填土地基螺旋成孔的灌注桩。

施工工艺流程：场地清理→测量放线、定桩位→钻孔机机就位→钻孔取土成孔→成孔质量检查验收→清除孔底沉渣→吊放钢筋笼→浇筑孔内混凝土。

1.测量放线、定桩位

根据图纸放出轴线及桩位点，抄上水平标高木橛，并经过预检签证。

2.钻孔机就位

钻孔机就位时，必须保持平稳，不发生倾斜、位移，为准确控制钻孔深度，应在机架上或机管上做出控制的标尺，以便在施工中进行观测、记录。

3.钻孔

调直机架挺杆，对好桩位（用对位圈），开动机器钻进、出土，达到控制深度后停钻、提钻。

4.检查成孔质量

（1）钻深测定。用测深绳（锤）或手提灯测量孔深及虚土厚度。虚土厚度等于钻孔深的差值。虚土厚度一般不应超过10cm。

（2）孔径控制。钻进遇有含石块较多的土层，或含水量较大的软塑黏土层时，必须防止钻杆晃动引起孔径扩大，致使孔壁附着扰动土和孔底增加回落土。

5.孔底土清理

钻到预定的深度后，必须在孔底处进行空转清土，然后停止转动；提钻杆，不得曲转钻杆。孔底的虚土厚度超过质量标准时，要分析原因，采取措施进行处理。进钻过程中散落在地面上的土，必须随时清除运走。

经过成孔检查后，应填好桩孔施工记录。然后盖好孔口盖板，并要防止在盖板上行车或走人。最后再移走钻机到下一桩位。

6.吊放钢筋笼

钢筋笼放入前应先绑好砂浆垫块（或塑料卡）；吊放钢筋笼时，要对准孔位，吊直扶稳，缓慢下沉，避免碰撞孔壁。钢筋笼放到设计位置时，应立即固定。遇有两段钢筋笼连接时，应采取焊接，以确保钢筋的位置正确，保护层厚度符合要求。

7.浇筑混凝土

（1）移走钻孔盖板，再次复查孔深、孔径、孔壁、垂直度及孔底虚土厚度。有不符合质量标准要求时，应处理合格后，再进行下道工序。

（2）放溜筒浇筑混凝土。在放溜筒前应再次检查和测量钻孔内虚土厚度。浇筑混凝土时应连续进行，分层振捣密实，分层高度以捣固的工具而定。一般不得大于1.5m。

（3）混凝土浇筑到桩顶时，应适当超过桩顶设计标高，以保证在凿除浮浆后，桩顶标高符合设计要求。

（4）撤溜筒和桩顶插钢筋。混凝土浇筑到距桩顶1.5m时，可拔出溜筒，直接浇灌混凝土。桩顶上的钢筋插铁一定要保持垂直插入，有足够的保护层和锚固长度，防止插偏和插斜。

（5）混凝土的坍落度一般宜为8~10cm；为保证其和易性及坍落度，应注意调整砂率和掺入减水剂、粉煤灰等。

（6）同一配合比的试块，每班不得少于一组。在施工过程中，应注意以下事项：

①应保持钻杆垂直、位置正确，防止因钻杆晃动引起孔径扩大及增多孔底虚土。

②发现钻杆摇晃、移动、偏斜或难以钻进时，应提钻检查，排除障碍物，避免桩孔偏斜和钻具损坏。

③应随时清理孔口黏土，遇到地下水、塌孔、缩孔等异常情况，应停止钻孔，同有关单位研究处理。

④钻头进入硬土层时，易造成钻孔偏斜，可提起钻头上下反复钻几次，以便削去硬土。

⑤成孔达到设计深度后，应保护好孔口，按规定验收，并做好施工记录。

⑥孔底虚土尽可能清除干净，然后快吊放钢筋笼，并浇筑混凝土。

（二）人工挖孔灌注桩

人工挖孔灌注桩是指采用人工挖掘方法进行成孔，在孔内安放钢筋笼，浇筑混凝土而成的桩。

1.特点

单桩承载力大、受力性能好、质量可靠、沉降量小、无须大型机械设备，无振动、无噪声、无环境污染；施工速度快，可按施工进度要求决定同时开挖桩孔的数量，必要时各桩孔可同时施工，土层情况明确，可直接观察到地质变化，桩底沉渣能清除干净，施工质量可靠。其缺点是人工耗最大、开挖效率低、安全操作条件差等。

2.适用范围

人工挖孔灌注桩适用于桩直径800mm以上，且不宜大于2500mm，孔深不宜大于

30m，无地下水或地下水较少的黏土、粉质黏土，含少量砂、砂卵石、砾石的黏土。

3.施工工艺

人工挖孔灌注桩的施工工序：场地平整→测量放线→桩位布点→人工成孔（包括孔桩护圈、护壁、挖土、控制垂直度、深度、直径、扩大头等）→浇灌护壁混凝土→检查成孔质量，会同各相关单位检验桩孔→绑扎、吊放钢筋笼→清除虚土、排除孔底积水→放入串筒，浇筑混凝土至设计顶标高并按规范要求超灌500mm→养护→整桩测试。

（1）场地的平整，放线、定桩位及高程。基础施工前，应将场地进行平整，对影响施工的障碍要清理干净。设备进场后，临时设施、施工用水、用电均应按要求施工到位。根据业主提供的水准点、控制点进行桩位测量放线。施工机具应定期保养，使之保持良好的工作状态。依据建筑物测量控制网资料和桩位平面布置图，测定桩位方格控制网和高程基准点，用十字交叉法定出孔桩中心。桩位应定位放样准确，在桩位外设置定位龙门桩，并派专人负责。以桩位中心为圆心，以桩身半径加护壁厚度为半径画出上部圆周，撒石灰线作为桩孔开挖尺寸线，桩位线定好后，经监理复查合格后方可开挖。

（2）挖第一节桩孔土方。根据设计桩径及护壁厚度在地面上放出开挖线，采取由上至下分段开挖的方法，向下挖深一节护壁的深度。挖土时先挖中央柱体，周边少挖2~3cm，每挖一段待自地面垂测桩位后，再自顶端向下削土，使之符合设计要求。

当桩净距小于2.5m时，应采用间隔开挖。相邻排桩跳挖的最小施工净距不得小于4.5m。

（3）支模、浇灌第一节混凝土护壁。护壁制作包括支设护壁模板和浇筑护壁混凝土两个步骤，模板高度取决于开挖土方施工段的高度，一般为1m。护壁混凝土起护壁和防水双重作用。混凝土护壁的厚度不应小于100mm，混凝土强度不应低于桩身混凝土强度等级，并应振捣密实；护壁应配置直径不小于8mm的构造钢筋，竖向筋应上下搭接或拉接。

第一节井圈护壁的中心线与设计轴线的偏差不得大于20mm；井圈顶面应高出场地100~150mm，且应加厚100~150mm。井圈高出地面还有利于防止地表水在施工过程中进入井内。

修筑钢筋混凝土井圈应保证护壁的配筋和混凝土浇筑强度。上下节护壁的搭接长度不得小于50mm，每节护壁模板应在施工完后养护24h后拆除；发现护壁有蜂窝、漏水现象时，应及时补强以防造成事故。护壁应采用早强的细石混凝土，施工时严禁用插入振动器振捣，以免影响模外的土体稳定。上下护壁间预埋纵向钢筋应加以连接，使之成为整体，确保各段连接处不漏水。

（4）重复（2）（3）步骤直至设计桩深。护壁混凝土达到一定强度后便可拆模，再挖下一段土方，然后继续支模、浇灌混凝土护壁。如此循环，直至挖至桩孔设计深度。在开挖过程中应该密切注意地质状况的变化。

正常情况下，每节护壁的高度在600～1000mm之间，如遇到软弱土层等特殊情况，可将高度减小到300～500mm。挖到持力层时，按扩底尺寸从上至下修成扩底形，并用中心线检查测量找圆，测孔深度，保证桩的垂直和断面尺寸合格。

（5）制作、吊装钢筋笼。钢筋笼按设计加工，主筋位置用钢筋定位支架控制等分距离。主筋间距允许偏差±10mm；箍筋或螺旋筋螺距允许偏差±20mm；钢筋笼直径允许偏差±10mm；钢筋笼长度允许偏差±50mm。钢筋笼的运输、吊装，应防止扭转变形，根据规定加焊内固定筋。钢筋笼放入前，应绑好砂浆垫块，吊放钢筋笼时，要对准孔位，直吊扶稳，缓慢下沉，避免碰撞孔壁。钢筋笼放到设计位置时，应立即固定，避免钢筋笼下沉或受混凝土浮力的影响而上浮。钢筋保护层用水泥砂浆块制作，当无混凝土护壁时严禁用黏土砖或短钢筋头代替（因砖吸水、短钢筋头锈蚀后会引起钢筋笼锈蚀的连锁反应）。垫块每1.5～2m一组，每组3个，圆周上相距120°，每组之间呈梅花形布置。保护层的允许偏差为±10mm。

（6）浇捣混凝土。浇灌混凝土前须清除孔底沉渣、积水，并应进行隐蔽工程验收。验收合格后，应立即封底和灌注桩身混凝土。

灌注桩身混凝土时，混凝土必须通过溜槽。当落距超过3m时，应采用串筒，串筒末端距孔底高度不宜大于2m；也可采用导管泵送。混凝土宜采用插入式振捣器振实。

4.安全措施

（1）孔内必须设置应急软爬梯供人员上下；使用的电葫芦、吊笼等应安全可靠，并配有自动卡紧保险装置，不得使用麻绳和尼龙绳吊挂或脚踏井壁凸缘上下。电葫芦宜用按钮式开关，使用前必须检验其安全起吊能力。

（2）每日开工前必须检测井下的有毒、有害气体，并应有足够的安全防范措施。当桩孔开挖深度超过10m时，应有专门向井下送风的设备，风量不宜少于25L/s。

（3）孔口四周必须设置护栏，护栏高度宜为0.8m。

（4）挖出的土石方应及时运离孔口，不得堆放在孔口周边1m范围内，机动车辆的通行不得对井壁的安全造成影响。

五、套管成孔灌注桩

套管成孔灌注桩是利用锤击打桩法或振动沉桩法，将带有活瓣式桩靴或带有预制混凝土桩靴的钢套管沉入土中，然后边拔套管边灌注混凝土而成。若配有钢筋时，则在浇筑混凝土前先吊放钢筋骨架。

利用锤击沉桩设备沉管、拔管，称为锤击沉管灌注桩；利用激振器的振动沉管、拔管，称为振动沉管灌注桩。

（一）锤击沉管灌注桩

锤击沉管灌注桩的机械设备由桩管、桩锤、桩架、卷扬机滑轮组、行走机构组成。锤击沉管灌注桩适用于一般黏性土、淤泥质土、砂土和人工填土地基，但不能在密实的砂砾石、漂石层中使用。其施工程序一般为：定位埋设混凝土预制桩尖→桩机就位→锤击沉管→灌注混凝土→边拔管、边锤击、边继续灌注混凝土（中间插入吊放钢筋笼）→成桩。

施工时，用桩架吊起钢桩管，对准埋好的预制钢筋混凝土桩尖。桩管与桩尖连接处要垫以麻袋、草绳，以防地下水渗入管内。缓缓放下桩管，套入桩尖压进土中，桩管上端扣上桩帽，检查桩管与桩锤是否在同一垂直线上，桩管垂直度偏差≤0.5%时即可锤击沉管。先用低锤轻击，观察无偏移后再正常施打，直至符合设计要求的沉桩标高，并检查管内有无泥浆或进水，即可浇筑混凝土。管内混凝土应尽量灌满，然后开始拔管。凡灌注配有不到孔底的钢筋笼的桩身混凝土时，第一次混凝土应先灌至笼底标高，然后放置钢筋笼，再灌混凝土至桩顶标高。第一次拔管高度应控制在能容纳第二次所需灌入的混凝土量为限，不宜拔得过高。在拔管过程中应用专用测锤或浮标检查混凝土面的下降情况。

锤击沉管桩混凝土强度等级不得低于C20，每立方米混凝土的水泥用量不宜少于300kg。混凝土坍落度在配钢筋时宜为80~100mm，无筋时宜为60~80mm。碎石粒径在配有钢筋时不大于25mm，无筋时不大于40mm。预制钢筋混凝土桩尖的强度等级不得低于C30。混凝土充盈系数（实际灌注混凝土体积与按设计桩身直径计算体积之比）不得小于1.0，成桩后的桩身混凝土顶面标高应至少高出设计标高500mm。

（二）振动沉管灌注桩

振动沉管灌注桩是利用振动桩锤（又称激振器）、振动冲击锤将桩管沉入土中，然后灌注混凝土而成。这两种灌注桩与锤击沉管灌注桩相比，更适合于稍密及中密的砂土地基施工。振动沉管灌注桩和振动冲击沉管桩的施工工艺完全相同，只是前者用振动锤沉桩，后者用振动带冲击的桩锤沉桩。

振动灌注桩可采用单打法、反插法或复打法施工。

单打法是一般正常的沉管方法，它是将桩管沉入设计要求的深度后，边灌混凝土边拔管，最后成桩。适用于含水量较小的土层，且宜采用预制桩尖。桩内灌满混凝土后，应先振动5~10s，再开始拔管，边振边拔，每拔0.5~1.0m，停拔，振动5~10s，如此反复进行，直至桩管全部拔出。拔管速度在一般土层内宜为1.2~1.5m/min，用活瓣桩尖时宜慢，预制桩尖可适当加快，在软弱土层中拔管速度宜为0.6~0.8m/min。

反插法是在拔管过程中边振边拔，每次拔管0.5~1.0m，再向下反插0.3~0.5m，如此反复并保持振动，直至桩管全部拔出。在桩尖处1.5m范围内，宜多次反插以扩大桩的局部断面。穿过淤泥夹层时，应放慢拔管速度，并减少拔管高度和反插深度。在流动性淤泥中不宜使用反插法。

复打法是在单打法施工完拔出桩管后，立即在原桩位再放置第二个桩尖，再第二次下沉桩管，将原桩位未凝结的混凝土向四周土中挤压，扩大桩径，然后再进行第二次灌混凝土和拔管。采用全长复打的目的是提高桩的承载力。局部复打主要是为了处理沉桩过程中所出现的质量缺陷，如发现或怀疑出现缩颈、断桩等缺陷，局部复打深度应超过断桩或缩颈区1m以上。复打必须在第一次灌注的混凝土初凝之前完成。

六、爆扩成孔灌注桩

爆扩成孔灌注桩（简称爆扩桩），是用钻孔或爆扩法成孔，孔底放入炸药，再灌入适量的混凝土，然后引爆，使孔底形成扩大头，此时，孔内混凝土落入孔底空腔内，再放置钢筋骨架，浇筑桩身混凝土而制成的灌注桩。

（一）特点

桩性能好，可承受中心、偏心、抗压、抗拔、抗推等荷载，能有效地提高桩承载力（35%～65%）；能作独立基础使用；成桩工艺简单，与一般独立基础相比，可减少石方量50%～90%，节省劳力50%～60%，可加快施工速度（工期缩短40%～50%），降低工程造价30%左右。

（二）适用范围

适用于工业与民用建筑地下水位以上、土质为一般黏性土、粉质黏土、中密或密实的砂土、碎石土以及杂填土地基。

（三）爆扩灌注桩施工工艺流程

（1）采用钻机成孔，钻机就位应垂直平稳，钻头应对准桩位中心，然后钻孔、清孔。

（2）采用爆扩成孔，先在桩位用手钻、钢钎或洛阳铲打导孔，然后放入条形硝铵炸药管（药包）爆扩成孔。

（3）成孔后应检查桩孔直径及垂直度是否符合要求。桩孔深度应达到设计要求标高和土层，并在孔口加盖，防止松土回落孔中。

（4）扩大头药包用药量应根据爆扩试验确定。称量误差不得超过1%。

（5）扩大头药包宜用塑料薄膜包装，做成近似球形，使能防潮防水。每个药包内放两个电雷管，用并联方法与引爆线连接，药包用绳子吊放于孔底中心，药包表面覆盖

150～200mm厚的砂子固定，以稳住药包位置，避免受混凝土的冲击砸破。

（6）药包在孔底安放后，经检验引爆线路完好，即可浇筑混凝土。第一次浇灌混凝土的坍落度，在一般胶黏性土中宜为10～12cm；在湿陷性黄土中宜为16～18cm；在人工填土中宜为12～14cm。浇灌量不宜超过扩大头体积的50%，或2～3m桩孔深。开始时应缓慢灌入，以免砸坏药包，并应防止导线被混凝土砸断。

（7）当桩距大于或等于1.5倍扩大头直径时，药包引爆可逐个进行；当桩距小于扩大头直径的1.5倍时，应同时引爆；相邻爆扩桩的扩大头不在同一标高时，引爆的顺序应先浅后深。

（8）从浇灌混凝土开始至引爆时的间隙时间，不宜超过30min，以免出现"拒落"事故。

（9）引爆后混凝土自由坍落至因爆破作用形成的球形孔穴中，并用软轴线接长的插入式振动器将扩大头底部混凝土振捣密实。接着放置钢筋骨架，放置时应对准桩孔，徐徐放下，防止孔壁泥土掉入混凝土中。待就位后，应采取可靠措施将钢筋笼固定，方可继续浇灌混凝土。

（10）第二次浇灌混凝土的坍落度为8～12cm，浇灌时应分层浇灌和分层振捣，每次厚度不宜超过1m，并应一次浇筑完毕，不得留施工缝。

（11）爆扩时如药包"拒爆"，应由专职人员进行检查，并设法诱爆，或采取措施破坏药包。引爆后如混凝土"拒落"，应使用振动棒强力振捣，使混凝土下落，或用钻孔机将混凝土钻出。如因某种原因混凝土已超过初凝时间，可在拒落桩旁补打一根新桩孔，放上等量药包，通过引爆形成新的爆扩桩。

第三章　一体化建造技术方法

第一节　标准化设计

一、标准化设计的重要性

（一）标准化设计是一体化建造的核心部分

标准化设计是工业化生产的主要特征，是提高一体化建造质量、效率、效益的重要手段，是建筑设计、生产、施工、管理之间技术协同的桥梁，是建造活动实现高效率运行的保障。因此，实现一体化建造必须以标准化设计为基础，只有建立以标准化设计为基础的工作方法，一体化建造的生产过程才能更好地实现专业化、协作化和集约化。

（二）标准化设计是工程设计的共性条件

标准化设计主要是采用统一的模数协调和模块化组合方法，各建筑单元、构配件等具有通用性和互换性，满足少规格、多组合的原则，符合适用、经济、高效的要求。标准化设计有助于解决装配式建筑的建造技术与现行标准之间的不协调、不匹配，甚至相互矛盾的问题；有助于统一科研、设计、开发、生产、施工和管理等各个方面的认识，明确目标，协调行动。

（三）标准化设计是实现工业化大生产的前提

在规模化发展过程中才能体现出工业化建造的优势，标准化设计可以实现在工厂化生产中的作业方式及工序的一致性，降低了工序作业的灵活性和复杂性要求，使得机械化设备取代人工作业具备了基础条件和实施的可能性，从而实现了机械设备取代人工进行工业化大生产，提高生成效率和精度。没有标准化设计，其构配件工厂化生产的生产工艺和关键工序难以通过标准动作进行操作，无法通过标准动作下的机械设备灵活处理无规律、离散性的作业，则无法通过机械化设备取代人工进行操作，其生成效率和生成品质难以提高；没有标准化设计，其生产构配件配套的模具也难以标准化，模具的周转率低，周转材料浪费较大，其生产成本难以降低，不符合工业化生产方式特征。

二、当前标准化设计面临的问题

（一）标准化设计意识不强

建筑工程师在开展设计工作过程中，没有注重标准化设计理念，在突出建筑产品多样化、建筑艺术特征的同时，没有很好地将标准化理念和标准化设计方法应用于具体的建筑产品，没有很好地将标准化设计与建筑产品的多样化有机结合起来，建筑产品设计没有体现标准化设计理念。

（二）标准化设计模数没有统一

目前，很多企业在积极推进企业专有的标准化设计，但标准化设计模数没有得到共同的遵循和应用，没有形成行业共同认可和遵循的标准化设计模数，标准化设计模数的统一还需要进一步研究和发展。

（三）标准化设计没有前置到方案设计的伊始

标准化设计是设计理念和原则，需要从方案设计阶段即开始进行标准化设计，方案阶段的标准化设计是后续施工图的标准化设计和构配件标准化设计的前提，如果没有方案阶段的标准化设计，则平面、立面就很难标准化，后续的柱网柱距、墙宽墙高、梁宽梁高等具体构件就难以标准化设计。

（四）标准化设计没有贯通到构配件设计的终端

标准化设计没有深入钢筋配筋的直径、间距和部品部件的模数与定位。以往的设计反映，在具体实施过程中，由于开发商对相应指标的过度控制，致使结构设计师对结构配筋"精打细算"，同一根梁或柱截面，经常会有两种乃至两种以上类型直径钢筋搭配使用，在整个结构体系上，亦没有通盘考虑构件尺寸和配筋的标准化，则在后续的原材料购买、材料配料加工、钢筋绑扎等一系列工作中平添较多的人工甄别、归类、多次处理等工作量，比如：不同直径钢筋需要管理链条上的相关工作人员进行甄别、细分、归类和明确，原本批量化的加工方式则变成了不同型号或直径钢筋的散量加工，不能体现出工业化生产的特征和优势。

（五）缺乏可行的标准化设计方法

当前标准化设计没有得到很好应用的主要原因即是缺乏可执行体系完善的标准化设计方法，标准化设计还往往停留在理念和原则的层面，很多设计师结合实际工程项目很难将理念、原则通过程序化的技术方法加以应用，体现出来的即是标准化设计不系统、不全面、不彻底、不深入。

三、标准化设计的技术方法

通过大量的工程实践和总结提炼，标准化设计通过平面标准化设计、立面标准化设计、构配件标准化设计、部品部件标准化设计四个标准化设计来实现。平面标准化设计，是基于有限的单元功能户型通过模数协调组合成平面多样的户型平面；立面标准化设计，通过立面元素单元——外围护、阳台、门窗、色彩、质感、立面凹凸等不同的组合实现立面效果的多样化；构件标准化设计，在平面标准化和立面标准化设计的基础上，通过少规格、多组合设计，提出构件一边不变，另一边模数化调整的构件尺寸标准化设计，在此基础上，提出钢筋直径、间距标准化合计；部品部件标准化设计，在平面标准化和立面标准化设计基础上，通过部品部件的模数化协调，模块化组合，匹配户型功能单元的标准化。以下以住宅为例介绍标准化设计的技术方法。

（一）平面标准化设计技术

（1）模块组合户型标准化设计。户型标准化设计通过模块化的设计方法，明确有限的、通用的标准化户型模块。户型模块包括卫生间、厨房、餐厅、客厅、卧室等基本模块。

（2）确定平面标准化协调模数和规则。相同基本户型下，制定开间不变，进深在一定基础上以一定模数进行延伸扩展的设计方法。

（3）边界协同的系列基本户型平面标准化设计。在基本户型明确的基础上，明确不同户型下的某一边为同尺寸，作为模块与模块之间的通用边界，便于模块间的协同拼接。通过基本户型模块之间按照通用协同边界进行组合，与公共空间模块（包括走廊、楼梯、电梯等基本模块）进行组合，确定多种基本平面形状，形成不同的个性化平面。

（二）立面标准化设计技术

（1）饰面多样、模数化的外围护墙板标准化设计。通过预制外墙板不同饰面材料展现不同肌理与色彩的变化，饰面运用装饰混凝土、清水混凝土、涂料、面砖或石材反打，通过不同外墙构件的灵活组合，基本装饰部品可变组合，实现富有工业化建筑特征的立面效果。

（2）窗墙比、门窗比控制下立面分格、排列有序的门窗标准化设计，在采光、通风、窗墙比控制条件下，调节立面分格、门窗尺寸、饰面颜色、排列方式、韵律特征，呈现标准化、多样化的门窗围护体系。

（3）凹凸有致、错落有序、等距控制的预制空调板、阳台组合设计通过一字形、L形、U形等标准化阳台形式，进行基本单元的凹凸扩展、组合扩展，形成丰富多样的空调板、阳台的立面设计。

（三）构配件及钢筋笼标准化设计技术

（1）基于功能单元的构件尺寸模数协调设计。针对基本功能单元模块（客厅、卧室、厨房、卫生间），运用最大公约数原理，按照模数协调准则、通过整体设计下的构件尺寸归并优化设计，实现构件的标准化设计，便于模具标准化以及生产工艺和装配工法标准化。

（2）构件钢筋笼的标准化深化设计技术。在构件外形尺寸标准化基础上进行钢筋笼标准化设计：统一钢筋位置、钢筋直径和钢筋间距。并建立系列标准化、单元化、模块化钢筋笼，实现标准化加工。

（3）埋件、配件的标准化设计技术。对于预埋在结构主体内的预埋件进行其型号、规格、空间位置进行符合统一模数和规定的标准化设计，便于在后续生产和施工过程中工人对预留预埋进行标准化操作，提高效率和精度。

（四）部品部件标准化设计技术

（1）厨房部品标准化设计。以烹饪、备餐、洗涤和存储厨房标准化功能单元模块为基础，通过模数协调和模块组合，满足多种户型的空间尺寸需求，实现厨房部品的标准化设计。

（2）卫生间部品标准化设计。以洗漱、淋浴、盆浴、卫生间标准化功能单元模块为基础，通过模数协调和模块组合，满足多种户型的空间尺寸需求，实现卫生间部品的标准化设计。

标准化、通用化、模数化、模块化是工业化的基础，在设计过程中，通过建筑模数协调、功能模块协同、套型模块组合形成一系列既满足功能要求，又符合装配式建筑要求的多样化建筑产品。

第二节　工厂化制造

一、工厂化制造的重要性

新时期下建筑业在人工红利逐步消失的背景下，为了持续推进我国城镇化建设的需要，必须通过建造方式的转变，通过工厂化制造取代人工作业，大大减少对工人的数量需求，并降低劳动强度。

建筑产业现代化的明显标志就是构配件工厂化制造，建造活动由工地现场向工厂转移，工厂化制造是整个建造过程的一个环节，需要在生产建造过程中与上下游相联系的建造环节有计划地生产、协同作业。一体化建造的特征之一就是专业分工、相互协同，系统集成。工厂化生产是生产建造过程中的一个环节之一，需要统一在一体化设计的整体系统中进行批量化、自动化制造。在一体化建造系统下，工厂生产环节与现场建造环节在技术上、管理上、空间上、时间上进行深度协同和融合。

现场手工作业通过工厂机械加工来代替，减少制造生产的时间和资源，从而节省资源；机械化设备加工作业相对于人工作业，不受人工技能的差异而导致的作业精度和质量的不稳定，从而实现精度可控、精准，实现制造品质的提高；工厂批量化、自动化的生产取代于人工单件的手工作业，从而实现生产效率的提高；工厂化制造实现了场外作业到室内作业的转变，从高空作业到地面作业的转变，改变了现有的作业环境和作业方式，也规避了由于受自然环境的影响而导致的现场不能作业或作业效率低下等问题，体现出工业化建造的特征。

二、工厂化制造的现状和问题

（一）工厂化制造的标准化程度低

工厂化制造是一体化建造的关键环节，加工产品需要满足标准化要求。目前工厂化制造的产品还难以形成标准化和体系化。比如：预制构件类型较多，规格尺寸变化复杂；钢筋加工还存在大量现场下料加工的情况，没有通过在工厂设备进行一体化、批量化的放料加工。

（二）工厂化制造的自动化水平低

建筑构配件在工厂生产过程中，其生产工艺还不够成熟和完善，机械化、自动化的生产设备还不够完备，在生产制造过程中，还存在大量的人工干预、手工作业，作业工序间的衔接性、连贯性不够，导致生产系统的整体自动化水平较低、生产效率偏低，没有达到工厂化制造应有的水平。

（三）工厂化制造的信息化应用程度低

工厂化生产的信息化应用还存在碎片化、单机操作等情况，基于BIM（Building Information Modeling）的工厂生产计划排产、物料管理、堆场管理、质量管理、进度管理、运输协同管理、施工协同管理等还没有形成完善的软件系统，不能指导应用生产；另一方面，在工厂化设备制造过程中，信息化数据还不能直接导入工厂生产设备进行智能化控制和制造，由于数据格式的不统一，生产设备的PLC（Programmable Logic Controller）系统还不能自动识别BIM的设计信息数据格式，不能直接加工生产，还需要人工对加工信息进行整理和汇总，再通过工作人员进行设备的数据录入，最后生产，这样做一是浪费人力和时间，二是在大量的数据读取、翻译、整理、汇总和录入过程中，任何一个环节都容易导致信息的不对称或失真，影响加工的精度和效率。

（四）工厂化制造与现场建造的协同度低

工厂化生产的产品要在现场进行集成建造，为保证建造的系统性和集成性，工厂生产需要与现场施工从技术和管理两个层面进行有效协同。技术上需要保证构配件产品与现场施工部位的连接接口的吻合，从尺寸上、位置上、性能上满足现场施工要求；管理上需要保证构配件生产的总体安排和进度与现场施工的总体安排和进度进行有效协同，现场建造的管理信息与工厂生产管理信息实时共享、协同工作。

三、工厂化制造的技术方法

（一）工厂化生产工艺布局技术

工厂化制造区别于现场建造，有其自身的科学性和特点，制造工艺工序需要满足流水线式的设计，衔接有序的工艺设计，满足生产效率和品质的最大化要求。需要依据构配件产品的特点和特性，结合现有生产设备功能特性，按照科学的生产作业方式和工序先后顺序，以生产效率最大化、生产资源最小化为目标，以生产节拍均衡为原则，以自动化生产为前提，对生产设备、工位位置、工人操作空间、物料通道、构件、配件、部品件、配套模具工装等进行布局设计。

（二）工厂化生产的自动化制造关键技术

工厂化生产通过机械设备的自动化操作代替人工进行生产加工，流水化作业，提高自动化水平。以结构构件为例，根据其生产工艺，确定定位画线、钢筋制作、钢筋笼与模具绑扎固定、预留预埋安放、混凝土布料、预养护、抹平、养护窑养护、成品拆模等工位，在工序化设置的基础上，通过设备的自动化作业取代人工操作，满足自动化生产需求。

（三）工厂化生产的管理技术

工厂化生产处于建造过程中的关键环节，需要有完善的生产管理体系，保证生产的运行。工厂化生产管理系统，需要建立与生产加工方式相对应的组织架构体系，组织架构体系的设置一方面需要保证各相关部门高效运营、信息对称，高效生产；另一方面需要与设计、施工方的组织架构体系有很好的衔接，能保证设计、生产、施工的整个组织管理体系是一个完整系统的组织体系。

（四）工厂化生产的信息化技术

未来建筑业的发展趋势是信息化与工业化的高度融合，工厂化生产在结合机械化操作的基础上必须通过信息化的技术手段实现自动化，信息化技术的应用又分为技术和管理两个层面的应用。技术层面主要是通过加工产品的设计信息能被工厂生产设备自动识别和读取，实现生产设备无须人工读取图样信息再录入设备进行加工，直接进行信息的精准识别和加工，提高加工精度和效率；另一方面，在信息化管理方面，实现工厂内部管理部门在统一信息管理系统下进行运行，信息共享、协同工作，保证生产管理系统的协同运作，各个部门在工厂信息管理系统下进行信息的共享，信息自动归并和统计，提高管理效率，也便于设计方、施工方随时了解生产状态，实现设计、生产、装配的协同。

第三节　装配化施工

一、装配化施工的重要性

（1）装配化施工可以减少用工需求，降低劳动强度。装配化建造方式可以将钢筋下料制作、构配件生产等大量工作在工厂完成，减少现场的施工工作量，极大地减少了现场用工的人工需求，降低现场的劳动强度，适应于我国建筑业未来转型升级的趋势和人工红利消失的客观要求。

（2）装配化施工能够减少现场湿作业，减少材料浪费。装配化建造方式一定程度上减少了现场的湿作业，减少了施工用水、周转材料浪费等，实现了资源节省。

（3）装配化施工减少现场扬尘和噪声，减少环境污染。装配化建造方式通过机械化方式进行装配，减少现场传统建造方式扬尘、混凝土泵送噪声和机械噪声等，减少环境污染。

（4）装配化施工能够提高工程质量和效率。通过大量的构配件工厂化生产，工厂化的精细化生产实现了产品品质的提升，结合现场机械化、工序化的建造方式，实现了装配式建造工程整体质量和效率提升。

二、装配化施工的现状与问题

（1）装配化施工的技术工法体系不完善。现有的装配化技术体系还不完善，传统现浇施工与装配化施工并行，工序化的工法还没有成形，同一工作面下，装配施工和现浇施工的工序先后顺序、工作面交接条件，资源的协同利用等还没有形成完善的技术工法体系。

（2）装配化施工技术的集成度不高。一体化建造的精髓在于产品的系统性和完整性，装配化结构施工是部分内容，还有机电装配化和装饰部品装配化，结构、机电、门窗、装饰部品的集成化装配程度还不够高。

（3）装配化的机械化技术应用程度不高。现有的机械化装配，其机械化设备还停留在传统施工的机械设备层面，起重机、泵车等，还满足不了未来建筑业关于一体化建造中施工环节的机械化设备的应用要求。

三、装配化施工的技术方法

（一）建立并完善装配化施工技术工法

在设计阶段优化利于节省人工用工、节省资源，避免工作面交叉、便于机械化设备应用、便于人工操作、利于现场施工的技术方法和设计方案。通过对装配化施工的工序工法研究，建立结构主体装配、节点的连接方式、现浇区钢筋绑扎、模板支设、混凝土浇筑、配套施工设备和工装的成套施工工序工法和施工技术。

（二）制订装配化施工组织方案

在一体化建造体系下，结合工程特点，做出具有科学性、完整性和可实施性的施工组织设计，施工组织设计在考虑工期、成本、质量、安全、协调管理要素条件下，制订相应的施工部署、专项施工方案和技术方案。明确相应的构配件吊装、安装、构配件连接等技术方案，满足进度要求的构配件精细化堆放和运输进场方案。

在机械化装配方式下，安装机械设备需要在设计方案中确定与构配件相配套的一系列工具工装，原则上要满足资源节省、人工节约、工效提高、最大限度地应用机械设备进行操作，选择配套适宜的起重机、堆放架体、吊装安装架体、支撑架体、外围护操作架体等工装设备；在质量、安全方面明确构配件从原材料、生产隐检、运输、进场、施工装配等全过程质检专项方案以及全过程的质安管控方案。

一体化建造下的施工环节，需要在设计阶段，根据设计成形的工程项目，根据工程定额工效和经验，在工程量明确（钢筋、混凝土）、工期明确、技术方案明确的条件下，经过科学分析和计算，进一步明确相应的模板、支撑架体，产业工人及间接资源的投入，做好资源的计划提前、统一调配、统一使用，实现资源的统一配套。

（三）实行精细化、数字化施工管理

精细化施工体现在时间上的精细化衔接和空间上的精细化吻合，时间上需要明确部品部件到现场的时间，以及现场需要吊装、安装构配件的时间，确定在一定时间误差下的不同构配件的单件吊装时间、安装时间、连接时间和相互衔接的实施计划；空间上做好前后工作面的交接和衔接，工作面是施工的协同点和交叉点，工作面的衔接有序和合理安排是工程顺利推进、工期得以保证的基本环节，既要保证工作面上支撑架搭设、构配件安装、钢筋绑扎、混凝土浇筑的有序穿插，又要保证不同时间段下工作面与工作面的有序衔接和协同。

第四节　一体化装修

一、一体化装修的重要性

装配化建造是一种建造方式的变革，是建筑行业内部产业升级、技术进步、结构调整的一种必然趋势，其最终目的是提高建筑的功能和质量。装配式结构只是结构的主体部分，它体现出来的质量提升和功能提高还远远不够，应包含一体化装修，通过主体结构与装修一体化建造，才能让使用者感受到品质的提升和功能的完善。

在传统建造方式中，"毛坯房"的二次装修要造成很大的材料浪费，甚至有的二次装修还会造成对主体结构的损伤，会产生大量的建筑垃圾，也会带来很多质量、安全、环保等社会问题，是一种粗放式的建造方式，与新时代高质量发展要求不相适应。故而，需要提高一体化装修的认识，加强一体化装修的管理，真正实现建筑装修环节的一体化、装配化和集约化。

二、一体化装修的现状与问题

（1）政策推进力度有待加强。目前在国家层面尚未出台有关取消"毛坯房"的相关政策，由于缺乏引导性政策和强制性措施，开发企业对开展全装修积极性不高，推进力度不大。

（2）相关配套政策有待出台。由于全装修成本费用计入营业税、契税的征收税基，增加了购房者的负担，提高了商品房价格。

（3）质量保障措施有待建立。由于装修材料、部品采购过程不透明，装修施工过程监管不能保证，导致装修工程存在一定的质量隐患，需要建立并完善装修工程质量保障措施。

（4）一体化装修技术体系有待完善。由于主体结构与室内装修之间在设计、生产、施工环节脱节，造成技术与管理的"碎片化"，技术系统化、集成化程度低。因此，我们要完善一体化装修技术体系。

三、一体化装修的技术方法

一体化装修区别于传统的"毛坯房"二次装修方式。一体化装修与主体结构、机电设备等系统进行一体化设计与同步施工，具有工程质量易控、提升工效、节能减排、易于维护等特点，使一体化建造方式的优势得到了更加充分的发挥和体现。一体化装修的技术方法主要体现在以下方面。

（一）管线与结构分离技术

采用管线分离，一方面可以保证使用过程中维修、改造、更新、优化的可能性和方便性，有利于建筑功能空间的重新划分和内装部品的维护、改造、更换，另一方面可以避免破坏主体结构，更好地保持主体结构的安全性，延长建筑使用寿命。

（二）干式工法施工技术

干式工法施工装修区别于现场湿法作业的装修方式，采用标准化部品部件进行现场组装，能够减少用水作业，保持施工现场整洁，可以规避湿作业带来的开裂、空鼓、脱落的质量通病。同时干法施工不受冬季施工影响，也可以减少不必要的施工技术间歇，工序之间搭接紧凑，提高工效，缩短工期。

（三）装配式装修集成技术

装配式装修集成技术是指从单一的材料或配件，经过组合、融合、结合等技术加工而形成具有复合功能的部品部件，再由部品部件相互组合形成集成技术系统。从而实现提高装配精度、装配速度和实现绿色装配的目的。集成技术建立在部品标准化、模数化、模块化、集成化原则之上，将内装与建筑结构分离，拆分成可工厂生产的装修部品部件，包括装配式内隔墙技术系统、装饰一体的外围护系统、一体化的楼地面系统、集成式卫浴系统、集成式厨房系统、机电设备管线系统等技术。

（四）部品部件定制化工厂制造技术

一体化装修部品部件一般都是工厂定制生产，按照不同地点、不同空间、不同风格、不同功能、不同规格的需求定制，装配现场一般不再进行裁切或焊接等二次加工。通过工厂化生产，减少原材料的浪费，将部品部件标准化与批量化，降低制造成本。

第五节 信息化管理

一、信息化管理的重要性

（一）信息化管理是一体化建造的重要手段

一体化建造中的信息集成、共享和协同工作离不开信息化管理。一体化建造的信息化管理主要是指以BIM信息化模型和信息化技术为基础，通过设计、生产、运输、装配、运维等全过程信息数据传递和共享，在工程建造全过程中实现协同设计、协同生产、协同装配等信息化管理。

（二）信息化管理是技术协同与运营管理的有效方法

信息化管理可以实现不同工作主体在不同时域下围绕同一工作目标，同一信息平台下，信息及时沟通，保证信息的及时传递和信息对称，提高信息沟通效率和协同工作效率。企业管理信息化集成应用的关键在于"联"和"通"，联通的目的在于"用"。企业管理信息化集成应用就是把信息互联技术深度融合在企业管理的具体实践中，把企业管理的流程、技术、体系、制度、机制等规范固化到信息共享平台上，从而实现全企业、多层级高效运营、有效管控的管理需求。

二、信息化管理的现状与问题

信息化技术应用是一体化建造中的不可或缺的技术和管理手段，信息化管理在应用于一体化建造中，主要面临以下问题。

（一）专业性软件格式众多，缺少统一的交互格式

在信息化管理过程中，软件是必备的载体，国内的软件，出于商业利益的考虑和缺少相应的国家标准，不管是设计软件，还是施工软件、造价软件、设备软件，都自我封闭，有自己的数据格式，相互不兼容，其生成的文件不能相互识别，也不能相互导入，这就形成一个个信息孤岛，只局限于单点应用，没有很好地体现出集成性和完整性。

（二）缺少设计、生产、采购、施工一体的信息交互平台

一体化建造的实现需要设计、生产、装配过程的BIM信息技术应用。通过BIM一体化设计、MES工厂化制造和装配化施工的应用，设计、生产、装配环节的信息会在项目的实施过程中不断地产生，没有相应的接口和协同，会造成传递过程中的信息丢失，不能达到协同的目的。

（三）企业信息化系统应用还不成熟

针对一体化建造的信息化系统应用，一方面需要打通设计、生产、装配的信息链条，实现全链条的信息共享，另一方面，需要建筑、结构、机电、装饰部品不同专业在设计、生产、装配过程中各专业信息实时共享协同，再则在实施过程中，需要进度、资源、资金、人力等方面管理信息的共享和协同，需要从企业层面的资源配置上进行信息化管理。

三、信息化管理的技术方法

企业管理信息化就是将企业的运营管理逻辑，通过管理与信息互联技术的深度融合，实现企业管理精细化，从而提高企业运营管理效率，进而提升社会生产力。其技术方法主要体现在以下三个方面。

（一）以技术体系为核心的信息化管理技术

一体化建造是在建筑技术体系上，实现建筑、结构、机电、装修一体化；在工程管理上，实现设计、生产、施工一体化。要实现两个一体化建造方式，必须运用协同、共享的信息化技术手段，才能更好地实现两个一体化的协同管理。因此，信息化技术手段的应用，主要建立在标准化技术方法和系统化流程的基础上，没有成熟、适用的一体化、标准化技术体系，就难以应用信息化技术手段。

（二）以成本管理为主线的信息化管理系统

建设企业经营管理的对象是工程项目，只有将信息互联技术应用到工程项目的管理实践中，实现生产要素在工程项目上的优化配置，才能提高企业的生产力，才是我们所需要的信息化。工程项目是建筑企业的利润来源，是企业赖以生存和发展的基础。企业信息化建设也必须把"着力点"放在工程项目的成本、效率和效益上，因为它是企业持续生存发展的必要条件。所以说，项目管理是建设企业管理的基石，成本管理是项目管理的根本，项目过程管理要以成本管控为主线。这就需要企业严格管理、科学管理、高效管理，而企

业管理信息化的过程就是通过信息互联技术的应用，使企业管理更加精细、更加科学、更加透明、更加高效的过程。

（三）满足企业多层级管理的高效运营和有效管控的集成平台

企业管理信息化集成应用的关键在于"联"和"通"，联通的目的在于"用"。企业管理信息化集成应用就是把信息互联技术深度融合在企业管理的具体实践中，把企业管理的流程、体系、制度、机制等规范固化到信息共享平台上，从而实现全企业、多层级高效运营、有效管控的管理需求。企业管理信息化集成应用，应实现以下五个"互联互通"的目标：

（1）企业上下互联互通。就是要实现"分级管理，集约集成"。"分级管理"指从企业总部到项目实行分层级管理；"集约集成"指由底层项目产生的数据，根据从项目部到企业总部各个管理层级在成本管理方面的需求，各个层级中集约集成汇总。

（2）商务财务资金互联互通。就是要实现项目商务成本向财务数据的自动转换。商务数据向财务数据和资金支付的自动转换过程，应在项目的管控单位（子公司）实现，而非只在项目上实现。

（3）各个业务系统互联互通。企业管理标准化与信息化的融合，就要建立企业信息化系统的"主干"，也就是建立贯穿全企业的成本管理系统。最终实现业务系统的互联互通，进入"管理集成信息化"的发展阶段。

（4）线上线下互联互通。就是要通过"管理标准化，标准表单化，表单信息化，信息集约化"的路径，不断简化管理，最终实现融合。系统所用的语言、所涉及的流程，都必须与实际相符合，软件开发不能站在IT的角度，而需要站在实际管理业务工作的需求上。

（5）上下产业链条互联互通。上下产业链条互联互通，就是要充分发挥互联网思维，用"互联网+"的手段，去掉中间环节，实现建造全过程的连通。比如：技术的协同、产品的集中采购，通过信息技术将产业链条上的各环节相互协同，实现高效运营。

第四章 一体化建造创新技术

第一节 数字化设计技术

一、数字化设计概念

建筑领域的数字化设计区别于传统的手绘设计，是将设计师头脑中的概念方案通过CAD、BIM等载体转化为量化的数据参数建立数字模型，由计算机做集中的数据处理支持数据分析、汇总、可视化数据显示等工作后，准确表达设计各阶段的概念模型、方案图、施工图以及BIM模型等。

数字化设计通过各种软件工具来实现，概念草图阶段采用Sketchup等快速建模软件，可以高效建立三维体量表达设计的构思及空间关系，利用Grasshopper等插件搭载犀牛软件通过NURBS曲面方式可以进行参数化设计，采用BIM进一步将设计模型数据化，实现建筑的全生命期协同工作。随着数字设计技术的发展，设计工作网络化，未来可以实现在线设计、定制化设计、VR场景应用，并且业主可以实时体验，便于设计师及时调整，优化设计。

二、标准化正向设计

采用正向的数字化设计，通过建立统一模型、定位基准和命名规则，将不同专业各类族库集成在方案设计当中，自动实现标准化设计的同时，采用云端虚拟机的方式，实现本地与本地、本地与异地之间的工作协同，真正意义上实现各个专业实时协同作业，区别于传统二维离散的、点对点的协同模式。每一位设计师的工作内容变为整体模型的一部分，各个参与者基于共同的建模设计标准，完成整体设计模型。

建立建筑模型时，结合装配式建筑的技术策划，组装并优化立面设计和平面设计，在确保预制装配式建筑正常使用性能的基础上，坚持多组合、少规格的预制构件设计原则，实现装配式建筑设计的系统化和标准化；结合装配式建筑一般结构体系、特殊结构体系的族库，建立结构模型，满足不同建筑在功能和性能上的需要；考虑设备的预留预埋、在合理准确、经济合理的前提下，从族库中优先选择并组装优化便于生产装配的机电模型；内装模型库的建立与组装，与建筑、结构、机电同步一体化进行，将功能前置条件、管线安装、墙面装饰、部品安装一次到位，最大限度地减少专业间冲突。

利用数字模型，在设计阶段能够进行方案设计的模拟分析，将生产、施工和运维阶段的信息前置考虑，实现综合设计协调，提升设计质量和附加值。生产和施工阶段在设计阶段的工作基础上进行本环节各要素信息的补充和完善，通过BIM平台实现项目综合管控。

打造基于BIM技术的智慧建造一体化信息平台，使得建设单位、设计单位、施工单位、运维单位、供应厂商等在同一平台上协同作业，实现资源优化配置，全产业链各个环节基于平台充分协作，打破企业边界和地域边界等时间空间的限制，实现有效链接和信息共享。

三、BIM模型交付

我国建筑工业行业标准《建筑对象数字化定义》（JG/T 198—2007）将建筑信息模型（Building Information Model）定义为："建筑信息完整协调的数据组织，便于计算机应用程序进行访问、修改和添加，这些信息包括按照开放工业标准表达的建筑设施的物理和功能特点以及其相关的项目或生命周期信息。"

美国国家标准NBIMS（National BIM standard）对BIM的定义是："BIM是一个设施（建设项目）物理和功能特性的数字表达；BIM是一个共享的知识资源，是一个分享有关这个设施的信息，为该设施从概念到拆除的全生命周期中的所有决策提供可靠依据的过程；在项目不同的阶段，不同利益相关方通过在BIM中插入、提取、更新和修改信息，以支持和反映其各自职责的协同作业。"

以上两个定义都明确了建筑信息模型中信息的重要性，也明确了这些信息要用于实现建筑的全生命周期的应用。BIM模型构件的信息主要分为两部分：一是几何信息，包括尺寸、位置、形状；二是非几何信息，包括产品信息（如生产日期、生产厂商、规格型号等）、建造信息（如安装时间、安装人员、质检人员等）、运维信息（如质保日期、维修日期、维修人员等）。BIM模型交付时，需要承载项目全专业信息——设计信息、构件生产信息、施工模拟信息、进度信息、质量检验信息、成本信息等，要具有信息完备性、信息关联性、信息一致性、可视化、协调性、模拟性、优化性和可出图性八大特点。

四、BIM模型应用

BIM在设计策划阶段、生产装配阶段的应用有以下方面：

（1）BIM模型应用——全景建筑体验。基于VR、全景虚拟现实技术，实现智能建造的建筑产品的绿色节能、质量优良实体空间；智能化虚拟"幸福空间"、全景建筑体验等服务。

（2）BIM模型应用——指标计算。传统的规划指标计算是由设计师通过设计图样的表达与人工计算结合来使方案匹配设计要求。由于在前期方案阶段设计师艺术发挥的自由度比较大，不同的设计方案需要计算相应的技术经济指标进行比对，因此反复的方案修改将带来庞大的指标核算的工作量。而方案方向确定以后，具体的方案修改也会引起指标的变化，都需要人工去自行核算，效率低下且精确度很难保证。通过BIM方式可以将图样和BIM模型统计的技术经济指标实时关联起来，设计师对方案布局的任何修改都可以自动由BIM软件完成相应指标的统计。

预制率和装配率是装配式建筑设计的重要技术指标，装配率计算的前提是将预制混凝土部分和现浇混凝土部分区分开来。在BIM模型中可快速将预制墙、梁、板、柱、阳台、楼梯分别统计出来，同时也可以快速将现浇混凝土的工程量按不同类别统计出来，从而得到预制率结果。

（3）BIM模型应用——场地设计。在建筑设计开始前需要对场地进行分析，对场地进行高程、坡度、朝向、水系、道路等现有要素进行分析。通过基于BIM开发的软件，如Autodesk Infra Works软件可以比较准确客观地将场地的现状展示出来。可以通过软件的颜色设置将场地不同的高程或者坡度信息表达出来。也可以通过Revit或者Civil 3D进行场地平整和土方量计算分析等，确定最优的场地设计方案。

（4）BIM模型应用——建筑生态分析模拟。通过BIM对建筑方案进行能效数字仿真分析模拟，并实现分析数据的可视化，便于直观快速地理解。一般的生态分析模拟为流场模拟，相应的软件如Fluent、Phoenics、Autodesk simulation CFD、scSTREAM等，可以对室内外风速、温度、舒适度、风压、空气湿度等进行仿真分析，达到创造舒适的流场环境的目的。

（5）BIM模型应用——管线综合和碰撞检查。根据设计模型，进行各专业间的碰撞检查，形成检查报告和相应的优化建议。运用BIM技术，对机电管线进行协同建模，并对管线综合排布质量与效果进行可视化审查，提高管线综合图审查效率和图样审批效率。

（6）BIM在结构与构件装配方案设计中的应用。应用BIM技术对预制构件内部、预制构件之间进行碰撞检查。避免传统二维设计中不易察觉的"错漏碰缺"。

（7）BIM模型应用——节点设计与论证。应用BIM进行后期施工过程中，复杂部位和关键施工节点的论证，保证施工的可行性。

（8）BIM模型应用——投资估算。在方案阶段根据技术经济指标并结合对BIM模型中的各类建筑构件分类统计，无须再创建单独的算量模型或手算工程量，直接使用BIM模型进行工程量计算，实现算量模型和设计模型的统一可以相对准确的计算出工程量来，对于投资估算提供更可靠的数据。

基于BIM模型套用定额直接进行工程量计算，辅助项目的商务决策。在设计模型的基础上，搭建满足商务算量要求的BIM算量模型，输出成果后通过计价组合软件，根据市场价和企业定额价编制工程预算。通过校核无误的BIM模型根据定额规则进行实物量计算。

（9）BIM模型应用——BIM数据传递至采购环节。通过BIM模型建立物资材料数据库，结合综合管理平台，根据构件生产、施工工序和工程计划进度安排材料采购计划，快速准确地提取施工各阶段的材料用量和材料种类，通过BIM模型的底层数据支撑作为物资采购和管理的控制依据。

（10）BIM模型应用——BIM数据传递至生产环节。BIM模型通过设计软件接口构件的工厂生产应用软件，实现设计信息到构件生产信息的传递和共享，避免了工厂生产管理信息建立时，大量烦琐数据信息的二次输入和输入的信息失真，达到设计生产一体化的信息共享。

（11）BIM模型应用——BIM数据传递至施工环节。施工图设计阶段BIM模型全部完成后，所有施工图样应通过BIM模型自动生成后导出。通过BIM模型导出的图样是完全基于模型的反映，准确的模型即意味着准确的图样。

第二节　智能化生产技术

一、智能化生产概念

智能化生产是基于BIM的设计、生产、装配全过程信息集成和共享，互联网技术与先进制造技术的深度融合，贯穿于用户、设计、生产、管理、服务等制造全过程，对所有工厂生产的建筑部品部件及设备进行管控的生产信息系统，实现工厂生产排产、物料采购、生产控制、构件查询、构件库存和运输的信息化管理，实现生产全过程的成本、进度、合同、物料等各业务信息化管控，提高信息化应用水平，提高建造效率和效益。

二、BIM数据接入生产系统

BIM数据信息直接导入生产管理系统，无须人工二次录入，实现工厂生产排产、物料采购、生产控制、构件查询、构件库存和运输的信息化管理。

设计环节完成的部品部件加工信息，通过云端导入生产管理系统，经过智能化识别，传递给对应的生产线；生产过程数据通过后续监控反馈，与设计原始数据形成回路，持续优化调整，最终生产全过程数据汇集至智能建造平台，实现装配式建筑全过程的智能建造管理。

三、计划协同与进度管理

依据BIM模型数据信息，智能进行计划协同和进度管理。实现计划动态调整，将施工进度计划、构件生产计划和发货计划进行及时匹配协调。

四、材料采购与库存管理

通过BIM设计信息，自动分析构件生产的物料所需量，对比物料库存及需求量，确定采购量，自动化生成采购报表。生产过程中，实时记录构件生产过程中物料消耗，关联构件生产信息，库存量数据化实时显示，适时提醒；依据供应商数据库，自动下单供应商。

五、BIM信息接入生产设备

基于BIM的装配式结构构件信息，直接导入加工设备，设备对设计信息智能识别和自动加工。无须图样环节，各环节电子交付，减少二次录入，提高效率，减少错误。

六、自动化生产过程

基于BIM设计信息，生产全流程自动化，无须人工干预的自动生产线，自动化完成一系列工序（画线定位、模具摆放、成品钢筋摆放、混凝土浇筑振捣、抹平、养护、拆模、翻转起吊等）。

七、信息化质量检验

移动端填写质量检验表单，合格后方可进入下一道工序，移动端与系统联动，实现质量检验信息实时反馈。

八、可追溯信息管理

采用二维码或RFID技术，赋予构件唯一身份标识，通过移动端实时采集数据，进行原材料、生产质量、生产装配、运输物流、后期运维等全生命期可追溯性信息管理。

九、智能化堆场管理

通过构件编码信息，关联不同类型构件的产能及现场需求，自动化排布构件产品存储计划、产品类型及数量，通过构件编码及扫描快速确定所需构件的具体位置。

十、精细化物流管理

信息关联现场构件装配计划及需求，排布详细运输计划（具体卡车、运输产品及数量、运输时间、运输人、到达时间等信息）。信息化关联构件装配顺序，确定构件装车次序，整体配送。

利用条形码、射频识别技术、传感器、全球定位系统等先进的物联网技术通过信息处理和网络通信技术平台应用于预制构件运输、配送、包装、装卸等基本活动环节，自动规划装载路线，精确预测到达时间，运输状态实时监控，实现预制构件运输过程的自动化运作和高效率优化管理，提高物流水平，降低成本，减少自然资源和社会资源消耗。

第三节 智慧化施工技术

一、智慧化施工概念

智慧化施工是指应用BIM、物联网、大数据、人工智能、移动通信、云计算及虚拟现实等信息技术与机器人等相关智能设备，实现工程施工可视化智能管理。

二、基于BIM信息的装配现场

现场装配阶段是装配式建筑全生命期中建筑实体从无到有的过程，是以进度计划为主线，以BIM模型为载体，通过现场装配信息同设计信息和生产信息充分共享与集成，将现场装配和虚拟装配有效结合，实现项目进度、成本、施工平面、施工方案、质量、安全等方面的数字化、精细化和可视化管理，减少后续实施阶段的洽商和返工，从而提高工程建造的装配效率、质量和管理水平。

三、场地平面布置预演

场地平面布置采用BIM技术预演工程现场，布置各个阶段总平面各功能区（构件及材料堆场、场内道路、临建等）、大型机械、运输路径、临时用水、用电位置，实现工程动态优化配置，形象展示场地布置情况，进行虚拟漫游，模拟施工工况，对平面布置中潜在不合理布局进行分析，对安全隐患进行排查，进一步优化平面布置方案，使其更经济、完善，更加符合绿色节能环保趋势。

四、施工进度预演

施工进度预演是通过BIM与施工进度计划相链接，将空间、时间信息整合在一个可视的四维模型中，针对施工阶段可能出现的问题逐一修改，并提前确定应对措施，合理制订施工计划、精准掌握施工进度，优化使用施工资源，对整个工程的施工进度、资源和质量进行统一管理和控制，以缩短工期、降低成本、提高质量。

五、装配工艺工序预演

装配工艺工序预演让参与方在同一界面、标准下有效沟通，在施工过程中，对构件吊装、支撑、构件连接、安装，以及机电其他专业的现场装配方案进行工序及工艺预演及优化，进行施工进度、质量控制，达到降低成本，缩短工期的目的。

六、可视化作业指导

通过BIM技术、RFID（Radio Frequency Identification）芯片、二维码、移动终端等，直接快速查询BIM模型、大样详图、指导文件及视频等，在安装操作过程中保证构件、设备、部品部件等安装的精准性和协同性，方便指导施工，减少施工错误，提高施工质量与效率。

七、现场实际高效施工

完成各项工程预演后，最大限度排除现场施工隐患、优化设计和施工工艺，使得装配施工阶段实现真正提质增效。

第四节 智慧建造平台

一、智慧建造平台概念

智慧建造平台，是应用BIM技术支撑工业化建造全产业链信息贯通、信息共享、协同工作，融合BIM与ERP相结合的信息化技术，利用云计算、物联网、人工智能等技术，建立一体化的数字管理平台，将设计、生产、施工的需求和建筑、结构、机电、内装各专业的设计成果集成到一个统一的建筑信息模型系统之中，系统建立了模块化的构件库、部品库和资源库等，实现了各参与方基于同一平台在设计阶段提前参与决策、工作过程实时协同、构件及部品的属性信息适时交互修改等功能，实现工业化建筑全产业链的数据获取、数据分析与数据应用。

二、智能建造平台应用

（1）项目及部品部件库。建立及调用丰富的项目、部品部件库，进行正向装配设计，为项目建设提供设计支撑，指导构件生产和现场安装。

（2）在线采购。对BIM轻量化模型进行数据提取和数据加工，自动生成工程量及造价清单，对接到云筑网完成在线采购，实现算量和采购的无缝对接，保证准确算量与高效采购。

（3）综合查询。通过识别构件唯一标识，对构件BIM轻量化模型的基本信息、生产信息、质量信息、进度信息、成本信息等进行综合查询。

（4）远程项目监控。结合远程监控系统和机器视觉技术，对工厂和项目进行全天24h不间断监控，监控视频结果云端存储同时实时动态数据可在平台远程调取，实现对工厂生产和现场施工的监管。

（5）质量管理。通过移动端App实现工厂、现场全生命期质量管控，在线完成质量安全联动检查、整改与复查循环，数据自动同步至云端。

（6）人员管理。实名制系统数据可实时显示现场人员名单、所属单位以及个人实名制信息。同时可通过二维码的形式，以人为管理单元将该工人实名制数据传递至其他相关平台。

（7）进度管理。进度管理系统，利用BIM模型，时时录入数据，实现任意指定时间下的工程计划进度与实际进度的对比分析，对施工流水段的相关工序进行分析和优化调整，直接掌控该任务现状对总工期的影响，确保工程项目按时完工。同时，可以将日常施工任务与进度模型挂接，建立基于流水段的现场任务精细管理，并推送任务至相关人员的移动端进行任务指派。

（8）成本管理。建立基于BIM技术的成本管控云平台，让实际成本数据及时进入数据库，成本汇总、统计、拆分实时调取。建立实际成本BIM模型，周期性按时调整维护好该模型，通过平台可以实现工厂和项目各阶段的工程成本精益建造控制。积极开展先进信息技术和人工智能设备在一体化建造中集成应用，为建造过程提供平台支撑，打通全产业链中数字化设计、智能化生产、智慧化工地等各环节之间的信息共享通道，立足于用智能化手段实现装配式建筑全链条、全流程、全方位的系统性集成智能建造，是实现REMPC工程总承包高效、优质建造为目标，促进建筑业技术升级、生产方式和管理模式变革，塑造绿色化、工业化、智能化的新型建筑业态。

第五章　建筑结构概述

第一节　结构的概念、作用与组成

一、结构的概念

建筑物是人类建造的人工空间，当自然界出现各种复杂的变化时（如遭遇风、雨、雪及地震等），稳固的人工空间能够保证人类的正常生活与生产，如住宅、办公楼、购物中心等民用建筑，以及厂房、仓库等工业建筑。建筑物是人类得以生存与发展的基础，世界上的文明古国无不留下了令人叹为观止的建筑奇迹，正如历史学家所说，建筑是凝固的历史，是历史最坚定不移的诉说者，它们承载着人类历史的变迁，见证了人类历史的发展。

除了建筑物，为了达到某种特殊的目的，人们还修建了各种各样的构筑物。构筑物是指人们一般不直接在内进行生产、生活活动的场所，如桥梁——其目的是交通方便，用来沟通自然界的各种阻隔，使天堑变通途；水坝——为的是挡水或约束水流的方向，从而保证人类对水资源的有效利用。此外，常见的构筑物还有烟囱、围墙、蓄水池及隧道等。同建筑物一样，这些构筑物也需要面对各种自然的力量与人为的作用。

为了保证这些建筑物、构筑物在各种自然、人为的作用下保持其自身的工作状态（如跨度、高度及稳定性等），必须有相应的受力、传力体系，这个体系就是结构。后文中，为了便于阐述，我们将建筑物与构筑物统称为建筑物。

建筑结构是构成建筑物并为其使用功能提供空间环境的支承体。建筑结构承担着建筑物的重力、风力、撞击及振动等作用下所产生的各种荷载，是建筑物的骨架。在正确设计、施工及正常的使用条件下，建筑结构应该具有抵御可能出现的各种作用的能力。同时，建筑结构又是影响建筑构造、建筑经济和建筑整体造型的基本因素之一，是建筑物赖以存在的基础。

对于建筑物来说，常见的房屋建筑中的梁、板、柱等属于建筑结构，屋顶、墙和楼板层等都是构成建筑使用空间的主要组成部件，它们既是建筑物的承重构件，又都是建筑物的围护构件，其功能是抵御和防止风、雨雪、冰冻以及内部空间相互干扰等影响，为提供良好的空间环境创造条件。此外，桥梁的桥墩、桥跨，水坝、堤岸等也属于建筑结构（或称为土木结构），而人们在日常活动中看不到的基础也属于建筑结构。

结构是建筑物的骨架，是建筑物赖以存在的基础，因此结构必须是安全的，即在各种自然与人为的作用下保持其基本的强度要求——不被破坏，基本的刚度要求——不发生较大的变形，基本的稳定性要求——不出现整体与局部的倾覆。

通常情况下，常规建筑结构的工程造价及用工量分别占建筑物造价及施工用工量的30% ~ 40%，建筑结构工程的施工期占建筑物施工总工期的40% ~ 50%。由此可见，建筑结构在很大程度上影响了整个建筑物的造价和工期。

二、结构的作用

从结构的基本原则来看，结构的作用是在其使用期限内，将作用在建筑物上的各种荷载或作用（从自然到人为的各种力和作用）承担起来，在保证建筑物的强度、刚度和耐久性的同时，将所有的作用力可靠地传递给地基。

建筑结构的作用主要包括：抵抗结构的自重、承担其他外部重力、承担其他侧向力以及承担特殊作用。

（一）抵抗结构的自重作用

自重是地球上的任何物体均存在的基本物理特征，是由地球的引力产生的，组成结构的材料也同样存在自重。尽管初学者在学习力学基础时，由于简化计算的需要而经常忽略结构的自重，但实际上很多结构材料的比重（单位体积的重量）非常大，从而会使自重成为结构的主要荷载，如混凝土结构、砖石砌体结构等，在结构设计中是无法忽略的。

通常情况下，自重是均匀地分布在结构上的，因此自重在计算时经常被简化为均布性的竖直荷载，如梁板的计算。但是，有时也会为了计算简化，在不影响整体结构受力效果的前提下，将自重简化为集中荷载。例如，在桁架的计算中，会将杆件的自重简化为作用在节点上的集中力。

（二）承担其他外部重力作用

结构上的各种附加物，如设备、装饰物及人群等，均存在重量，需要结构来承担。上部结构对于下部结构来说，也是附加的外部重力荷载，需要下部结构来承担。因此，结构需要承担各种外部重力形成的荷载作用，这是对结构的基本要求，也是单层结构发展为多层结构的基本前提。

结构所承担的其他外部重力荷载是多种多样的，会随着建筑物的差异而不同。北方地区冬季降雪量大，因此雪荷载是北方地区结构设计所要考虑的重要内容，这也是北欧、俄罗斯等地的古典建筑大多采用尖顶的原因（尖顶的倾斜屋面难以留存大量的积雪，从而可避免建筑物由于沉重的雪荷载作用而倒塌）。而生产中有大量排灰的厂房（如冶金、水泥生产等）及其邻近建筑物，在进行结构设计时，需要考虑屋顶的积灰产生的重力荷载。这是由于这类建筑物的屋顶容易积存大量的灰尘，如果这类建筑物的体型量较大，日常的清理工作会很难进行，在使用几十年后，积灰的重力作用对建筑物的影响是不容忽视的。

（三）承担其他侧向力作用

结构除了需要考虑垂直力的作用外，抵抗侧向力对于建筑物来说也是十分重要的。对于较低的建筑物，侧向力并不构成主要的破坏作用，但是随着建筑物的增高，侧向力逐步取代垂直的重力作用，成为影响建筑物的主要作用。

常见的侧向作用有风和地震作用。风是由于空气的流动所形成的，由于建筑物会对风的流动形成阻力，因此风也会对建筑物形成推力。当然，现实中的风荷载效应是十分复杂的。地震时，地面会产生往复的侧向位移，而由于惯性，建筑物会保持原有的静止状态。因此，地震时地面与建筑物之间会形成运动状态的差异，从而形成侧向力的作用。与风的作用不同，地震不是直接产生的力作用在建筑物上，而是建筑物自身惯性产生的，因此建筑物所受到的地震作用除了跟地震的强弱有关，也与建筑物自身质量等关系密切。

对于特定的构筑物由于要满足特殊的功能要求，因此除了风与地震作用外，还需要承担特定的侧向力。例如，桥梁需要承担车辆的水平刹车力；水坝与堤岸需要承担波浪的侧压力与冲击力；挡土墙需要承担土的侧压力等。在结构设计中，侧向力与作用是不能够忽视的，且大多数侧向力与作用属于动荷载，作用更加复杂。

（四）承担特殊作用

除了常规的力与作用外，建筑物可能由于特殊的功能或原因，承担特殊的作用。

例如，我国北方冬季寒冷、夏季酷热，温度变化范围可达60℃以上，冬季室内外温差也可以达到50℃以上，温度的变化导致的结构变形不协调是产生结构内力的主要原因。结构外表面温度较低而结构内部温度较高，形成较大的温度差导致结构发生变形，若变形遭到约束，则在结构内部产生应力，容易产生温度裂缝。有的时候，建筑物的地基会在建筑物的荷载、地下水及地震等多种因素的影响下产生沉陷，而当地基的沉陷不均匀时，会导致建筑物被破坏，常见的破坏形式包括建筑物倾斜、不均匀沉降、墙体开裂、基础断裂等。结构设计者也需要考虑这些特殊原因产生的影响，才能保证所设计的结构是安全、可靠的。

三、结构的组成

结构是由构件经过稳固的连接而形成的。构件是结构直接承担荷载的部分，连接可以将构件所承担的荷载传递到其他构件上，进而传递到结构基础上直至地基。

从一般的建筑结构来理解，结构有以下几个特定的组成部分：形成跨度的构件与结构、垂直传力的构件与结构、抵抗侧向力的构件与结构以及基础。

（一）形成跨度的构件与结构

建筑物内部要形成必要的使用空间，跨度是必不可少的尺度要求。跨度是建筑物中梁、板及拱券等两端承重结构之间的距离，没有跨度就不可能形成内部的空间。没有跨度构件，各种跨度以上的垂直重力荷载就不可能传至结构的基础。

在形成跨度的构件和结构中，应用最广泛的跨度构件是梁。要想跨越一段距离，最简单的方法就是将粗棒状的物体横向置于两个支点之间。这种方法，我们的祖先恐怕在几万年前就已经知道了。在他们的原始生活中，被风刮倒的树木偶然横跨在小河上，被当作圆木桥使用。于是，这就成为人们渡河和横跨山谷的手段之一。横架（水平放置）于支点之间的棒状物称为梁。梁是现代建筑、桥梁结构中的应用最广泛的构件之一。

结构中有了梁的作用才可以保证梁的下部空间，同时又可以在梁的上部形成平面，进而形成建筑中第二层的人工空间。此外，梁是轴线尺度远远大于截面尺度的线形构件，在结构设计计算时可以将其简化为截面尺度为零的杆件。受弯是梁的基本受力特征，弯曲是梁的基本变形特征。

板是覆盖一个面且具有相对较小厚度的平面形结构构件，其原理、作用与梁基本相同。但当板的尺度与约束共同作用，体现出明显的空间特征时，其计算原理会稍有变化。

桁架、拱以及悬索等是形成跨度的构件与结构中的特殊形式，这些结构与构件与梁、板构件的不同之处在于，它们不是以受弯为基本受力特征的，且常应用在大跨度结构中。在大跨度结构中，梁的弯曲效应巨大，这对于结构来说是非常不利的，因此采用桁架、拱及悬索等结构形式，可以达到抵消或减小结构的弯曲效应的目的。

（二）垂直传力的构件与结构

当跨度构件（如梁、板等）形成空间并承担相应的重力荷载时，跨度构件的两端必然会形成对于其他构件的向下的压力作用，这种压力作用需要有其他的构件承担并向下传递至基础。同时，建筑物的空间需要高度方向的尺度，应有相应的构件形成建筑物的空间高度要求。满足上述需要的构件与结构即为垂直传力构件与结构。

常见的垂直传力构件或结构是柱。通常情况下，柱的顶端是梁。为了把梁架设在一定高度上，就需要借助柱子。柱子是将棒状物竖直放置用来支撑荷载的一种构件。柱子与梁一样，都具有悠久的历史，也是现代建筑结构中使用最为普遍的一种构件。梁将其承担的垂直作用传给柱；柱的下部是基础，将作用传递至地基。当然，柱的下部也可以是柱，从而形成多层建筑。在特殊的情况下，柱的下部也可以是梁，一般称之为托梁，托梁将其上柱的垂直力向梁的两端分解传递。

与梁类似，柱的轴线尺度也远远大于截面尺度，在结构设计计算时也可以将其简化为截面尺度为零的杆件。轴向力是柱的基本受力特征，即柱主要承受平行于柱轴线的竖向荷载。同时，由于结构中竖向荷载可能存在偏心作用，导致作用在柱上的轴向力对柱产生偏心影响，因此使得柱受压的同时受弯。

最古老的梁柱结构可以追溯到英国南部新石器时代的"巨石阵"，巨石列柱由里到外共四层按同心圆排列，其中从最里面算起，第二层和第四层的柱列上搭设有石梁。梁的重量为每根7吨，柱子的重量为25吨，所组成的巨石结构为宗教目的而修建。古埃及、古希腊和古罗马的神殿，大多数也建造成石制的梁柱结构，而在古代东方梁柱结构几乎全部采用木结构，在梁柱的连接部位采用"斗拱"的特殊构造。

墙也是垂直传力的构件之一，其原理、作用与柱基本相同。但是墙与柱相比，由于墙的轴线方向具有较大侧向尺度，因此该尺度方向的刚度较大，从而具有良好的抵抗侧向变形的能力，这是柱并不具备的。墙除了作为承重构件之外，还有分隔空间、保温、隔声及隔热等功能。

（三）抵抗侧向力的构件与结构

建筑物内部需要有相应的构件或结构来抵抗侧向力或者作用。常见的抵抗侧向力的构件是墙。由于墙的侧向尺度较大，因此其侧向刚度大、抗侧移能力强，可以有效抵御侧向变形与荷载。此外，更重要的是墙可以直接与地面相连接，从而使建筑物形成整体的刚度空间。

楼板也是抵抗侧向力的构件之一。楼板的侧向刚度也较大，但板并不直接与地面相连，它只能够将建筑物在板所在的平面内形成刚性连接体，而不能如墙一般使建筑物在不同层间形成刚度。

除了墙以外，柱与柱之间可以利用支撑来形成抵抗侧向变形的结构，在许多钢结构的建筑中，这种支撑是必不可少的，其作用与墙是相同的。

（四）基础

基础是结构的最下部，是埋入土层一定深度的建筑物下部承重结构。基础是将建筑物上部的各种荷载与作用传递至地基的重要部分，没有基础，建筑物就是空中楼阁。由于建筑物承受各种荷载与作用，因此基础也要承担垂直力、水平侧向力及弯曲作用等复杂的作用。通常情况下，基础应向地面以下埋置一定的深度，以确保建筑物的整体稳定性。

地基与基础不同，它并不属于结构。地基是基础以下的持力土层或岩层，是上部荷载最终的承接者。因此，地基必须有足够的强度、刚度与稳定性。强度是地基不能受压破坏；刚度是地基的岩层与土层的压缩性不能超过相应的要求，尤其是不均匀的变形，这会导致建筑物的倾斜和裂缝，如著名的比萨斜塔就是由于地基的不均匀沉降而形成的；稳定性是保证地基不发生滑移与倾覆等的基础。

第二节　建筑物对结构的基本要求

由于结构对于建筑物特殊的作用与意义，因此结构必须满足特定的要求才能够保证其功能的实现，从而保证建筑物的功能。

对于结构的特殊功能要求包括安全性、适用性、耐久性和稳定性。

一、结构的安全性功能要求

安全是对结构的基本要求，如果没有安全性，建筑物也就失去了基本的意义。结构的安全性是指结构在各种外部与内部的不良作用下，能够保持其稳固的形体，使内部空间得以存在，让人们的生产、生活得以保证，即结构能够承受正常施工、正常使用可能出现的各种荷载、变形等作用。

此外，建筑物对于结构安全性的考量与普通事物的安全性不同。施加于结构的外力作用是十分复杂的，有时建筑物可能会遭遇罕见的巨大外力作用，如超出设计范围的地震、海啸等，而在超过人们预料的巨大作用面前，建筑物也要保证安全。此时安全性的意义并不是建筑物不被破坏，而是以人们所预料的方式被破坏，并在被破坏前有明确的预警，这才是真正意义上的结构安全性。

二、结构的适用性功能要求

结构的适用性是指结构在正常使用条件下，能够保证自身发挥其作用的同时，还能满足预定的使用功能要求。例如，如果建筑物仅仅为了满足安全要求，而导致结构尺度过大影响到建筑物功能的发挥，这样的结构是不可取的。事实上，结构尺度过大是建筑空间设计与结构的基本矛盾，优秀的结构工程师的主要任务之一就是要寻找适度的结构尺度。

同时，结构在保证受力安全及正常使用过程中应具有良好的工作性能，不能产生较大的变形、挠曲、裂缝及震颤等不良反应，否则会影响建筑物功能的正常发挥，甚至造成使用者强烈的不安全感和心理冲击。

三、结构的耐久性功能要求

持续性地、长期地发挥功效也是对结构的基本要求之一。结构的耐久性是指结构必须保证在正常使用和维护的前提下，在建筑物存在的期限内发挥其应有的功能，结构不能先于建筑物的寿命破坏。因此，结构在正常使用和正常维护条件下，在规定的设计基准期内应具有足够的耐久性。结构的耐久性要求建筑物应该能够抵御自然界的腐蚀作用、气候冷热变化所产生的冻融循环作用等，如不发生裂缝开展过大、材料风化、腐蚀、老化而影响结构的使用寿命，不发生影响结构耐久性的局部破坏。

此外，建筑一次性投资费用较大的特点也要求建筑物能够长期存在，以产生效益、回收成本，因此从经济角度考虑，也必然要求结构具有耐久性。

四、结构的稳定性功能要求

稳定性是结构抗倾覆的能力，失稳破坏的后果是极其严重的，失稳破坏经常表现为没有先兆的破坏，在结构的使用中不能够有效地预防，因此必须在结构设计时加以构造处理，防止失稳。

结构的稳定性功能要求结构在偶然作用（强震、强风、爆炸）的影响下，仍能保持结构的整体稳定。

第三节　建筑结构设计的主要内容

一、建筑设计的主要内容

通常情况下，建筑设计是由建筑师完成的。建筑设计的基本要求包括：满足建筑功能的要求、采用合理的技术措施、具有良好的经济效果、考虑建筑美观的要求，以及符合总体规划的要求等。

建筑师的主要任务之一是确定建筑的复杂功能。为了完成建筑的预定功能，应该保证建筑系统做到以下两方面：与自然界不同的人工空间、与自然界不同的人工物理环境。因此，建筑的功能设计集中体现在以下几个方面。

首先，确定建筑物的特定功能。例如，确定拟建的建筑物需要具有居住或办公、商用或生产等功能。对于特定的功能领域，建筑师还需要将其具体化、定量化，从而形成特定的平面与空间的组合；形成空间之间的有效联系——交通组织与通信体系；形成人工物理环境的特定参数——适当的温度、湿度与照明；形成人工环境与自然环境的交流——能源的供应和物质的流动等。同时，为了确保建筑物与自然界、城市环境相协调，建筑师还需要在建筑物的整体造型上加以调整，使之更加美观和完善。

其次，建筑师应与结构师进行沟通，由结构工程师选择并设计能够承担该空间及其设施，并适应于该建筑物所在自然环境的结构体系，使之形成安全稳定的建筑空间，使结构具有足够的强度、刚度及稳定性来保证建筑物的作用与功能。

最后，为了保证建筑物的特定功能的实现，建筑师还应该与设备工程师进行详细的沟通与协调，设计出保证人们在该人工环境内正常生活、工作的设备系统——给排水、暖通、空调、电梯、能源供应等复杂的设备系统。

二、结构设计的主要内容

通常情况下，结构设计是由结构工程师完成的。所谓结构设计，从根本意义上来讲，就是选择与设计适当的结构，使其能够在各种自身与外界的作用下正常工作。概括来说，结构设计包括以下几个主要的过程。

（一）选择结构体系并确定力学计算简化模型

针对建筑物的基本功能要求，选择可以保证建筑空间与功能要求的结构体系，是结构设计的基础工作。恰当的结构体系可以使结构设计简单化，保证结构的安全性和可靠性。

此外，在现实中结构是具有各种空间尺度与约束的体系，单纯的力学计算难以完整考量和解决这些实际结构中出现的各种问题。因此，必须根据实际结构的受力与变形特征，将结构进行相应的合理简化，使结构成为可以运用力学原理进行合理计算的力学模型。在进行结构简化的过程中，简化原则与特定的结构构造方法是十分重要的，在实际结构的施工中，必须保证采用相应的构造措施，使结构的实际受力方式与计算简化相一致，这是非常重要的环节。

（二）结构受力与作用的确定

在确定结构体系以后，要根据建筑物的功能、建筑物所处的地理环境与自然环境及建筑物的特定功能等要素，确定建筑物可能承受的各种自然的与人为的力学及变形作用，确定结构体系和构件在不同状态下的受力，从而确定将结构最不利的受力状态作为其设计状态。按此状态进行的结构设计，能够保证在大多数情况下结构体系的安全。

（三）结构破坏模式的确定

即使结构设计师对结构做了最不利的分析，结构也不可能绝对坚固而不被破坏。在特殊的情况下，结构可能会面临结构设计中没有预计的强烈作用。因此，在特殊状态下结构采取何种破坏模式，对保障建筑使用者的生命安全是尤为重要的。

结构在强大的外力作用下可能会被破坏，在确定的外力作用下，采用确定材料的结构会形成确定性的破坏模式，从而形成特定的对应关系。这些对应的关系是研究结构被破坏情况的前提，也是结构设计的前提。设计者应将结构设计为：在特殊不良作用导致的结构被破坏时，应以预先确定的破坏模式来进行破坏，包括破坏的位置、裂缝走向和发展趋势以及结构坍塌的延迟时间等多个方面。

常规的结构破坏模式有脆性破坏、延性破坏两种类型。脆性破坏在破坏时没有先兆，包括变形与裂缝等。此类破坏比较突然，发展迅速，开始出现破坏的力学指标与极限破坏时的力学指标相接近，难以预料，是结构设计中应尽量避免的破坏模式。延性破坏在破坏前有先兆，尤其是有较大的先期塑性变形，裂缝发展缓慢。初始破坏的力学指标与极限指标相差较大，因此在结构最终被破坏之前呈现非常明显的先兆。这种先兆常常能够起到预警作用，使人们有相对充裕的时间撤离事故现场，这是结构设计时应考虑的特征性的破坏模式。

此外，失稳是一种极为特殊的破坏模式，它既不属于脆性破坏也不属于延性破坏。失稳是由构件或结构整体性的受力模式的突然转化而导致的。例如，从长细杆件的受压转化为杆件受弯，薄腹梁平面内受弯转化为平面外受弯等现象。失稳是属于非常规的破坏模式，多发生在细长的受压构件（如钢结构）或较薄的受压区域，在设计中应尽量避免该类构件的出现。

（四）结构受力分析计算及图纸绘制

完成上述几方面的考量之后，结构设计需要依据具体的结构特征，通过力学计算，进一步确定和完善结构构件（如梁、板、柱等）的使用材料、尺度、截面形式和构件之间的联结方式等，并绘制结构设计图纸，以确保结构在各种设计的荷载作用下保持一定的强度、刚度与稳定性，以及在意外的、超过限定范围的荷载作用下，按照设计的方式被破坏，从而在整体上体现结构的安全性能。

除此以外，结构设计还应在一定程度上满足施工的方便性要求，以确保建筑设计与结构设计的宗旨可以通过施工来体现。

第四节　建筑的构成及建筑物的分类

一、建筑的构成要素

建筑的构成要素主要包括建筑功能、物质技术条件、建筑形象。

（一）建筑功能

建筑功能是人们建造房屋的目的和使用要求的综合体现。它在建筑中起决定性的作用，对建筑平面布局组合、结构形式、建筑体量等方面都有极大的影响。人们建筑房屋不仅要满足生产、生活、居住等要求，也要适应社会的需求。各类房屋的建筑功能并不是一成不变的，随着科学技术的发展、经济的繁荣，以及物质和文化生活水平的提高，人们对建筑功能的要求也将日益提高。

（二）物质技术条件

物质技术条件是实现建筑的手段，包括建筑材料、结构与构造、设备、施工技术等有关方面的内容。建筑水平的提高离不开物质技术条件的发展，而物质技术条件的发展又与社会生产力水平的提高、科学技术的进步有关。建筑技术的进步、建筑设备的完善、新材料的出现、新结构体系的不断产生，有效地促进了建筑朝着大空间、大高度、新结构形式的方向发展。

（三）建筑形象

建筑形象是建筑内、外感观的具体体现，因此，必须符合美学的一般规律。它包含建筑形体、空间、线条、色彩、材料质感、细部的处理及装修等方面。由于时代、民族、地域文化、风土人情的不同，人们对建筑形象的理解各不相同，因而出现了不同风格且具有不同使用要求的建筑，如庄严雄伟的执法机构建筑、古朴大方的学校建筑、简洁明快的居住建筑等。成功的建筑应当反映时代特征、民族特点、地方特色和文化色彩，应有一定的文化底蕴，并与周围的建筑和环境有机融合与协调。

建筑的构成三要素是密不可分的，建筑功能是建筑的目的，居于首要地位；物质技术条件是建筑的物质基础，是实现建筑功能的手段；建筑形象是建筑的结果。它们相互制约、相互依存，彼此之间是辩证统一的关系。

二、建筑物的分类

人们兴建的供人们生活、学习、工作及从事生产和各种文化活动的房屋或场所称为建筑物，如水池、水塔、支架、烟囱等。间接为人们生产生活提供服务的设施则称为构筑物。建筑物可从多方面进行分类，常见的分类方法有以下几种。

（一）按照使用性质分类

建筑物的使用性质又称为功能要求，建筑物按功能要求可分为民用建筑、工业建筑、农业建筑三类。

1.民用建筑

民用建筑是指供人们工作、学习、生活等的建筑，一般分为以下两种：

居住建筑，如住宅、学校宿舍、别墅、公寓、招待所等。

公共建筑，如办公、行政、文教、商业、医疗、邮电、展览、交通、广播、园林、纪念性建筑等。有些大型公共建筑内部功能比较复杂，可能同时具备上述两个或两个以上的功能，一般把这类建筑称为综合性建筑。

2.工业建筑

工业建筑是指各类生产用房和生产服务的附属用房，又分为以下三种：

单层工业厂房，主要用于重工业类的生产企业。

多层工业厂房，主要用于轻工业类的生产企业。

层次混合的工业厂房，主要用于化工类的生产企业。

3.农业建筑

农业建筑是指供人们进行农牧业种植、养殖、贮存等的建筑，如温室、禽舍、仓库农副产品加工厂、种子库等。

（二）按照层数或高度分类

建筑物按照层数或高度，可以分为单层、多层、高层、超高层。建筑高度不大于27.0m的住宅建筑，建筑高度不大于24.0m的公共建筑及建筑高度大于24.0m的单层公共建筑为低层或多层民用建筑；建筑高度大于27.0m的住宅建筑和建筑高度大于24.0m的非单层公共建筑，且高度不大于100.0m的，为高层民用建筑；建筑高度大于100.0m的为超高层建筑。

（三）按照建筑结构形式分类

建筑物按照建筑结构形式，可以分成墙承重、骨架承重、内骨架承重、空间结构承重四类。随着建筑结构理论的发展和新材料、新机械的不断涌现，建筑结构形式也在不断地推陈出新。

1.墙承重

由墙体承受建筑的全部荷载，墙体担负着承重、围护和分隔的多重任务，这种承重体系适用于内部空间、建筑高度均较小的建筑。

2.骨架承重

由钢筋混凝土或型钢组成的梁柱体系承受建筑的全部荷载，墙体只起到围护和分隔的作用，这种承重体系适用于跨度大、荷载大的高层建筑。

3.内骨架承重

建筑内部由梁柱体系承重，四周用外墙承重，这种承重体系适用于局部设有较大空间的建筑。

4.空间结构承重

由钢筋混凝土或钢组成空间结构承受建筑的全部荷载，如网架结构、悬索结构、壳体结构等，这种承重体系适用于大空间建筑。

（四）按照承重结构的材料类型分类

从广义上说，结构是指建筑物及其相关组成部分的实体；从狭义上说，结构是指各个工程实体的承重骨架。应用在工程中的结构称为工程结构，如桥梁、堤坝、房屋结构等；局限于房屋建筑中采用的工程结构称为建筑结构。按照承重结构的材料类型，建筑物结构分为金属结构、混凝土结构、钢筋混凝土结构、木结构、砌体结构和组合结构等。

（五）按照施工方法分类

建筑物按照施工方法，可分为现浇整体式、预制装配式、装配整体式等。

1.现浇整体式

现浇整体式指主要承重构件均在施工现场浇筑而成。其优点是整体性好、抗震性能好；其缺点是现场施工的工作量大，需要大量的模板。

2.预制装配式

预制装配式指主要承重构件均在预制厂制作，在现场通过焊接拼装成整体。其优点是施工速度快、效率高；其缺点是整体性差、抗震能力弱，不宜在地震区采用。

3.装配整体式

装配整体式指一部分构件在现场浇筑而成（大多为竖向构件），另一部分构件在预制厂制作（大多为水平构件）。其特点是现场工作量比现浇整体式少，与预制装配式相比，可省去接头连接件，因此，兼有现浇整体式和预制装配式的优点，但节点区现场浇筑混凝土施工复杂。

（六）按照建筑规模和建造数量的差异分类

民用建筑还可以按照建筑规模和建造数量的差异进行分类。

1.大型性建筑

大型性建筑主要包括建造数量少、单体面积大、个性强的建筑，如机场航站楼、大型商场、旅馆等。

2.大量性建筑

大量性建筑主要包括建造数量多、相似性高的建筑，如住宅、宿舍、中小学教学楼、加油站等。

三、建筑的等级

建筑的等级包括设计使用等级、耐火等级、工程等级三个方面。

（一）建筑的设计使用等级

建筑物的设计使用年限主要根据建筑物的重要性和建筑物的质量标准确定，它是建筑投资、建筑设计和结构构件选材的重要依据。

1类建筑的设计使用年限为5年，适用于临时性建筑；2类建筑的设计使用年限为25年，适用于易于替换结构构件的建筑；3类建筑的设计使用年限为50年，适用于普通建筑和构筑物；4类建筑的设计使用年限为100年，适用于纪念性建筑和特别重要的建筑。

（二）建筑的耐火等级

建筑的耐火等级取决于建筑主要构件的耐火极限和燃烧性能。耐火极限是指对任一建筑构件按时间温度标准曲线进行耐火试验，构件从受到火的作用时起，到失去支持能力或完整性破坏或失去隔火作用时止的这段时间，以h为单位。

（三）建筑的工程等级

建筑按照其重要性、规模、使用要求的不同，可以分为特级、一级、二级、三级、四级、五级共六个级别。

1.特级

（1）工程主要特征

列为国家重点项目或以国际活动为主的特高级大型公共建筑；有全国性历史意义或技术要求特别复杂的中，小型公共建筑；30层以上的建筑；空间高大，有声、光等特殊要求的建筑物。

（2）工程范围举例

国宾馆、国家大会堂、国际会议中心、国际体育中心、国际贸易中心、国际大型航空港、国际综合俱乐部、重要历史纪念建筑、国家级图书馆、博物馆、美术馆、剧院、音乐厅，三级以上人防建筑。

2.一级

（1）工程主要特征

高级、大型公共建筑；有地区性历史意义或技术要求特别复杂的中，小型公共建筑；16层以上29层以下或超过50m高的公共建筑。

（2）工程范围举例

高级宾馆、旅游宾馆、高级招待所、别墅、省级展览馆、博物馆、图书馆、科学实验研究楼（包括高等院校）、高级会堂、高级俱乐部、≥300张床位的医院、疗养院、医疗技术楼、大型门诊楼、大中型体育馆、室内游泳馆、大城市火车站、航运站、邮电通信楼、综合商业大楼、高级餐厅，四级人防建筑等。

3.二级

（1）工程主要特征

中高级、大型公共建筑；技术要求较高的中、小型建筑；16层以上29层以下的住宅。

（2）工程范围举例

大专院校教学楼、档案楼、礼堂、电影院、省部级机关办公楼、<300张床位的医院、疗养院、市级图书馆、文化馆、少年宫、中等城市火车站、邮电局、多层综合商场、高级小住宅等。

4.三级

（1）工程主要特征

中级、中型公共建筑；7层以上（包括7层）15层以下有电梯的住宅或框架结构的建筑。

（2）工程范围举例

重点中学教学楼、实验楼、电教楼、邮电所、门诊所、百货楼、托儿所、1层或2层商场、多层食堂、小型车站等。

5.四级

（1）工程主要特征

一般中、小型公共建筑；7层以下无电梯的住宅，宿舍及副体建筑。

（2）工程范围举例

一般办公楼、中小学教学楼、单层食堂、单层汽车库、消防站、杂货店、理发室、生鲜门市部等。

6.五级

1层或2层，一般小跨度建筑。

第五节　建筑结构的发展与分类

一、建筑历史及发展

（一）中国建筑史

中国建筑以长江、黄河一带为中心，受此地区影响，其建筑形式类似，所使用的材料、工法、营造氛围、空间、艺术表现与此地区相同或雷同的建筑，皆可统称为中国建筑。中国古代建筑的形成和发展具有悠久的历史。由于中国幅员辽阔，各处的气候、人文、地质等条件各不相同，从而形成了各具特色的建筑风格。其中，民居形式尤为丰富多彩，如南方的干栏式建筑、西北的窑洞建筑、游牧民族的毡包建筑、北方的四合院建筑等。中国建筑史主要分为中国古代建筑史及中国近现代建筑史。

1.中国古代建筑史

（1）原始时期的建筑

原始时期的建筑活动是中国建筑设计史的萌芽，为后来的建筑设计奠定了良好的基础，建筑制度逐渐形成。中国社会的奴隶制度自夏朝开始，经殷商、西周到春秋战国时期结束，直到封建制度萌芽，前后历经了1600余年。在严格的宗法制度下，统治者设计建造

115

了规模相当大的宫殿和陵墓，和当时奴隶居住的简易建筑形成了鲜明的对比，从而反映出当时社会尖锐的阶级对立矛盾。

建筑材料的更新和瓦的发明是周朝在建筑上的突出成就，使古代建筑从"茅茨土阶"的简陋状态逐渐进入比较高级的阶段，建筑夯筑技术日趋成熟。自夏朝开始的夯土构筑法在我国沿用了很长时间，直至宋朝才逐渐采用内部夯土、外部砌砖的方法构筑城墙，明朝中期以后才普遍使用砖砌法。

此外，原始时期人们设计建造了很多以高台宫室为中心的大、小城市，开始使用砖、瓦、彩画及斗拱梁枋等设计建造房屋，中国建筑的某些重要的艺术特征已经初步形成，如方正规则的庭院，纵轴对称的布局，木梁架的结构体系，以及由屋顶、屋身、基座组成的单体造型。自此开始，传统的建筑结构体系及整体设计观念开始成型，对后世的城市规划、宫殿、坛庙、陵墓乃至民居产生了深远的影响。

（2）秦汉时期的建筑

秦汉时期400余年的建筑活动处于中国建筑设计史的发育阶段，秦汉建筑是在商周已初步形成的某些重要艺术特点的基础上发展而来的。秦汉建筑类型以都城、宫室、陵墓和祭祀建筑（礼制建筑）为主。都城规划形式由商周的规矩对称，经春秋战国向自由格局的骤变，又逐渐回归于规整，整体面貌呈高墙封闭式。宫殿、陵墓建筑主体为高大的团块状台榭式建筑，周边的重要单体多呈十字轴线对称组合，以门、回廊或较低矮的次要房屋衬托主体建筑的庄严、重要，使整体建筑群呈现主从有序、富于变化的院落式群体组合轮廓。从现存汉阙、壁画、画像砖中可以看出，秦汉建筑的尺度巨大，柱阑额、梁枋、屋檐都是直线，外观为直柱、水平阑额和屋檐，平坡屋顶，已经出现了屋坡的折线"反字"（指屋檐上的瓦头仰起，呈中间、凹四周高的形状），但还没有形成曲线或曲面的建筑外观，风格豪放朴拙、端庄严肃，建筑装饰色彩丰富，题材诡谲，造型夸张，呈现出质朴的气质。秦汉时期社会生产力的极大提高，促使制陶业的生产规模、烧造技术、数量和质量都超越了以往的任何时代，秦汉时期的建筑因而得以大量使用陶器，其中最具特色的就是画像砖和各种纹饰的瓦当，素有"秦砖汉瓦"之称。

（3）魏晋南北朝时期的建筑

魏晋南北朝时期是古代中国建筑设计史上的过渡与发展期。北方少数民族进入中原，中原士族南迁，形成了民族大迁徙、大融合的复杂局面。这一时期的宫殿建筑广泛融合了中外各民族、各地域的设计特点，建筑创作活动极为活跃。士族标榜旷达风流，文人退隐山林，崇尚自然清闲的生活，促使园林建筑中的土山、钓台、曲沼、飞梁、重阁等叠石造景技术得到了提高，江南建筑开始步入设计舞台。传入中国的印度、中亚地区的雕刻、绘画及装饰艺术对中国的建筑设计产生了显著而深远的影响，它使中国建筑的装饰设计形式更为丰富多样，广泛采用莲花、卷草纹和火焰纹等装饰纹样，促使魏晋南北朝时期的建筑从汉代的质朴醇厚逐渐转变为成熟圆浑。

（4）隋唐、五代十国时期的建筑

隋唐时期是古代中国建筑设计史上的成熟期。隋唐时期结束分裂，完成统一，政治安定，经济繁荣，国力强盛，与外来文化交往频繁，建筑设计体系更趋完善，在城市建设、木架建筑、砖石建筑、建筑装饰和施工管理等方面都有巨大发展，建筑设计艺术取得了空前的成就。

在建筑制度设计方面，汉代儒家倡导的以周礼为本的一套建筑的制度，发展到隋唐时期已臻于完备，订立了专门的法规制度以控制建筑规模，建筑设计逐步定型并标准化，基本上为后世所遵循。

在建筑构件结构方面，隋唐时期木构件的标准化程度极高，斗拱等结构构件完善，木构架建筑设计体系成熟，并出现了专门负责设计和组织施工的专业建筑师，建筑规模空前巨大。现存的隋唐时期木构建筑的斗拱结构、柱式形象及梁枋加工等都充分展示了结构技术与艺术形象的完美统一。

在建筑形式及风格方面，隋唐时期的建筑设计非常强调整体的和谐，整体建筑群的设计手法更趋成熟，通过强调纵轴方向的陪衬手法，加强突出了主体建筑的空间组合，单体建筑造型浑厚质朴，细节设计柔和精美，内部空间组合变化适度，视觉感受雄浑大度。这种设计手法正是明清建筑布局形式的渊源。建筑类型以都城、宫殿、陵墓、园林为主，城市设计完全规整化且分区合理。园林建筑已出现皇家园林与私家园林的风格区分，皇家园林气势磅礴，私家园林幽远深邃，艺术意境极高。隋唐时期简洁明快的色调、舒展平远的屋顶、朴实无华的门窗无不给人以庄重大方的印象，这是宋、元、明、清建筑设计所没有的特色。

（5）宋、辽、金、西夏时期的建筑

宋朝是古代中国建筑设计史上的全盛期，辽承唐制，金随宋风，西夏别具一格，多种民族风格的建筑共存是这一时期的建筑设计特点。宋朝的建筑学、地学等都达到了很高的水平，如"虹桥"（飞桥）是无柱木梁拱桥（即叠梁拱），达到了我国古代木桥结构设计的最高水平；建筑制度更为完善，礼制有了更加严格的规定，并著专门书籍以严格规定建筑等级、结构做法及规范要领；建筑风格逐渐转型，宋朝建筑虽不再有唐朝建筑的雄浑阳刚之气，却创造出了一种符合自己时代气质的阴柔之美；建筑形式更加多样，流行仿木构建筑形式的砖石塔和墓葬，设计了各种形式的殿阁楼台、寺塔和墓室建筑，宫殿规模虽然远小于隋唐，但序列组合更为丰富细腻，祭祀建筑布局严整细致，佛教建筑略显衰退，都城设计仍然规整方正，私家园林和皇家园林建筑设计活动更加活跃，并显示出细腻的倾向，官式建筑完全定型，结构简化而装饰性强；建筑技术及施工管理等取得了进步，出现了《木经》《营造法式》等关于建筑营造总结性的专门书籍；建筑细部与色彩装饰设计受宠，普遍采用彩绘、雕刻及琉璃砖瓦等装饰建筑，统治阶级追求豪华绚丽，宫殿建筑大量使用黄琉璃瓦和红官墙，创造出一种金碧辉煌的艺术效果，市民阶层的兴起使普遍的审美趣味更趋近日常生活，这些建筑设计活动对后世产生了极为深远的影响。辽、金的建筑以汉唐以来逐步发展的中原木构体系为基础，广泛吸收其他民族的建筑设计手法，不断改进完善，逐步完成了上承唐朝、下启元朝的历史过渡。

（6）元、明、清时期的建筑

元、明、清时期是古代中国建筑设计史上的顶峰，是中国传统建筑设计艺术的充实与总结阶段，中外建筑设计文化的交流融合得到了进一步的加强，在建材装修、园林设计、建筑群体组合、空间氛围的设计上都取得了显著的成就。元、明、清时期的建筑呈现出规模宏大、形体简练、细节繁复的设计形象。元朝建筑以大都为中心，其材料、结构、布局、装饰形式等基本沿袭唐、宋以来的传统设计形制，部分地方继承辽、金的建筑特点，开创了明、清北京建筑的原始规模。因此，在建筑设计史上普遍将元、明、清作为一个时期进行探讨。这一时期的建筑趋向程式化和装饰化，建筑的地方特色和多种民族风格在这个时期得到了充分的发展，建筑遗址留存至今，成为今天城市建筑的重要构成，对当代中国的城市生活和建筑设计活动产生了深远的影响。

元、明、清时期建筑设计的最大成就表现在园林设计领域，明朝的江南私家园林和清朝的北方皇家园林都是最具设计艺术性的古代建筑群。中国历代都建有大量宫殿，但只有明、清时期的宫殿——北京故宫、沈阳故宫得以保存至今，成为中华文化的无价之宝。

元、明、清时期的单体建筑形式逐渐精练化，设计符号性增强，不再采用生起、侧脚、卷杀，斗拱比例缩小，出檐深度减小，柱细长，梁枋沉重，屋顶的柔和线条消失，不同于唐、宋建筑的浪漫柔和，这一时期的建筑呈现出稳重严谨的设计风格。建筑组群采用院落重叠纵向扩展的设计形式，与左、右横向扩展配合，通过不同封闭空间的变化突出主体建筑。

2.中国近现代建筑

19世纪末至20世纪初是近代中国建筑设计的转型时期，也是中国建筑设计发展史上一个承上启下、中西交汇、新旧接替的过渡时期，既有新城区、新建筑的急速转型，又有旧乡土建筑的矜持保守；既交织着中、西建筑设计文化的碰撞，也经历了近、现代建筑的历史承接，有着错综复杂的时空关联。半封建半殖民地的社会性质决定了清末民国时期对待外来文化采取包容与吸收的建筑设计态度，使部分建筑出现了中西合璧的设计形象，园林里也常有西洋门面、西洋栏杆、西式纹样等。这一时期成为我国建筑设计演进过程的一个重要阶段。其发展历程经历了产生、转型、鼎盛、停滞、恢复五个阶段，主要建筑风格有折中主义、古典主义、近代中国宫殿式、新民族形式、现代派及中国传统民族形式六种，从中可以看出晚清民国时期的建筑设计经历了由照搬照抄到西学中用的发展过程，其构件结构与风格形式既体现了近代以来西方建筑风格对中国的影响，又保持了中国民族传统的建筑特色。

中西方建筑设计技术、风格的融合，在南京的民国建筑中表现最为明显，它全面展现了中国传统建筑向现代建筑的演变，在中国建筑设计发展史上具有重要的意义。时至今日，南京的大部分民国建筑依然保存完好，构成了南京有别于其他城市的独特风貌，南京也因此被形象地称为"民国建筑的大本营"。另外，由外国输入的建筑及散布于城乡的教会建筑发展而来的居住建筑、公共建筑、工业建筑的主要类型已大体齐备，相关建筑工业体系也已初步建立。大量早期留洋学习建筑的中国学生回国后，带来了西方现代建筑思想，创办了中国最早的建筑事务所及建筑教育机构。刚刚登上设计舞台的中国建筑师，一方面探索着西方建筑与中国建筑固有形式的结合，并试图在中、西建筑文化的有效碰撞中寻找适宜的融合点；另一方面又面临着走向现代主义的时代挑战，这些都要求中国建筑师能够紧跟建筑潮流。

1949年中华人民共和国成立后，外国资本主义经济的在华势力消亡，我国逐渐形成了社会主义国有经济，大规模的国民经济建设推动了建筑业的蓬勃发展，我国建筑设计进入了新的历史时期。我国现代建筑在数量上、规模上、类型上、地区分布上、现代化水平上都突破了近代的局限，展示出崭新的姿态。时至今日，中国传统式与西方现代式两种设计思潮的碰撞与交融在中国建筑设计的发展进程中仍在继续，将民族风格和现代元素相结合的设计作品也越来越多，有复兴传统式的建筑，即保持传统与地方建筑的基本构筑形式，并加以简化处理，突出其文化特色与形式特征；有发展传统式的建筑，其设计手法更加讲究传统或地方的符号性和象征性，在结构形式上不一定遵循传统方式；也有扩展传统式的建筑，就是将传统形式从功能上扩展为现代用途，如我国建筑师吴良镛设计的北京菊儿胡同住宅群，就是结合了北京传统四合院的构造特征，并进行重叠、反复、延伸处理，使其功能和内容更符合现代生活的需要；还有重新诠释传统的建筑，它是指仅将传统符号或色彩作为标志以强调建筑的文脉，类似于后现代主义的某些设计手法。总而言之，我国的建筑设计曾经灿烂辉煌，或许在将来的某一天能够重新焕发光彩，成为世界建筑设计思潮的另一种选择。

（二）外国建筑史

1.外国古代建筑

（1）古埃及建筑

古埃及是世界上最古老的国家之一，古埃及的领土包括上埃及和下埃及两部分。上埃及位于尼罗河中游的峡谷，下埃及位于河口三角洲。大约在公元前3000年，古埃及成为统一的奴隶制帝国，形成了中央集权的皇帝专制制度，出现了强大的祭司阶层，也产生了人类第一批以宫殿、陵墓为主体的巨大的纪念性建筑物。按照古埃及的历史分期，其代表性建筑可分为古王国时期、中王国时期及新王国时期建筑类型。

古王国时期的主要劳动力是氏族公社成员，庞大的金字塔就是他们建造的。这一时期的纪念性建筑物是单纯而开阔的。

中王国时期，在山岩上开凿石窟陵墓的建筑形式开始盛行，陵墓建筑采用梁柱结构，构成比较宽敞的内部空间，以建于公元前2000年前后的曼都赫特普三世陵墓为典型代表，开创了陵墓建筑群设计的新形式。

新王国时期是古埃及建筑发展的鼎盛时期，这时已不再建造巍然屹立的金字塔陵墓，而是将荒山作为天然金字塔，沿着山坡的侧面开凿地道，修建豪华的地下陵寝，其中以拉美西斯二世陵墓和图坦卡蒙陵墓最为奢华。

（2）两河流域及波斯帝国建筑

两河流域地处亚非欧三大洲的衔接处，位于底格里斯河和幼发拉底河中下游，通常被称为西亚美索不达米亚平原（希腊语意为"两河之间的土地"，今伊拉克地区），是古代人类文明的重要发源地之一。公元前3500年—前4世纪，在这里曾经建立过许多国家，依次建立的奴隶制国家为古巴比伦王国（公元前19世纪—前16世纪）、亚述帝国（公元前8世纪—前7世纪）、新巴比伦王国（公元前626年—前539年）和波斯帝国（公元前6世纪—前4世纪）。两河流域的建筑成就在于创造了将基本原料用于建筑的结构体系和装饰方法。两河流域气候炎热多雨，盛产黏土，缺乏木材和石材，故人们从夯土墙开始，发展出土坯砖、烧砖的筑墙技术，并以沥青、陶钉石板贴面及琉璃砖保护墙面，使材料、结构、构造与造型有机结合，创造了以土作为基本材料的结构体系和墙体饰面装饰办法，对后来的拜占庭建筑和伊斯兰建筑影响很大。

（3）爱琴文明时期的建筑

爱琴文明是公元前20世纪—前12世纪存在于地中海东部的爱琴海岛、希腊半岛及小亚细亚西部的欧洲史前文明的总称，也曾被称为迈锡尼文明。爱琴文明发祥于克里特岛，是古希腊文明的开端，也是西方文明的源头。其宫室建筑及绘画艺术十分发达，是世界古代文明的一个重要代表。

（4）古希腊建筑

古希腊建筑经历了三个主要发展时期：公元前8世纪—前6世纪，纪念性建筑形成的古风时期；公元前5世纪，纪念性建筑成熟、古希腊本土建筑繁荣昌盛的古典时期；公元前4世纪—前1世纪，古希腊文化广泛传播到西亚北非地区并与当地传统相融合的希腊化时期。

古希腊建筑除屋架外全部使用石材设计建造，柱子、额枋、檐部的设计手法基本确定了古希腊建筑的外貌，通过长期的推敲改进，古希腊人设计了一整套做法，定型了多立克、爱奥尼克、科林斯三种主要柱式。

古希腊建筑是人类建筑设计发展史上的伟大成就之一，给人类留下了不朽的艺术经典。古希腊建筑通过自身的尺度感、体量感、材料质感、造型色彩及建筑自身所承载的绘画和雕刻艺术给人以巨大强烈的震撼，其梁柱结构、建筑构件特定的组合方式及艺术修饰手法等设计语汇极其深远地影响着后人的建筑设计风格，几乎贯穿于整个欧洲2000年的建筑设计活动，无论是文艺复兴时期、巴洛克时期、洛可可时期，还是集体主义时期，都可见到古希腊设计语汇的再现。因此，可以说古希腊是西方建筑设计的开拓者。

（5）古罗马建筑

古罗马文明通常是指从公元前9世纪初在意大利半岛中部兴起的文明。古罗马文明在自身的传统上广泛吸收东方文明与古希腊文明的精华。

古罗马建筑除使用砖、木、石外，还使用了强度高、施工方便、价格低的火山灰混凝土，以满足建筑拱券的需求，并发明了相应的支模、混凝土浇灌及大理石饰面技术。古罗马建筑为满足各种复杂的功能要求，设计了简拱、交叉拱、十字拱、穹窿（半球形）及拱券平衡技术等一整套复杂的结构体系。

2.欧洲中世纪的建筑

（1）拜占庭建筑

在建筑设计的发展阶段方面，拜占庭大量保留和继承了古希腊、古罗马及波斯、两河流域的建筑艺术成就，并且具有强烈的文化世俗性。拜占庭建筑为砖石结构，局部加以混凝土，从建筑元素来看，拜占庭建筑包含了古代西亚的砖石券顶、古希腊的古典柱式和古罗马建筑规模宏大的尺度，以及巴西利卡的建筑形式，并发展了古罗马的穹顶结构和集中式形式，设计了4个或更多独立柱支撑的穹顶、帆拱、鼓座相结合的结构方法和穹顶统率下的集中式建筑形制。

（2）罗马式建筑

公元9世纪，西欧正式进入封建社会，这时的建筑形式继承了古罗马的半圆形拱券结构，采用传统的十字拱及简化的古典柱式和细部装饰，以拱顶取代了木屋顶，创造了扶壁、肋骨拱与束柱结构。

罗马式建筑最突出的特点是创造了一种新的结构体系，即将原来的梁柱结构体系、拱券结构体系变成了由束柱、肋骨拱、扶壁组成的框架结构体系。框架结构的实质是将承力结构和围护材料分开，承力结构组成一个有机的整体，使围护材料可做得很轻很薄。

（3）哥特式建筑

哥特式建筑的特点是拥有高耸尖塔、尖形拱门、大窗户及绘有故事的花窗玻璃；在设计中利用尖肋拱顶、飞扶壁、修长的束柱，营造出轻盈修长的飞天感；使用新的框架结构以增加支撑顶部的力量，使整个建筑拥有直升线条，雄伟的外观，再结合镶着彩色玻璃的长窗，使建筑内产生一种浓厚的严肃气氛。

3.欧洲15世纪—18世纪的建筑

（1）文艺复兴时期的建筑

意大利文艺复兴时期的建筑文艺复兴运动源于14世纪—15世纪，随着生产技术和自然科学的重大进步，以意大利为中心的思想文化领域发生了反封建等运动。佛罗伦萨、热那亚、威尼斯三个城市成为意大利乃至整个欧洲文艺复兴的发源地和发展中心。15世纪，人文主义思想在意大利得到了蓬勃发展，人们开始狂热地学习古典文化，随之打破了封建教会的长期垄断局面，为新兴的资本主义制度开拓了道路。16世纪是意大利文艺复兴的高度繁荣时期，出现了达·芬奇、米开朗琪罗和拉斐尔等伟大的艺术家。历史上将文艺复兴的年代广泛界定为15世纪—18世纪长达400余年的这段时期，文艺复兴运动真正奠定了"建筑师"这个名词的意义，这为当时的社会思潮融入建筑设计领域找到了一个切入点。如果说文艺复兴以前的建筑和文化的联系多为一种半自然的自发行为，那么，文艺复兴以后的建筑设计和人文思想的紧密结合就肯定是一种非偶然的人为行为，这种对建筑的理解一直影响着后世的各种流派。

（2）法国古典主义建筑

法国古典主义是指17世纪流行于西欧，特别是法国的一种文学思潮，因为它在文艺理论和创作实践上以古希腊、古罗马为典范，故被称为"古典主义"。16世纪，在意大利文艺复兴建筑的影响下形成了法国文艺复兴建筑。自此开始，法国建筑的设计风格由哥特式向文艺复兴式过渡。这一时期的建筑设计风格往往将文艺复兴建筑的细部装饰手法融合在哥特式的宫殿、府邸和市民住宅建筑设计中。17世纪—18世纪上半叶，古典主义建筑设计思潮在欧洲占据统治地位。其广义上是指意大利文艺复兴建筑、巴洛克建筑和洛可可建筑等采用古典形式的建筑设计风格；狭义上则指运用纯正的古典柱式的建筑，即17世纪法国专制君权时期的建筑设计风格。

（3）欧洲其他国家的建筑

16世纪—18世纪，意大利文艺复兴建筑风靡欧洲，遍及英国、德国、西班牙及北欧各国，并与当地的固有建筑设计风格逐渐融合。

4.欧美资产阶级革命时期的建筑

18世纪—19世纪的欧洲历史是工业文明化的历史，也是现代文明化的历史，或者叫作现代化的历史。18世纪，欧洲各国的君主集权制度大都处于全盛时期，逐渐开始与中国、印度和土耳其进行小规模的通商贸易，并持续在东南亚与大洋洲建立殖民地。在启蒙运动的感染下，新的文化思潮与科学成果逐渐渗入社会生活的各个层面，民主思潮在欧美各国迅速传播开来。19世纪，工业革命为欧美各国带来了经济技术与科学文化的飞速发展，直接推动了西欧和北美国家的现代工业化进程。这一时期建筑设计艺术的主要体现为：18世纪流行的古典主义逐渐被新古典主义与浪漫主义取代，后又向折中主义发展，为后来欧美建筑设计的多元化发展奠定了基础。

（1）新古典主义

18世纪60年代—19世纪，新古典主义建筑设计风格在欧美一些国家普遍流行。新古典主义也称为古典复兴，是一个独立设计流派的名称，也是文艺复兴运动在建筑界的反映和延续。新古典主义一方面源于对巴洛克和洛可可的艺术反动，另一方面以重振古希腊和古罗马艺术为信念，在保留古典主义端庄、典雅的设计风格的基础上，运用多种新型材料和工艺对传统作品进行改良简化，以形成新型的古典复兴式设计风格。

（2）浪漫主义

18世纪下半叶—19世纪末期，在文学艺术的浪漫主义思潮的影响下，欧美一些国家开始流行一种被称为浪漫主义的建筑设计风格。浪漫主义思潮在建筑设计上表现为强调个性，提倡自然主义，主张运用中世纪的设计风格对抗学院派的古典主义，追求超凡脱俗的趣味和异国情调。

（3）折中主义

折中主义是19世纪上半叶兴起的一种创作思潮。折中主义任意选择与模仿历史上的各种风格，将它们组合成各种样式，又称为"集仿主义"。折中主义建筑并没有固定的风格，它结构复杂，但讲究比例权衡的推敲，常沉醉于对"纯形式"美的追求。

5.欧美近现代建筑（20世纪以来）

19世纪末20世纪初，以西欧国家为首的欧美社会出现了一场以反传统为主要特征的广泛突变的文化革新运动，这场狂热的革新浪潮席卷了文化与艺术的方方面面。其中，哲学、美术、雕塑和机器美学等方面的变迁对建筑设计的发展产生了深远的影响。20世纪是欧美各国进行新建筑探索的时期，也是现代建筑设计的形成与发展时期，社会文化的剧烈变迁为建筑设计的全面革新创造了条件。

20世纪60年代以来，由于生产的急速发展和生活水平的提高，人们的意识日益受到机械化大批量与程式化生产的冲击，社会整体文化逐渐趋向于标榜个性与自我回归意识，一场所谓的"后现代主义"社会思潮在欧美社会文化与艺术领域产生并蔓延。美国建筑师文丘里认为"创新可能就意味着从旧的东西中挑挑拣拣""赞成二元论""容许违反前提的推理"，文丘里设计的建筑总会以一种和谐的方式与当地环境相得益彰。美国建筑师罗伯特·斯特恩则明确提出后现代主义建筑采用装饰、具有象征性与隐喻性、与现有整体环境融合的三个设计特征。在后现代主义的建筑中，建筑师拼凑、混合、折中了各种不同形式和风格的设计元素，因此出现了所谓的新理性派、新乡土派、高技派、粗野主义、解构主义、极少主义、生态主义和波普主义等众多设计风格。

二、建筑结构的历史与发展

（一）建筑结构的历史

我国应用最早的建筑结构是砖石结构和木结构。由李春于595—605年（隋代）建造的河北赵县安济桥是世界上最早的空腹式单孔圆弧石拱桥。该桥净跨为37.37m，拱高为7.2m，宽为9m；外形美观，受力合理，建造水平较高。我国也是采用钢铁结构最早的国家。公元60年前后（汉明帝时期）便已使用铁索建桥（比欧洲早70多年）。我国用铁造房的历史也比较悠久，例如，现存的湖北当阳市玉泉寺的13层铁塔建于宋代，已有1000多年的历史。

随着经济的发展，我国的建设事业蓬勃发展，已建成的高层建筑有数万幢，其中超过150m的有200多幢。我国香港特别行政区的中环大厦建成于1992年，共73层，高301m，是当时世界上最高的钢筋混凝土结构建筑。

（二）建筑结构的发展概况

经历了漫长的发展过程，建筑结构在各个方面都取得了较大的进步。在建筑结构设计理论方面，随着研究的不断深入及统计资料的不断累积，原来简单的近似计算方法已发展成为以统计数学为基础的结构可靠度理论。这种理论目前为止已逐步应用到工程结构设计、施工与使用的全过程中，以保证结构的安全性，使极限设计方法向着更加完善、更加科学的方向发展。经过不断的充实提高，一个新的分支学科——"近代钢筋混凝土力学"正在逐步形成，它将计算机、有限元理论和现代测试技术应用到钢筋混凝土理论与试验研究中，使建筑结构的计算理论和设计方法更加完善，并且向着更高的阶段发展。在建筑材料方面，新型结构材料不断涌现，如混凝土，由原来的抗压强度低于20N/mm²的低强度混凝土发展到抗压强度为20~50N/mm²的中等强度混凝土和抗压强度在50N/mm²以上的高强度混凝土。

轻质混凝土主要是采用轻质集料。轻质集料主要有天然轻集料（如浮石、凝灰石等）、人造轻集料（页岩陶粒、膨胀珍珠岩等）及工业废料（炉渣、矿渣、粉煤灰、陶粒等）。轻质混凝土的强度目前一般只能达到5~20N/mm²，开发高强度的轻质混凝土是今后的研究方向。随着混凝土的发展，为改善其抗拉性、延性，通常在混凝土中掺入纤维，如钢纤维、耐碱玻璃纤维、聚丙烯纤维或尼龙合成纤维等。除此之外，许多特种混凝土如膨胀混凝土、聚合物混凝土、浸渍混凝土等也在研制、应用之中。

在结构方面，空间结构、悬系结构、网壳结构成为大跨度结构发展的方向，空间钢网架的最大跨度已超过100m。例如，澳大利亚悉尼市为举办2000年奥运会而兴建的一系列体育场馆中，国际水上运动中心与用作球类比赛的展览馆采用了材料各异的网壳结构。组合结构也是结构发展的方向，目前钢管混凝土、压型钢板叠合梁等组合结构已被广泛应用，在超高层建筑结构中还采用钢框架与内核心筒共同受力的组合体系，以充分利用材料优势。

在施工工艺方面近年来也有很大的发展，工业厂房及多层住宅正在向工业化方向发展，而建筑构件的定型化、标准化又大大加快了建筑结构工业化进程。如我国北京、南京、广州等地已经较多采用的装配式大板建筑，加快了施工进度及施工机械化程度。在高层建筑中，施工方法也有了很大的改进，大模板、滑模等施工方法已得到广泛推广与应用，如深圳53层的国贸大厦采用滑升模板建筑；广东国际大厦63层，采用筒中筒结构和无黏结部分预应力混凝土平板楼盖，减小了自重，节约了材料，加快了施工速度。

综上所述，建筑结构是一门综合性较强的应用科学，其发展涉及数学、力学、材料及施工技术等科学。随着我国生产力水平的提高及结构材料研究的发展，计算理论的进一步完善以及施工技术、施工工艺的不断改进，建筑结构科学会发展到更高的阶段。

三、建筑结构的分类

建筑结构是指建筑物中由若干个基本构件按照一定的组成规则，通过符合规定的连接方式所组成的能够承受并传递各种作用的空间受力体系，又称为骨架。建筑结构按承重结构所用材料的不同可分为混凝土结构、砌体结构、钢结构和木结构等，按结构的受力特点可分为砖混结构、框架结构、排架结构、剪力墙结构、筒体结构等。

（一）按材料的不同分类

1.混凝土结构

混凝土结构是指由混凝土和钢筋两种基本材料组成的一种能共同作用的结构材料。自从1824年发明了波特兰水泥，1850年出现了钢筋混凝土以来，混凝土结构已被广泛应用于工程建设中，如各类建筑工程、构筑物、桥梁、港口码头、水利工程、特种结构等领域。采用混凝土作为建筑结构材料，主要是因为混凝土的原材料（砂、石等）来源丰富，钢材用量较少，结构承载力和刚度大，防火性能好，价格低。钢筋混凝土技术于1903年传入我国，现在已成为我国发展高层建筑的主要材料。随着科学技术的进步，钢与混凝土组合结构也得到了很大发展，并已应用到超高层建筑中。其构造有型钢构件外包混凝土，简称刚性混凝土结构；还有钢管内填混凝土，简称钢管混凝土结构。

归纳起来，钢筋混凝土结构有以下优点：

易于就地取材。钢筋混凝土的主要材料是砂、石，而这两种材料来源比较普遍，有利于降低工程造价。

整体性能好。钢筋混凝土结构，特别是现浇结构具有很好的整体性，能抵御地震灾害，这对于提高建筑物整个结构的刚度和稳定性有重要意义。

耐久性好。混凝土本身的特征之一是其强度不随时间的增长而降低。钢筋被混凝土紧紧包裹而不致锈蚀，即使处在侵蚀性介质条件下，也可采用特殊工艺制成耐腐蚀混凝土。因此，钢筋混凝土结构具有很好的耐久性。

可塑性好。混凝土拌合物是可塑的，可根据工程需要制成各种形状的构件，这给合理选择结构形式及构件截面形式提供了方便。

耐火性好。在钢筋混凝土结构中，钢筋被混凝土包裹着，而混凝土的导热性很差，因此，发生火灾时钢筋不致很快达到软化温度而造成结构破坏。

刚度大，承载力较高。

同时，钢筋混凝土结构也有一些缺点，如自重大，抗裂性能差，费工，费模板，隔声、隔热性能差，因此，必须采取相应的措施进行改进。

2.砌体结构

砌体结构是砖砌体、砌块砌体、石砌体建造的结构的统称，又称砖石结构。砌体结构是我国建造工程中最常用的结构形式，砌体结构中砖石砌体占95%以上，主要应用于多层住宅、办公楼等民用建筑的基础、内外墙身、门窗过梁、墙柱等构件（在抗震设防烈度为6度的地区，烧结普通砖砌体住宅可建成8层），跨度小于24m且高度较小的俱乐部、食堂及跨度在15m以下的中、小型工业厂房，60m以下的烟囱、料仓、地沟、管道支架和小型水池等。归纳起来，砌体结构具有以下优点：

取材方便，价格低廉。砌体结构所需的原材料如黏土、砂子、天然石材等几乎到处都有，来源广泛且经济实惠。砌块砌体还可节约土地，使建筑向绿色建筑、环保建筑方向发展。

具有良好的保温、隔热、隔声性能，节能效果好。

可以节省水泥、钢材和木材，不需要模板。

具有良好的耐火性及耐久性。一般情况下，砌体能耐受400℃的高温。砌体耐腐蚀性能良好，完全能满足预期的耐久年限要求。

施工简单，技术容易掌握和普及，也不需要特殊的设备。

砌体结构也存在一些缺点：自重大、砌筑工程繁重、砌块和砂浆之间的黏结力较弱、烧结普通砖砌体的黏土用量大。

3.钢结构

钢结构是指建筑物的主要承重构件全部由钢板或型钢制成的结构。由于钢结构具有承载能力高、质量较轻、钢材材质均匀、塑性和韧性好、制造与施工方便、工业化程度高、拆迁方便等优点，所以，它的应用范围相当广泛。目前，钢结构多用于工业与民用建筑中的大跨度结构、高层和超高层建筑、重工业厂房、受动力荷载作用的厂房、高耸结构及一些构筑物等。

归纳起来，钢结构的特点如下：

强度高、自重轻、塑性和韧性好、材质均匀。强度高，可以减小构件截面，减轻结构自重（当屋架的跨度和承受荷载相同时，钢屋架的质量最多不过是钢筋混凝土屋架的 1/4 ~ 1/3），也有利于运输、吊装和抗震；塑性好，结构在一般条件下不会因超载而突然断裂；韧性好，结构对动荷载的适应性强；材质均匀，钢材的内部组织比较接近均质和各向同性体，当应力小于比例极限时，几乎是完全弹性的，和力学计算的假设比较符合。

钢结构的可焊性好，制作简单，便于工厂生产和机械化施工，便于拆卸，可以缩短工期。

有优越的抗震性能。

无污染，可再生，节能，安全，符合建筑可持续发展的原则，可以说钢结构的发展是21世纪建筑文明的体现。

钢材耐腐蚀性差，需经常刷油漆维护，故维护费用较高。

钢结构的耐火性差。当温度达到250℃时，钢结构的材质将会发生较大变化；当温度达到500℃时，结构会瞬间崩溃，完全丧失承载能力。

（二）按结构的受力特点分类

1.砖混结构

砖混结构是指由砌体和钢筋混凝土材料共同承受外加荷载的结构。由于砌体材料强度较低，且墙体容易开裂、整体性差，故砖混结构的房屋主要用于层数不多的民用建筑，如住宅、宿舍、办公楼、旅馆等。

2.框架结构

框架结构是指由梁、柱构件通过铰接（或刚接）相连而构成承重骨架的结构，是目前建筑结构中较广泛的结构形式之一。框架结构能保证建筑的平面布置灵活，主要承受竖向荷载；防水、隔声效果也不错，同时具有较好的延性和整体性，因此，框架结构的抗震性能较好；其缺点是其属于柔性结构，抵抗侧移的能力较弱。一般多层工业建筑与民用建筑大多采用框架结构，合理的建筑高度约为30m，即层高约3m时不超过10层。

3.排架结构

排架结构通常是指由柱子和屋架（或屋面梁）组成，柱子与屋架（或屋面梁）铰接，而与基础固接的结构。从材料上说，排架结构多为钢筋混凝土结构，也可采用钢结构，广泛用于各种单层工业厂房。其结构跨度一般为12 ~ 36m。

4.剪力墙结构

剪力墙结构是指由整片的钢筋混凝土墙体和钢筋混凝土楼（屋）盖组成的结构。墙体承受所有的水平荷载和竖向荷载。剪力墙结构整体刚度大、抗侧移能力较强，但它的建筑空间划分受到限制，造价相对较高，因此，一般适用于横墙较多的建筑物，如高层住宅、宾馆及酒店等。合理的建造高度为15～50层。

5.筒体结构

筒体结构是指由钢筋混凝土墙或密集柱围成的一个抗侧移刚度很大的结构，犹如一个嵌固在基础上的竖向悬臂构件。筒体结构的抗侧移刚度和承载能力在所有结构中是最大的。根据筒体的不同组合方式，筒体结构可以分为框架筒体结构、筒中筒结构和多筒结构三种类型。

框架筒体结构，兼有框架结构和筒体结构的优点，其建筑平面布置灵活，抵抗水平荷载的能力较强。

筒中筒结构又称为双筒结构，内、外筒直接承受楼盖传来的竖向荷载，同时又共同抵抗水平荷载。筒中筒结构有较大的使用空间，平面布置灵活，结构布置也比较合理，空间性能较好，刚度更大，因此，适用于建筑较高的高层建筑。

多筒结构是由多个单筒组合而成的多束筒结构，它的抗侧移刚度比筒中筒结构还要大，可以建造更高的高层建筑。

第六节 建筑结构体系

一、单层刚架结构

刚架结构是指梁、柱之间为刚性连接的结构。当梁与柱之间为铰接的单层结构，一般称为排架；多层多跨的刚架结构则常称为框架。单层钢架为梁、柱合一的结构，其内力小于排架结构，梁柱截面高度小，造型轻巧，内部净空较大，故被广泛应用于中小型厂房、体育馆、礼堂、食堂等中小跨度的建筑中。但与拱相比，钢架仍然属于以受弯为主的结构，材料强度没有充分发挥作用，这就造成了刚架结构自重较大、用料较多、适用跨度受到限制。

（一）钢架的受力特点

单层钢架一般是由直线形杆件（梁和柱）组成的具有刚性节点的结构。在荷载作用下，由于梁柱节点的变化，钢架和排架相比其内力是不同的。钢架在竖向荷载作用下，柱对梁的约束减少了梁的跨中弯矩，横梁的弯矩峰值较排架小得多。钢架在水平荷载作用下，梁对柱的约束会减少柱内弯矩，柱的弯矩峰值较排架小得多。因此，刚架结构的承载力和刚度都大于排架结构，故门式刚架能够适用于较大的跨度。

（二）单层钢架的种类

门式刚架的结构按构件的布置和支座约束条件可分成无铰钢架、两铰钢架、三铰钢架三种。在同样荷载作用下，这三种钢架的内力分布和大小是不同的，其经济效果也不相同。

无铰钢架，其柱脚为固定端，刚度大，故梁柱弯矩小。但作为固定端基础，要对柱起可靠的固定约束作用，受到很大弯矩，必须做得又大又坚固，费料、费工，很不经济，而且无铰钢架是三次超静定结构，对温差与支座沉降差很敏感，会引起较大的内力变化，所以地基条件较差时，必须考虑其影响，实际工程中应用较少。

两铰钢架，其柱基做成铰接，最大的优点是基础无弯矩，可以做得小，既省料，地下施工的工作量也少，两铰钢架的铰接柱基构造简单，有利于梁柱采用预制构件。两铰钢架也是超静定结构，地基不均匀沉降对结构内力的影响也必须考虑。

三铰钢架是在钢架屋脊处设置永久性铰，柱基处也是铰接，其最大优点是静定结构，计算简单，温度差与支座沉降差不会影响结构的内力。在实际工程中，大多采用三铰和两铰钢架以及由它们组成的多跨结构。

（三）刚架结构的构造

刚架结构的形式较多，其节点构造和连接形式也是多种多样的，但其设计要点基本相同。设计时既要使节点构造与结构计算一致，又要使制造、运输、安装方便。

1.钢架节点的连接构造

门式实腹式钢架，一般在梁柱交接处及跨中屋脊处设置安装拼接单元，用螺栓连接。拼接节点处，有加腋与不加腋两种。在加腋的形式中又有梯形加腋与曲线形加腋两种，通常多采用梯形加腋。加腋连接既可使截面的变化符合弯矩图形的要求，又便于连接螺栓的布置。

2.钢筋混凝土钢架节点的连接构造

在实际工程中，大多采用预制装配式钢筋混凝土钢架。钢架拼装单元的划分一般根据内力分布决定，应考虑结构受力可靠，制造、运输、安装方便。

钢架承受的荷载一般有恒载和活载两种。在恒载作用下弯矩零点的位置是固定的，在活载作用下，对于各种不同的情况，弯矩零点的位置是变化的。因此，在划分结构单元时，接头位置应根据钢架在主要荷载作用下力图确定。

3.钢架铰节点的构造

钢架铰节点包括顶铰及支座铰。铰节点的构造应满足力学中的完全铰的受力要求，即应保证节点能传递竖向压力及水平推力，但不能传递弯矩。铰节点既要有足够的转动能力，又要使构造简单，施工方便。格构式钢架应把铰节点附近部分的截面改为实腹式，并设置适当的加劲肋，以便可靠地传递较大的集中力。

（四）钢架的结构的选型

1.结构布置

一般情况下，矩形建筑平面都采用等间距、等跨度的结构布置。钢架的纵向柱距一般为6m，横向跨度以m为单位取整数，一般为3m的整倍数，如24m、27m、30m以至更大的跨度。其跨度由工艺条件确定，同时兼顾经济性考虑。

刚架结构为平面受力体系，当钢架平行布置时，为保证结构的整体稳定性，应在纵向柱间布置连系梁及柱间支撑，同时在横梁的顶面设置上弦横向水平支撑。柱间支撑和横梁上弦横向水平支撑宜设置在同一开间内。

2.门式刚架的高跨比

门式刚架的高度与跨度之比，决定了钢架的基本形式，也直接影响结构的受力状态。设想有一条悬索在竖向均布荷载作用下，在平衡状态将形成一条悬垂线即所谓的索线，这时悬索内仅有拉力。将索上下倒置，即成为拱的作用，索内的拉力也变为拱的压力，这条倒置的索线即为推力线。从结构受力来看，钢架高度的减小将使支座处水平推力增大；从推力线来看，对三铰门架来说，最好的形式是高度大于跨度；但对两铰门架来说，由于跨中弯矩的存在，跨度稍大于高度就成为合理的了。

二、桁架结构体系

桁架：是指由直杆在端部相互连接而组成的格构式体系。桁架结构的特点是受力合理，计算简单，施工方便，适应性强，对支座没有横向力。因此在结构工程中，桁架常用来作为屋盖承重结构，常称为屋架。屋架的主要缺点是结构高度大，侧向刚度小。结构高度大，不但增加了屋面及围护墙的用料，而且增加了采暖、通风、采光等设备的负荷，也给音质控制带来困难。桁架侧向刚度小，对于钢桁架特别明显，因为受压的上弦平面外稳定性差，也难以抵抗房屋纵向的侧向力，这就需要设置很多支撑。一般房屋纵向的侧向力并不大，但钢屋架的支撑很多，都按构造（长细比）要求确定截面，故耗钢不少，未能材尽其用。桁架结构主要由上弦杆、下弦杆和腹杆三部分组成。

（一）桁架结构的形式及其受力特点

桁架结构的形式很多，根据材料的不同，可分为木桁架、钢桁架、钢—木组合桁架、钢筋混凝土桁架等。根据桁架屋架形的不同，有三角形屋架、平行弦屋架、梯形屋架、拱形桁架、折线型屋架、抛物线屋架等。根据结构受力的特点及材料性能的不同，也可采用桥式屋架、无斜腹杆屋架或刚接桁架、立体桁架等。我国常用的屋架有三角形、矩形、梯形、拱形和无斜腹杆屋架等多种形式。

从受力特点来看，桁架实际是由梁式结构发展产生的。当涉及大跨度或大荷载时，若采用梁式结构，即便是薄腹梁，也会因为是受弯构件很不经济。因为对大跨度的简支梁，其截面尺寸和结构自重急剧增大，而且简支梁受荷后的截面应力分布很不均匀，受压区和受拉区应力分布均为三角形，中和轴处应力为零。桁架结构正是考虑到简支梁的这一应力特点，把梁横截面和纵截面的中间部分挖空，以至于中间只剩下几根截面很小的连杆时，就形成"桁架"。桁架工作的基本原理是将材料的抵抗力集中在最外边缘的纤维上，此时它的应力最大而且力臂也最大。

桁架杆件相交的节点，一般计算中都按铰接考虑，所以组成桁架的弦杆、竖杆、斜杆均受轴向力，这是材尽其用的有效途径，从桁架的总体来看，仍摆脱不了弯曲的控制，相当于一个受弯构件。在竖向节点荷载作用下，上弦受压，下弦受拉，主要抵抗弯矩，腹杆则主要抵抗剪力。

尽管桁架结构中的杆件以轴力为主，其构件的受力状态比梁的结构合理，但在桁架结构各杆件单元中，内力的分布是不均匀的。屋架的几何形状有平行弦屋架、三角形、梯形、折线形的和抛物线形的等，它们的内力分布是随形状的不同而变化的。

在一般情况下，屋架的主要荷载类型是均匀分布的节点荷载。下面以平行弦屋架为例分析其内力分布特点，然后，引伸至其他形式的屋架。

（二）屋架结构的选型与布置

1.屋架结构的几何尺寸

屋架结构的几何尺寸包括屋架的矢高、跨度、坡度和节间长度。

（1）矢高

屋架矢高主要由结构刚度条件确定，屋架的矢高直接影响结构的刚度与经济指标。矢高大、弦杆受力小，但腹杆长、长细比大、易压曲，用料反而会增多。矢高小，则弦杆受力大、截面大且屋架刚度小、变形大。因此，矢高不宜过大也不宜过小。屋架的矢高也要根据屋架的结构型式。一般矢高可取跨度的1/10~1/5。

（2）跨度

柱网纵向轴线的间距就是屋架的跨度，以3m为模数。屋架的计算跨度是屋架两端支座反力（屋架支座中心间）之间的距离。但通常取支座所在处房屋或柱列轴线间的距离作为名义跨度，而屋架端部支座中心线相对于轴线缩进150mm，以便支座外缘能做在轴线范围以内，而使相邻屋架间互不妨碍。

（3）坡度

屋架上弦坡度的确定应与屋面防水构造相适应。当采用瓦类屋面时，屋架上弦坡度应大些，一般不小于1/3，以利于排水。当采用大型屋面板并做卷材防水时，屋面坡度可平缓些，一般为1/8~1/12。

（4）节间长度

屋架节间长度的大小与屋架的结构形式、材料及受荷条件有关。一般上弦受压，节间长度应小些，下弦受拉，节间长度可大些。屋面荷载应直接作用在节点上，以优化杆件的受力状态。为减少屋架制作工作量，减少杆件与节点数目，节间长度可取大些。但节间杆长也不宜过大，一般为1.5~4m。

屋架的宽度主要由上弦宽度决定。钢筋混凝土屋架当采用大型屋面板时，上弦宽度主要考虑屋面板的搭接要求，一般不小于20cm。跨度较大的屋架将产生较大的挠度。因此，制作时要采取起拱的办法抵消荷载作用下产生的挠度。

2.屋架结构的选型

屋架结构的选型应考虑房屋的用途、建筑造型、屋面防水、屋架的跨度、结构材料的供应、施工技术条件等因素，并进行全面的技术经济分析，做到受力合理、技术先进、经济实用。

（1）屋架结构的受力

从结构受力来看，抛物线状的拱式结构受力最为合理。但拱式结构上弦为曲线，施工复杂。折线型屋架，与抛物线弯矩图最为接近，故力学性能良好。梯形屋架，因其既具有较好的力学性能，上下弦均为直线施工方便，故在大中跨建筑中被广泛应用。三角形屋架与矩形屋架力学性能较差。三角形屋架一般仅适用于中小跨度，矩形屋架常用作托架或荷载较特殊情况下使用。

（2）屋面防水构造

屋面防水构造决定了屋面排水坡度，进而决定屋盖的建筑造型。一般来说，当屋面防水材料采用黏土瓦、机制平瓦或水泥瓦时，应选用三角形屋架、陡坡梯形屋架。当屋面防水采用卷材防水、金属薄板防水时，应选用拱形屋架、折线形屋架和缓坡梯形屋架。

（3）材料的耐久性及使用环境

木材及钢材均易腐蚀，维修费用较高。因此，对于相对湿度较大而又通风不良的建筑，或有侵蚀性介质的工业厂房，不宜选用木屋架和钢屋架，宜选用预应力混凝土屋架，可提高屋架下弦的抗裂性，防止钢筋腐蚀。

（4）屋架结构的跨度

跨度在18m以下时，可选用钢筋混凝土—钢组合屋架，这种屋架构造简单、施工吊装方便，技术经济指标较好。跨度在36m以下时，宜选用预应力混凝土屋架，既可节省钢材，又可有效地控制裂缝宽度和挠度。对于跨度在36m以上的大跨度建筑或受到较大振动荷载作用的屋架，宜选用钢屋架，以减轻结构自重，提高结构的耐久性与可靠性。

3.屋架结构的布置

屋架结构的布置，包括屋架结构的跨度、间距、标高等，主要考虑建筑外观造型及建筑使用功能方面的要求来决定。对于矩形的建筑平面，一般采用等跨度、等间距、等标高布置的同一种类的屋架，以简化结构构造、方便结构施工。

（1）屋架的跨度

屋架的跨度应根据工艺使用和建筑要求确定，一般以3m为模数。对于常用屋架形式的常用跨度，我国都制定了相应的标准图集可供查用，从而可加快设计及施工的进度。对于矩形平面的建筑，一般可选用同一种型号的屋架，仅端部或变形缝两侧屋架中的预埋件稍有不同。对于非矩形平面的建筑，各根屋架的跨度就不可能一样，这时应尽量减少其类型以方便施工。

（2）屋架的间距

屋架的间距由经济条件确定，亦即屋架间距的大小除考虑建筑柱网布置的要求外，还要考虑屋面结构及吊顶构造的经济合理性。屋架一般应等间距平行排列，与房屋纵向柱列间距一致，屋架直接搁置在柱顶，屋架的间距同时即为屋面板或檩条、吊顶龙骨的跨度，最常见的为6m，有时也有7.5m、9m、12m等。

4.屋架的支座

屋架支座的标高由建筑外形的要求确定，一般为在同层中屋架的支座取同一标高。当一根屋架两端支座的标高不一致时，要注意可能会对支座产生水平推力。屋架的支座形式，在力学上可简化为铰接支座。实际工程中，当跨度较小时，一般把屋架直接搁置在墙、垛、柱或圈梁上。当跨度较大时，则应采取专门的构造措施，以满足屋架端部发生转动的要求。

5.屋架结构的支撑

屋架支撑的位置在有山墙时设在房屋两端的第二开间内，对无山墙（包括伸缩缝处）的房屋设在房屋两端的第一开间内；在房屋中间每隔一定距离（一般≤60m）亦需设置一道支撑，对于木屋架，距离为20～30m。支撑体系包括上弦水平支撑、下弦水平支撑与垂直支撑，它们把上述开间相邻的两桁架连接成稳定的整体。在下弦平面通过纵向系杆，与上述开间空间体系相连，以保证整个房屋的空间刚度和稳定性。支撑的作用有三个：保证屋盖的空间刚度与整体稳定；抵抗并传递由屋盖沿房屋纵向传来的侧向水平力，如山墙承受的风力、纵向地震作用等；防止桁架上弦平面外的压曲，减少平面外长细比，并防止桁架下弦平面外的振动。

三、拱结构

拱是一种十分古老而现代仍在大量应用的一种结构形式。它主要是受轴向力为主的结构，这对于混凝土、砖、石等抗压强度较高的材料是十分适宜的，可充分利用这些材料抗压强度高的特点，因而很早以前，拱就得到了十分广泛的应用。拱式结构最初大量应用于桥梁结构中，在混凝土材料出现后，逐渐被广泛应用于大跨度房屋建筑中。

（一）拱结构的类型

拱结构在国内外得到广泛应用，类型也多种多样：按建造的材料分类，有砖石砌体拱结构、钢筋混凝土拱结构、钢拱结构、胶合木拱结构等；按结构组成和支承方式分类，有无铰拱、两铰拱和三铰拱；按拱轴的形式分类，常见的有半圆拱和抛物线拱；按拱身截面分类，有实腹式和格构式、等截面和变截面；等等。

三铰拱为静定结构，两铰拱和无铰拱为超静定结构。拱结构的传力路线较短，因此拱是较经济的结构形式。与钢架相仿，只有在地基良好或两侧拱脚处有稳固边跨结构时，才采用无铰拱。一般而言，无铰拱有用于桥梁的，却很少用于房屋建筑。

双铰拱应用较多，跨度小时拱重不大，可整体预制。跨度大时，可沿拱轴线分段预制，现场地面拼装好后，再整体吊装就位。如北京崇文门菜场的32m跨双铰拱，就是由五段工字形截面拱段拼装成的。双铰拱为一次超静定结构，对支座沉降差、温度差及拱拉杆变形等都较敏感。

（二）拱结构水平推力的处理

拱既然是有推力的结构，拱结构的支座（拱脚）应能可靠地承受水平推力，才能保证它能发挥拱结构的作用。对于无铰拱、两铰拱这样的超静定结构，拱脚的变位会引起结构较大的附加内力（弯矩），更应严格要求限制在水平推力作用的变位。在实际工程中，一般采用以下4种方式来平衡拱脚的水平推力。

1.水平推力由拉杆直接承担

这种结构方案既可用于搁置在墙、柱上的屋盖结构，也可用于落地拱结构。水平拉杆所承受的拉力等于拱的推力，两端自相平衡，与外界之间没有水平向的相互作用力。这种构造方式既经济合理，又安全可靠。当作为屋盖结构时，支承拱式屋盖的砖墙或柱子不承受拱的水平推力，整个房屋结构即为一般的排架结构，屋架及柱子用料均较经济。该方案的缺点是室内有拉杆存在，房屋内景欠佳，若设吊顶，则压低了建筑净高，浪费空间。对于落地拱结构，拉杆常做在地坪以下，这可使基础受力简单，节省材料，当地质条件较差时，其优点更为明显。

水平拉杆的用料，可采用型钢（如工字钢、槽钢）或圆钢，视推力大小而定，也可采用预应力混凝土拉杆。

2.水平推力通过刚性水平结构传递给总拉杆

这种结构方案需要有水平刚度很大的、位于拱脚处的天沟板或边跨屋盖结构作为刚性水平构件以传递拱的推力。拱的水平推力作用在刚性水平构件上，通过刚性水平构件传给设置在两端山墙内的总拉杆来平衡。因此，天沟板或边跨屋盖可看成一根水平放置的深梁，该深梁以设置在两端山墙内的总拉杆为支座，承受拱脚水平推力。当该梁在其水平平面内的刚度足够大时，则可认为柱子不承担水平推力。这种方案的优点是立柱不承受拱的水平推力，柱内力较少，两端的总拉杆设置在房屋山墙内，建筑室内没有拉杆，可充分利用室内建筑空间，效果较好。

3.水平推力由竖向结构承担

这种方法也用于无拉杆拱，拱脚推力下传给支承拱脚的抗推竖向结构承担。从广义上理解，也可把抗推竖向结构看作落地拱的拱脚基础。拱脚传给竖向结构的合力是向下斜向的，要求竖向结构及其下部基础有足够大的刚度来抵抗，以保证拱脚位移极小，拱结构内的附加内力不致过大。常用的竖向结构有以下几种形式。

（1）扶壁墙墩

小跨度的拱结构推力较小，或拱脚标高较低时，推力可由带扶壁柱的砖石墙或墩承受。如体量巨大的哥特式建筑，因粗壮的墙墩显得更加庄重雄伟。

（2）飞券

哥特式建筑教堂（如巴黎圣母院）中厅尖拱拱脚很高，靠砖石拱飞券和墙柱墩构成拱柱框架结构来承受拱的水平推力。

（3）斜柱墩

跨度较大、拱脚推力大时，采用斜柱墩方案时可起到传力合理、经济美观的效果。我国的一些体育、展览建筑就借鉴了这一做法，采用两铰拱或三铰拱（多为钢拱），不设拉杆，支承在斜柱墩上，如西安秦始皇兵马俑博物馆展览大厅就采用67m跨的三铰钢拱，拱脚支承在基础墩斜向挑出的2.5m的钢筋混凝土斜柱上，受力显得很合理。

（4）其他边跨结构

对于拱跨较大且两侧有边跨有附属用房的情况，可以用边跨结构提供拱脚反力。边跨结构可以是单层或多层、单跨或多跨的墙体或框架结构。要求它们有足够的侧向刚度，以保证在拱推力作用下的侧移不超过允许范围。

4.推力直接传给基础—落地拱

对于落地拱，当地质条件较好或拱脚水平推力较小时，拱的水平推力可直接作用在基础上，通过基础传给地基。为了更有效地抵抗水平推力，防止基础滑移，也可将基础底面做成斜坡状。

落地拱的上部作屋盖，下部作外墙柱，不仅省去了抵抗拱脚推力的水平结构与竖向结构。而且由于拱脚推力的标高一直下降到铰基础，使基础处理大大简化。这是落地拱的结构特点，也是其所以经济有效的根源，对大跨度拱尤其显著。故一般大跨度拱几乎全都采用落地拱。

无论是双铰的或三铰的落地拱，其拱轴线形都采用悬链线或抛物线。当拱脚推力较大，或地基过于软弱时，为确保双铰拱的弯矩在因基础位移而增大，或为确保基础在任何情况下都能承受住拱脚推力，一般在拱脚两基础间设置地下预应力混凝土拉杆。

（三）拱的截面形式与主要尺寸

拱身可以做成实腹式和格构式两种形式。钢结构拱一般多采用格构式，当截面高度较大时，采用格构式可以节省材料。钢筋混凝土拱一般采用实腹形式，常用的截面有矩形。现浇拱一般多采用矩形截面。这样模板简单，施工方便。钢筋混凝土拱身的截面高度可按拱跨度的1/40～1/30估算；截面宽度一般为25～40cm。对于钢结构拱的截面高度，格构式按拱跨度的1/60～1/30，实腹式可按1/80～1/50取用。拱身在一般情况下采用等截面。由于无铰拱内力（轴向压力）从拱顶向拱脚逐渐加大，一般做成变截面的形式。变截面一般是改变拱身截面的高度而保持宽度不变。截面高度的变化应根据拱身内力，主要由弯矩的变化而定，受力大处截面高度也相应较大。

拱的截面除了常用的矩形截面外，还可采用T形截面拱、双曲拱、折板拱等，跨度更大的拱可采用钢管、钢管混凝土截面，也可用型钢、钢管或钢管混凝土组成组合截面。组合截面拱自重轻，拱截面的回转半径大，其稳定性和抗弯能力都大大提高，可以跨越更大的跨度，跨高比也可做得更大些。也可采用网状筒拱，网状筒拱像用竹子（或柳条）编成的筒形筐，也可理解为在平板截面的筒拱上有规律地挖出许多菱形洞口而成。

四、网架结构

（一）网架结构的特点与适用范围

网架结构按外形可分为平板形网架和壳形网架。平板形的称为网架，曲面的壳形网架称为网壳，它可以是单层的，也可以是双层的。双层网架有上下弦之分，平板网架都是双层的。网壳则有单层、双层、双曲等各种形状。平面网架是无推力的空间结构，目前，在国内外得到广泛应用。

网架结构为一种空间杆系结构，具有三维受力特点，能承受各方向的作用，并且网架结构一般为高次超静定结构，倘若某杆件局部失效，仅少一次超静定次数，内力可重新调整，整个结构一般并不失效，具有较高的安全储备。网架结构在节点荷载的作用下，各杆件主要承受轴力，能充分发挥材料的强度，节省钢材，结构自重小。

网架结构空间刚度大，整体性强、稳定性好。因为网架的杆件既是受力杆，又是支撑杆，各杆件之间相互支撑，协同工作，有良好的抗震性能，特别适应于大跨度建筑。

网架结构另一显著特点是能够利用较小规格的杆件建造大跨度结构，而且杆件类型划一。把这些杆件用节点连接成少数类型的标准单元，再连接成整体。其标准单元可以在工厂大量预制生产，能保证质量。

网架结构平面适应性强，它可以用于矩形、圆形、椭圆形、多边形、扇形等多种建筑平面，造型新颖、轻巧、富有极强的表现力，给建筑设计带来了极大的灵活性。自20世纪60年代以来，网架结构越来越广泛地应用于中、大跨度的体育馆、会堂、俱乐部、影剧院、展览馆、车站、飞机库、车间、仓库等建筑中，除了应用于屋顶结构外，还应用于多层建筑的楼盖以及雨篷中。1976年在美国路易斯安那州建造的世界上最大的体育馆，就是采用钢网架屋顶圆形平面的直径达207.3m。

平板双层钢网架结构是大跨度建筑中应用得最普遍的一种结构形式，近年来我国建造的大型体育馆建筑，如北京首都体育馆、上海市体育馆、南京市五台山体育馆等都是采用这种形式的结构。

（二）平板网架的结构形式

平板网架都是双层的，按杆件的构成形式又分为交叉桁架体系和角锥体系两种。交叉桁架体系网架由两向交叉或三向交叉的桁架组成；角锥体系网架，由三角锥、四角锥或六角锥等组成。后者刚度更大，受力性能更好。

1.交叉桁架体系

这类网架结构是由许多上下弦平行的平面桁架相互交叉联成一体的网状结构。一般情况下，上弦杆受压，下弦杆受拉，长斜腹杆常设计成拉杆，竖腹杆和短斜腹杆常设计成压杆。交叉桁架体系网架的主要型式有以下三种。

（1）两向正交正放网架（正方格网架）

这种网架由两个方向交叉成90°角的桁架组成，故称为正交。且两个方向的桁架与其相应的建筑平面边线平行，因而称为正放。

当网架两个方向的跨度相等或接近时，两个方向桁架共同传递外荷，且两方向的杆件内力差别不大，受力均匀，空间作用明显。但当两个方向边长比变大时，荷载沿短向桁架传力明显，类似于单向板传力，网架的空间作用将大为削弱。

这种网架上下弦的网格尺寸相同，同一方向的各平面桁架长度相同，因此构造简单，便于制作安装。此种网架适用于正方形，近似正方形的建筑平面，跨度以30~60m的中等跨度为宜。

这种网架在平面上基本都是正方形，在水平力作用下，为保持几何不变性，需适当设置水平支撑。当采用四点支承时，其周边一般均向外悬挑，悬挑长度以1/4柱距为宜。

（2）两向正交斜放网架（斜方格网架）

两向正交斜放网架也是由两组相互交叉成90°的平面桁架组成，但每片桁架与建筑平面边线的交角为45°。

从受力上看，当这种网架周边为柱子支承时，两向正交斜放网架中的各片桁架长短不一，而网架常常设计成等高度的，因而四角处的短桁架刚度较大，对长桁架有一定嵌固作用，使长桁架在其端部产生负弯矩，从而减少了跨度中部的正弯矩，改善了网架的受力状态，并在网架四角隅处的支座产生上拔力，故应按拉力支座进行设计。

（3）三向交叉网架

三向交叉网架一般是由三个方向的平面桁架相互交叉而成，其交角互为60°。三向交叉网架比两向网架的空间刚度大、杆件内力均匀，故适合在大跨度工程中采用，特别适用于三角形、梯形、正六边形、多边形、圆形平面的建筑中。但三向交叉网架杆件种类多，节点构造复杂，在中小跨度中应用是不经济的。

2.角锥体系网架

角锥体系网架是由三角锥单元、四角锥单元或六角锥单元所组成的空间网架结构，分别称作三角锥网架、四角锥网架、六角锥网架。角锥体系网架比交叉桁架体系网架刚度大，受力性能好。若由工厂预制标准锥体单元，则堆放、运输、安装都很方便。角锥可并列布置，也可抽空跳格布置，以降低用钢量。

（1）三角锥体网架

三角锥体网架是由三角锥单元组成的，杆件受力均匀，比其他网架形式刚度大，是目前各国在大跨度建筑中广泛采用的一种形式。它适合于矩形、三边形、梯形、六边形和圆形等建筑平面。三角锥体网架有两种网格形式。一种是上、下弦均为三角形网格。另一种是抽空三角锥体网架，其上弦为三角形网格，下弦为三角形和六角形网格。抽空三角锥体网架用料较省，杆件少，构造也较简单，但空间刚度较小。

（2）四角锥体网架

一般四角锥体网架的上弦和下弦平面均为方形网格，上下弦错开半格，用斜腹杆连接上下弦的网格交点，形成一个个相连的四角锥体。四角锥体网架上弦不易设置再分杆，因此网格尺寸受限制，不宜太大，它适用于中小跨度。

（3）六角锥体网架

这种网架由六角锥单元组成，但由于此种网架的杆件多，节点构造复杂，屋面板为三角形或六角形，施工较困难，现已很少采用。当锥尖向下时，上弦为正六边形网格，下弦为正三角形网格；与此相反，当锥尖向上时，上弦为正三角形网格，下弦为正六边形网格。这种形式的网架杆件多，结点构造复杂，屋面板为六角形或三角形，施工也较困难。因此仅在建筑有特殊要求时采用，一般不宜采用。

（三）网架的支承方式

网架的支承方式与建筑功能要求有直接关系，具体选择何种支承方式，应结合建筑功能要求和平立面设计来确定。目前常用的支承方式有以下几种。

1.周边支承

所有边界节点都支承在周边柱上时，虽柱子布置较多，但传力直接明确，网架受力均匀，适用于大、中跨度的网架。当所有边界节点支承于梁上时，柱子数量较少，而且柱距布置灵活，从而便于建筑设计，且网架受力均匀，它一般适用于中小跨度的网架。

2.点支承

这种支承方式一般将网架支承在四个支点或多个支点上，柱子数量少，建筑平面布置灵活，建筑使用方便，特别对于大柱距的厂房和仓库较适用。为了减少网架跨中的内力或挠度，网架周边宜设置悬挑，而且建筑外形轻巧美观。

3.周边支承与点支承结合

由于建筑平面布置以及使用要求，有时要采用边点混合支承，或三边支承一边开口，或两边支承两边开口等情况。这种支承方式适合飞机库或飞机的修理及装配车间。此时开口边应设置边梁或边桁架梁。

第六章　建筑结构布置原则与抗震设计

第一节　建筑结构布置原则

在建筑体型、建筑方案与结构体系类型初步确定以后，应结合建筑方案设计与结构体系特征，对结构系统的抗力构件进行恰当的规划和布置。结构布置的目的是使结构体系能较好地适应远近期建筑功能空间要求，满足结构施工方便、经济合理以及构件、刚度分布均匀，刚心与质心重合或接近，稳定性及延性耗能能力较好等要求。结构布置的结果是形成整体性能优良、传力途径合理的三维结构空间骨架系统。若抗力构件布置不当，将会导致结构体系出现薄弱环节、薄弱构件、局部应力集中、整体强度与刚度突变、改变结构受力特性等安全隐患，从而使结构整体性能劣化。结构布置是改善结构整体性能的重要途径之一，也是结构概念设计的重要内容。结构布置一般包括结构平面布置和结构竖向布置两个方面，以下将介绍结构布置应遵循的基本原则。

一、结构抗力构件的平面布置原则

结构的整体性能及其静动力特性主要取决于抗侧力构件及保证各抗侧力构件整体协同工作的楼屋盖结构构件平面布置特征，为获得较大的抵抗侧向荷载或侧向作用的能力，尽可能使各构件受力均匀，抗侧力与楼屋盖构件沿平面纵横方向的布置应符合以下基本原则：

在一个独立结构单元内，宜使结构构件的平面布置规则、简单、对称，刚度和承载力分布均匀，尽量使质心和刚心接近或重合，减小偏心；宜有多道抗震防线；结构在两个主轴方向的动力特性宜相近；有利于有效均匀地抵抗水平荷载及其引起的倾覆和扭转，有利于楼屋盖构件受力均匀合理，传力途径简捷、清晰、明确，以便有效均匀地抵抗竖向荷载，增加结构系统的整体性。不应采用严重不规则的平面布置形式。

框筒、墙筒，支撑筒等抗推刚度较大的芯筒，在平面上应居中或对称布置。

抗力构件宜在平面上及周边均匀布置，以提高结构的整体抗弯与抗扭刚度，减小弯曲引起的侧向变形，增大抗倾与抗扭性能，增大和改善结构体系的整体抗震性能。对刚度小、周边构件弱的框架结构应加强周边构件的延性与承载能力。

在阳角处宜布置筒体、剪力墙、框架柱等抗力构件，并应加强该受力复杂部位构件的构造措施，以避免因地震作用引起的倾覆不一致引起的扭转、纵横向刚度不同引起的不协调挠曲变形与差异运动等所造成薄弱环节的损坏，提高结构的抗震性能。

对凸凹等不规则的建筑平面，应进行精心恰当的结构布置以减小应力集中。同时，宜在凸凹角相交部分的连接处设置连续（跨越连接两部分）的水平连接件，加强两部分连接的整体性；在相交部分设置强度、刚度较大的筒体，剪力墙、壁式框架、支撑、耗能构件等加强构件，以抵抗较大的地震应力，减小两部分不协调振动引起的损坏；在凸凹角处的自由端设置加劲构件，增大抗扭刚度和抗倾覆能力，减小差异运动，提高整体性。

对井字形等外伸长度较大的建筑，当中央部分楼梯、电梯间使楼板有较大削弱时，应加强楼板及连接部位墙体的构造措施，必要时可在外伸段凹槽处设置连接梁或连接板。

楼板局部不连续，楼板尺寸和刚度急剧变化，如有效楼板宽度小于该层楼板典型宽度的50%，或开洞面积大于该层楼面面积的30%，楼板开大洞削弱后，宜在洞口边缘设置边梁、暗梁；加厚洞口附近楼板，提高楼板配筋率；采用双层双向配筋或加配斜向钢筋；在楼板洞口角部集中配置斜向钢筋。

抗震设计时，高层建筑宜调整平面形状和结构布置，避免结构不规则，不设防震缝。对构造复杂、平立面特别不规则或有较大错层和部分刚度相差悬殊的建筑结构，可按实际需要在适当部位设置防震缝，形成多个较规则的抗侧力结构单元，并分别进行平面结构布置。防震缝应根据抗震设防烈度、结构材料种类、结构类型、结构单元的高度和高差情况，留有足够的宽度，其两侧的上部结构应完全分开。

二、结构抗力构件的竖向布置原则

若结构构件竖向布置不恰当，刚度沿竖向突变、外形外挑或内收等，都将会产生某些楼层变形过分集中，出现严重震害甚至倒塌。为减小竖向抗震薄弱环节，提高结构整体性能，在进行结构抗力构件的竖向布置时，应遵守以下原则：

高层建筑的竖向体型宜规则、均匀，避免有过大的外挑和内收。结构的侧向刚度宜下大上小，逐渐均匀变化，不应竖向布置严重不规则的结构。

抗震设计的高层建筑结构，抗侧力构件沿高度方向的布置，宜使各抗侧力构件所负担的楼层质量沿高度方向无剧烈变化，避免地震作用局部增大造成的局部变形增大；沿高度方向，宜连续均匀布置各抗侧力构件，并位于同一竖直线上，以避免竖向刚度的不连续，减少因刚度突变、应力与变形集中造成的薄弱环节；自上而下，各抗侧力构件的抗推刚度和承载力逐渐加大，并与各抗侧力构件所负担的水平剪力、弯矩和轴力成比例增大；宜具有合理的刚度和承载力分布，避免因局部削弱或突变形成薄弱部位，产生过大的应力集中或塑性变形集中。

抗震设计时，为避免变形集中于荷载较大，刚度较小的下部楼层，形成结构薄弱层，其楼层侧向刚度不宜小于相邻上部楼层侧向刚度的70%或其上相邻三层侧向刚度平均值的80%。为避免楼层抗侧力结构的承载力突变而引起的薄弱层破坏，A级高度高层建筑的楼层层间抗侧力结构的受剪承载力不宜小于其相邻上一层受剪承载力的80%，不应小于其上一层受剪承载力的65%；B级高度高层建筑的楼层层间抗侧力结构的受剪承载力不应小于其相邻上一层受剪承载力的75%。其中，楼层层间抗侧力结构受剪承载力是指在所考虑的水平地震作用方向上，该层全部柱及剪力墙的受剪承载力之和。

抗震设计时，结构上部楼层相对于下部楼层收进时，收进的部位越高，收进后的平面尺寸越小，结构的高振型反应越明显。为减弱这种鞭梢效应，当结构上部楼层收进部位到室外地面的高度与房屋高度之比大于0.2时，上部楼层收进后的水平尺寸不宜小于下部楼层水平尺寸的0.75倍；同时，为减小外挑结构的扭转效应和竖向地震作用，当上部结构楼层相对于下部楼层外挑时，上部楼层的水平尺寸不宜大于下部楼层水平尺寸的1.1倍。

抗震设计时，对竖向收进的建筑体型，首先，应考虑采用抗震缝将各部分隔离，使各单体单独承受荷载。无变形缝时，应使收进的塔体与其相应底面抗力构件布置连续均匀，塔体质刚心尽量与塔底质刚心在平面投影上重合，以减少扭转；同时，应加强收进变化处楼屋面的强度和刚度，保证上部地震作用引起的侧向力可靠向下传递，加强塔体底层抗力构件的强度、刚度和延性，控制减少因竖向刚度突变，扭转引起的应力集中现象及造成的损坏。

楼层质量沿高度宜均匀分布，楼层质量不宜大于相邻下部楼层质量的1.5倍。

对高层建筑钢结构，当根据刚度需要设置外伸刚臂和腰桁架或帽桁架（在顶层）时，宜设在设备层。外伸刚臂应横贯楼层连续布置。支撑和剪力墙板可选用中心支撑，偏心支撑，内藏钢板支撑，带缝混凝土剪力墙板或钢板剪力墙。抗震设防的钢框架—支撑结构中，支撑（剪力墙板）宜竖向连续布置，除底部楼层和外伸刚臂所在楼层外，支撑的形式和布置在竖向宜一致，以使结构的受力和层间刚度变化都比较均匀，并充分发挥水平刚臂的作用。高层建筑钢结构不宜设置防震缝和伸缩缝。当必须设置时，抗震设防的结构伸缩缝应满足防震缝要求。建筑物中有较大的中庭时，可在中庭的上端楼层用水平桁架将中庭开口连接，或采取其他增强结构抗扭刚度的有效措施。

为增加结构的嵌固与稳定性能，提高地基承载能力，减小地基附加应力，减轻震害，高层建筑宜设地下室。

三、复杂高层建筑结构布置原则

为适应多功能高层建筑，满足其对复杂体型、结构布置复杂（错层结构、连体结构、多塔楼结构等复杂高层建筑结构）、改善和提高结构整体性能等的需要，常常在结构中布置若干转换或加强构件，形成带转换层的结构、带加强层的结构、错层结构、连体结构、多塔楼结构以及混合结构等复杂高层建筑结构，该类高层建筑结构在竖向荷载、风荷载或地震作用下受力复杂，对结构布置要求高，除遵守前述结构平面与竖向布置要求外，尚应符合以下要求：

在高层建筑竖向因功能空间相差悬殊等，要求采用不同结构布置形式时，或在高层结构底部，当上部楼层部分竖向构件（剪力墙、框架柱）不能直接贯通落地时，应设置结构转换层，在转换层布置转换结构构件。转换结构构件可采用梁、桁架、空腹桁架、箱形结构、斜撑等；非抗震设计和6度抗震设计时转换构件可采用厚板，7、8度抗震设计的地下室的转换构件可采用厚板，9度抗震设计时不应采用带转换层、加强层、错层和连体的结构。7度和8度抗震设计的高层建筑不宜同时采用超过两种前述的复杂结构。

对带转换层的高层建筑结构，底部大空间部分框支剪力墙高层建筑结构在地面以上的大空间层数，8度时不宜超过3层，7度时不宜超过5层，6度时其层数可适当增加；底部带转换层的框架—核心筒结构和外筒为密柱框架的筒中筒结构，其转换层位置可适当提高。

对底部带转换层的高层建筑结构的布置应符合以下要求：落地剪力墙和筒体底部墙体应加厚；框支层周围楼板不应错层布置；落地剪力墙和筒体的洞口宜布置在墙体的中部；框支剪力墙转换梁上一层墙体内不宜设边门洞，不宜在中柱上方设门洞；落地剪力墙与相邻框支柱的距离，1~2层框支层时不宜大于12m，3层及3层以上框支层时不宜大于10m；转换层上部的竖向抗侧力构件（墙、柱）宜直接落在转换层的主结构上。B级高度框支剪力墙高层建筑的结构转换层，不宜采用框支主、次梁方案。

对带转换层的高层建筑结构，框架—核心筒结构、筒中筒结构的上部密柱转换为下部稀柱时可采用转换梁或转换桁架。转换桁架宜满层设置，其斜杆的交点宜作为上部密柱的支点。转换桁架的节点应加强配筋及构造措施，防止应力集中产生的不利影响。

对带转换层的高层建筑结构，采用空腹桁架转换层时，空腹桁架宜满层设置，应有足够的刚度保证其整体受力作用。空腹桁架的上、下弦杆宜考虑楼板作用，竖腹杆应按强剪弱弯进行配筋设计，加强箍筋配置，并加强与上、下弦杆的连接构造。空腹桁架应加强上、下弦杆与框架柱的锚固连接构造。

当框架—核心筒结构的侧向刚度不能满足设计要求时，可沿竖向利用建筑避难层、设备层空间，设置适宜刚度的水平伸臂构件，构成带加强层的高层建筑结构，以加强核心筒与周边框架柱、角柱与边柱的联系。必要时，也可设置周边水平环带构件。加强层采用的水平伸臂构件，周边环带构件可采用斜腹杆桁架、实体梁、整层或跨若干层高的箱形梁、空腹桁架等形式。

对带加强层的高层建筑结构，加强层位置和数量要合理有效。当布置1个加强层时，位置可在0.6H附近；当布置2个加强层时，位置可在顶层和0.5H附近；当布置多个加强层时，加强层宜沿竖向从顶层向下均匀布置。加强层水平伸臂构件宜贯通核心筒，其平面布置宜位于核心筒的转角、T字节点处。水平伸臂构件与周边框架的连接宜采用铰接或半刚接。

错层结构的抗震性能往往较差，抗震设计时，高层建筑宜避免错层。当房屋不同部位因功能不同而使楼层错层时，宜采用防震缝划分为独立的结构单元。为减小错层结构的扭转效应以及错层处墙、柱内力，避免错层处结构形成薄弱部位，错层结构两侧宜采用结构侧向刚度和变形性能相近的结构体系。

连体结构各独立部分宜有相同或相近的体型、平面和刚度，宜采用双轴对称的平面形式，7度、8度抗震设计时，层数和刚度相差悬殊的建筑不宜采用连体结构，以减少或避免因复杂的扭转耦联振动而引起的应力与变形集中等抗震薄弱环节。

连接体结构与主体结构宜采用刚性连接，必要时连接体结构可延伸至主体部分的内筒，并与内筒可靠连接。连接体结构可设置钢梁、钢桁架和型钢混凝土梁，型钢应伸入主体结构并加强锚固。当连接体结构包含多个楼层时，应特别加强其最下面一至两个楼层的设计和构造。

多塔楼建筑结构中各塔楼的层数、平面和刚度宜接近，塔楼对底盘宜对称布置，减小扭转与高振型的不利影响，以及塔楼和底盘的刚度偏心，塔楼结构与底盘结构质心的距离不宜大于底盘相应边长的20%。抗震设计时，转换层不宜设置在底盘屋面的上层塔楼内，以免形成结构薄弱部位，多塔楼之间裙房连接体的屋面梁应加强，塔楼中与裙房连接体相连的外围柱、剪力墙，从固定端至裙房屋面上一层的高度范围内，剪力墙宜设置约束边缘构件，以保证塔楼与底盘的整体工作。

对由钢框架或型钢混凝土框架与钢筋混凝土筒所组成的共同承受竖向和水平作用的混合高层建筑结构体系，宜尽量使结构的抗侧力中心与水平合力中心重合。其竖向布置宜符合下列要求：结构的侧向刚度和承载力沿竖向宜均匀变化；构件截面宜由下至上逐渐减小，无突变；当框架柱的上部与下部的类型和材料不同时，应设置过渡层；对于刚度突变的楼层，如转换层、加强层、空旷的顶层、顶部突出部分、型钢混凝土框架与钢框架的交接层及邻近楼层，应采取可靠的过渡加强措施。

混合高层建筑结构体系钢框架部分采用支撑时，宜采用偏心支撑和耗能支撑，以增加结构的延性耗能能力；支撑宜连续布置，且在相互垂直的两个方向均宜布置，并互相交接，支撑框架在地下部分，宜延伸至基础。

混合结构体系的高层建筑，7度抗震设防且房屋高度不大于130m时，宜在楼面钢梁或型钢混凝土梁与钢筋混凝土筒体交接处及筒体四角设置型钢柱；7度抗震设防且房屋高度大于130m及8、9度抗震设防时，应在楼面钢梁或型钢混凝土梁与钢筋混凝土筒体交接处及筒体四角设置型钢柱，以增加混凝土筒的延性，避免弯曲时平面外的错断。

混合结构中，外围框架平面内梁与柱应采用刚性连接，以提高外框架的刚度及抵抗水平荷载的能力；楼面梁与钢筋混凝土筒体及外围框架柱的连接可采用刚接或铰接。钢框架—钢筋混凝土筒体结构中，当采用H形截面柱时，宜将柱截面强轴方向布置在外围框架平面内，以增加平面内刚度，减小剪力滞后现象；角柱宜采用方形、十字形或圆形截面，以方便连接和受力合理。

混合结构中，可采用外伸桁架加强层，必要时可同时布置周边桁架。外伸桁架平面宜与抗侧力墙体的中心线重合。外伸桁架应与抗侧力墙体刚接且宜伸入并贯通抗侧力墙体，以便通过外伸桁架将筒体剪力墙的弯曲变形转换成框架柱的轴向变形，以减小水平荷载下结构的侧移，外伸桁架与外围框架柱的连接宜采用铰接或半刚接，以减小外柱弯矩。对于建筑物楼面有较大开口或为转换楼层时，应采用现浇楼板。对楼板开口较大部位宜采取设置刚性水平支撑等加强措施。

四、多道设防的原则

因为地震作用是一个持续的过程，一次地震可能伴随着多个震级相当的余震，也可能引发群震，不同大小的地震及速度脉冲一个接一个地对建筑物产生多次往复式冲击，造成积累式结构损伤。如果建筑物采用单一结构体系，仅有一道抗震设防，则此防线一旦破坏，接踵而来的持续地震动就会使建筑物倒塌，特别是当建筑物的自振周期与地震动的卓越周期相近时。当建筑物采用多道抗侧力体系时，第一道防线的抗测力构件在强震作用下遭到破坏，后续的第二道防线，以及第三道防线的抗侧力构件立即接替，能够挡住地震动的冲击，从而保证建筑物不倒塌。而且，在遇到建筑物的自振周期与地震动的卓越周期相同或相近的情况时，多道防线就更显示其极大的优越性。当第一道防线的抗侧力构件因共振而破坏，第二道防线接替后，建筑物的自振周期将出现大幅度的变化，与地震动的卓越周期错开，使建筑物共振现象得以缓解，从而减轻地震产生的破坏作用。

符合多道抗震防线的建筑结构体系有框墙体系、框撑体系、筒体框架体系、筒中筒体系等，其中框架、筒体、抗震墙、竖向支撑等承力构件多可以充当第一道防线的构件，率先抵抗地震作用的冲击。但是由于它们在结构中的受力条件不同，地震后果也就不一样。所以，从原则上讲，应优先选择不负担或少负担重力荷载的竖向支撑或填充墙，或选用轴压比较小的抗震墙、实体墙之类的构件，作为第一道防线的抗侧力构件，而将框架作为第二道抗震防线。在水平地震作用下，两道防线之间通过楼盖协同工作，各层楼盖相当于一根铰接的刚性水平杆，其作用是将两类抗震构件连接成一个并联体，并参与水平力传递。

为了进一步增强结构体系的抗震防线，可在每层楼盖处设置一根两端刚接的连系梁。在地震作用下，它不仅能够率先进入屈服状态，承担地震动的前期脉冲，耗散尽可能多的地震能量，而且由于未采用连系梁之前的主体结构已经是静定或超静定结构，这些连系梁在整个结构中属于附加的赘余杆件。因此，它们的前期破坏不会影响整个结构的稳定性。

多道设防体系一个非常典型的实例就是著名结构设计大师林同炎先生于1963年在尼加拉瓜首都马那瓜市设计建成的美洲银行大厦。此建筑结构设计的基本思想是：在风荷载和规范规定的等效静力荷载作用下，结构具有较大的抗侧移刚度，以满足变形方面的要求；当遭遇更高烈度地震时，通过某些构件的屈服过渡到另一个具有较高变形能力的结构体系。依据这一思想，该高层建筑由四个柔性筒组成，对称地由连系梁连接起来，在风荷载和多遇地震作用下，结构表现为刚性体系，在大震作用下，通过连系梁的屈服，四个柔性筒相对独立，成为具有延性的结构体系，当连系梁两端出现塑性铰后，整个结构的自振周期加长，地震反应明显减弱。在1972年尼加拉瓜首都马那瓜市发生的强烈地震中，该市约有10000幢建筑倒塌，而美洲银行大厦虽位于震中，却承受了比设计地震作用0.06g大6倍的地震作用而未倒塌，仅在墙面出现较小的裂缝。

五、结构分缝的原则

在建筑结构的布置中，要考虑建筑物的沉降、混凝土的收缩、温度改变和建筑体型复杂等产生的不利影响，通常可以分别用沉降缝、伸缩缝和防震缝将房屋分成若干个独立的部分，从而消除沉降差、温度和收缩应力及体型复杂对结构带来的危害，沉降缝、收缩缝和防震缝统称为变形缝。

在高层建筑结构中，设置变形缝是结构安全的需要。但是变形缝的设置不但影响建筑的使用和建筑的立面效果，而且导致结构构造复杂、防水处理困难和施工不便等不利因素，特别是变形缝的两侧相邻部分，地震时常因相互碰撞而造成危害。因此，在高层建筑特别是高层钢结构的设计中，应尽量通过调整结构的平面形状和尺寸，采取必要的构造和施工措施，尽可能避免设置变形缝。

（一）沉降缝

当同一建筑物不同部分发生不均匀沉降时，会在结构中产生较大的内力和变形而带来危害。此时，可以采用在该结构不同部位的交接处设置沉降缝的方法。将该不同部分的结构从顶到基础整个断开，使各部分自由沉降，以避免由于沉降差引起的附加应力对结构产生危害。

在下列情况下，应考虑设置沉降缝：建筑主体结构高度悬殊，重量差别过大。高层建筑主体结构的周围，常设有层数很少的裙房，它们与主体结构高度悬殊，重量差别很大，会产生相当大的沉降差；地基不均匀，地基土的压缩性能有显著差异时，易造成结构的不同部位产生沉降差；同一建筑不同的单元采用不同的基础形式；上部结构采用不同的结构形式或结构体系的交接处，采用设置沉降缝将建筑物分成若干个独立的部分，各部分可以自由沉降，就是采用"放"的处理措施，即彻底放开建筑物的各个独立部分。

设置沉降缝会带来以下问题：高层建筑常常设置地下室，而设置了沉降缝会使地下室构造复杂，沉降缝部位的防水构造也不宜做好。而且在地震作用下，沉降缝两侧的上部结构容易相互碰撞造成危害。所以，可以采取有效的措施，不设置沉降缝，将高层部分与裙房的结构连成整体，基础也不分隔开来。不设置沉降缝而采取的有效措施主要有三种：

结构全部采用桩基础，桩支承在基岩上；或采用减小沉降的有效措施，并通过计算使沉降差控制在允许的范围内。例如，加大基础埋深，利用压缩性较小的地基持力层等，以减小总的沉降量和沉降差为目的。

主体结构与裙房结构采用不同的基础形式，调整地基土压力使两者沉降基本接近。如主楼部分采用桩基，裙房部分采用柱下独立基础或交叉梁基础等。

当地基承载力较高，沉降计算较为可靠时，预留沉降差。施工时暂将主楼和裙房的基础断开，先施工主楼，后施工裙房，使最后沉降值接近。

上述三种措施均应在主楼与裙房之间施工时先留出后浇带，待主体结构施工完毕，沉降基本稳定后，再浇灌后浇带混凝土，把高、低部分连成整体。设计中还应考虑后期沉降差的不利影响。这三种措施都属于"调"，即调整不同结构部分的沉降差。当高层建筑主楼和裙房相差悬殊，重量相差很大时，两者之间应设置沉降缝，若不设缝时，可采用"抗"的措施，即将主楼的箱型基础向外悬挑，裙房直接坐落在悬挑出来的基础上，主楼和裙房两部分从底部至顶部牢固的连成整体。

当设置沉降缝时，沉降缝的宽度应考虑由于基础的转动产生顶部位移的要求，对有抗震设防要求的高层建筑，沉降缝宽度应满足防震缝宽度的要求。

（二）伸缩缝

伸缩缝即温度缝，是在建筑物平面尺寸较大时，为释放结构中由于温度变化和混凝土干缩而产生的内力而设置的。

新浇筑的混凝土在硬化过程中会产生收缩，当温度变化时已建成的结构会热胀冷缩，房屋的长度愈长，楼板等纵向连续构件由于收缩和温度变化所引起的长度改变愈大。当这两种变形受到约束时，就在结构内部产生内力，合称为收缩和温度应力。长度改变越大，该应力越大。混凝土的硬化收缩变形的大部分在浇灌后的1～2个月就基本完成了，而温度应力包括季节温度变化，建筑物内外温差，向阳面与背阴面的日照温差等，它经常存在于建筑结构内。因此，温度应力是长期存在的，而且在房屋的高度方向和长度方向都会产生影响。在构件的长度方向会产生拉应力或压应力，而在竖向构件中也会产生相应的推力或拉力，严重时就会在构件中出现裂缝。由于收缩和温度应力的影响因素及其计算上的复杂性，在钢筋混凝土高层建筑设计中，目前常常根据实际工程的施工经验和实践效果，由构造措施来解决收缩和温度变形问题。即在建筑物中，每隔一定的间距设置一道伸缩缝，使建筑分成为独立的结构单元，各单元可随温度变化而自由变形。伸缩缝只需从基础顶面以上将建筑分开即可，因此只需从基础顶面以上贯通建筑物的全高。设置伸缩缝的方法，通常是采用在伸缩缝处设置双墙或双柱的构造，将上部结构断开，分成独立的结构单元。对抗震设防要求的建筑，伸缩缝的宽度应符合防震缝宽度的要求。

在工程实践中，已经建成的国内外许多高层建筑的长度已经超出了限值。由于采取了专门的措施而未设伸缩缝。因为收缩和温度应力的准确数据很难通过理论计算准确，所以减小收缩和温度应力影响的专门措施，不能单纯或主要依靠增加配筋的方法来抵抗该项应力。若简单地按照弹性匀质体来计算，往往所计算的收缩和温度应力大得惊人，根本不可能通过增加配筋的办法解决。因此，从构造和施工方面设法使结构的材料得以放松，可使收缩和温度应力急剧下降，能达到建筑物较长却可以不设伸缩缝的目的。

比较有效地降低收缩和温度应力影响的专门措施，归纳起来有以下几种：

合理设置后浇带。当建筑物过长时，可在适当距离选择对结构无严重影响的位置设置后浇带，通常每隔30～40m设置一道，后浇带跨度一般为800～1000mm。比如，可设在框架梁和楼板的文跨处或剪力墙连梁跨中和内外墙连接处。后浇带应曲线或折线贯通建筑物的整个横向，将全部结构墙、梁板分开。后浇带混凝土浇灌的时间一般在主体结构混凝土浇筑完毕后的两个月进行。在此期间，收缩变形可完成大部分。浇筑后浇带混凝土时的气温，宜与主体结构混凝土浇灌时的温度接近或稍低，后浇带内的两侧钢筋，可以搭接或拉通。在受力较大部位留设后浇带时，主筋可先搭接，浇灌后浇带前再进行焊接。后浇带混凝土宜采用膨胀水泥配置。

顶部楼层改用刚度较小的结构形式，或顶部设置局部温度伸缩缝，将顶层结构划分为长度较短的区段，以适应阳光直接照射的屋面板温度变化激烈的影响。同时，对这些温度变化影响大的部位（底层、山墙）应提高构件的配筋率，以增强承受温度应力的能力。

顶层采取有效的保温隔热措施。由于屋顶承受阳光的直接照射，温度变化剧烈，通常采用有效的保温隔热措施，可以减少温度应力的影响。如采用架空隔热层或架空通风屋顶等。

进行结构布置时，不要在建筑物的长度方向的端部设置纵向刚度较大的剪力墙或支撑系统，否则纵向温度变形受到限制（或约束），会产生很大的温度应力。

（三）防震缝

当高层建筑平面复杂，不对称，或房屋各部分的刚度、高度和质量相差悬殊时，在地震作用下，会产生扭转和复杂的振动状态。因此，在应力集中和连接薄弱部位，会对建筑物造成震害。为了避免这种震害，可以考虑设置防震缝的方法，将建筑平面和结构比较复杂的高层建筑分成若干个比较规则、整齐和均匀的独立结构单元。一般来说，在下列情况下，宜考虑设置防震缝：当房屋平面突出部分比较长，而又未采取有效措施；房屋有较大错层；房屋各部分结构刚度或荷载相差悬殊；地基不均匀，各部分沉降相差过大。

为了防止防震缝两侧相邻的建筑物在地震时会互相碰撞而造成震害，要求防震缝应有足够的宽度。包括前面已经述及的沉降缝、伸缩缝，凡是设变形缝的部位，都应该考虑缝两侧相邻结构的变形，基础转动或平移所引起的最大可能侧移，防震缝的宽度要足以允许相邻房屋可能出现的相反方向的振动，而不会发生碰撞。

框架结构房屋，建筑高度不超过15m时防震缝不应小于100mm；超过15m时，6度、7度、8度和9度设防每增加高度5m、4m、3m和2m，宜增加宽20mm；框架剪力墙结构房屋不应小于第一条规定的70%，剪力墙结构的房屋不应小于第一条规定的50%，且二者均不宜小于100mm。

第二节　建筑抗震设计

地震，就是由于地面运动而引起的振动。振动的原因是由于地壳板块的构造运动，造成局部岩层变形不断增加，局部应力过大，当应力超过岩石强度时，岩层突然断裂错动，释放出巨大的变形能。这种能量除一小部分转化为热能外，大部分以地震波的形式传到地面而引起地面振动。这种地震称为构造地震，简称为地震。此外，火山爆发、水库蓄水、溶洞塌陷也可能引起局部地面振动，但释放能量都小，不属于抗震设计研究的范围。

地球上有两大地震带：环太平洋地震带和地中海南亚地震带。环太平洋地震带从南美洲西部海岸起，经北美洲西海岸、阿拉斯加南岸、阿留申群岛，转向西南至日本列岛，然后分为两支：一支向南经马里亚纳群岛至伊里安岛，另一支向西南经琉球群岛、我国台湾、菲律宾、印度尼西亚至伊里安岛会合，再经所罗门、汤加至新西兰。这条地震带上所发生的地震占世界地震的80%～90%，活动性最强。地中海南亚地震带西起大西洋的亚速岛，经地中海、希腊、土耳其、伊朗、印度北部、我国西部和西南地区，再经缅甸、印度尼西亚的苏门答腊和爪哇，与环太平洋地震带相遇。

由于我国地处上述两大地震带之间（台湾和西藏南部尚在上述地震带上），因此是个多地震国家。为了减轻建筑的地震破坏，避免人员伤亡，减少经济损失，抗震设防烈度为6度及以上地区的建筑，必须进行抗震设计。而我国6度及以上地区，约占全国总面积的60%，因此掌握抗震设计的基本知识和设计方法，不仅对于土木建筑工程专业人员十分重要，对于建筑学专业及相关专业的人员也是必要的。

一、地震及地震设计要求

（一）地震简介

1.地震波

在地层深处发生岩层断裂、错动而释放能量，产生剧烈振动的地方称为震源，震源正上方的地面称为震中，震中邻近的地区称为震中区。

地震时释放的能量以波的形式传播。在地球内部传播的波称为体波，在地球表面传播的波称为面波。

体波包括纵波和横波。纵波是一种压缩波，也称为P波，介质的振动方向与波的传播方向一致；纵波的周期短、振幅小、波速最快（为200～1400m/s），它引起地面的竖向振动。横波是一种剪切波，也称为S波，介质的振动方向与波的传播方向垂直；横波的周期长、振幅大、波速较慢（约为纵波波速的一半），它引起地面水平方向的振动。

面波是体波经地层界面多次反射和折射后形成的次生波，也称为L波。它的波速最慢（约为横波的0.9倍），振幅比体波大，振动方向复杂，其能量也比体波的大。

2.震级和烈度

（1）地震震级

地震震级是地震大小的等级，是衡量一次地震释放能量大小的尺度。地震释放的能量相当惊人：例如，一次6级地震相当于爆炸一颗2万吨级的原子弹所释放的能量。1960年5月22日在智利发生的8.7级地震，其能量相当于一个一百万千瓦电厂在十多年间发出的总电量。

（2）地震烈度

地震烈度是指地震发生时在一定地点振动的强烈程度，它表示该地点地面和建筑物受破坏的程度（宏观烈度），也反映该地地面运动速度和加速度峰值的大小（定值烈度）。地震烈度与建筑所在场地、建筑物特征、地面运动加速度等有关。显然，一次地震只有一个震级，而不同地点则会有不同的地震烈度。

在地球内部发生岩层断裂、错动的地方称为震源，震源正上方的地面称为震中，地面上某一点距震中的距离称为震中距。某一地区遭遇不同震级、不同的震中距（即不同震源）的地震而烈度相同时，对该地区不同动力特性的建筑物的震害并不相同。一般而言，震中距较远、震级较大的地震对自振周期长的高柔结构的破坏比同样宏观烈度但震级较小震中距较近的破坏要严重。考虑到这一差别，在确定地震影响参数时，用"设计地震分组"分为第一组、第二组、第三组。

抗震设防烈度是按国家规定的权限批准作为一个地区抗震设防依据的地震烈度。一般情况下，它与地震基本烈度相同，取50年内超越概率为10%的地震烈度；但两者不尽一致，必须按国家规定的权限审批颁发的文件确定。

（二）抗震设计的基本要求

1.建筑抗震设防分类和设防标准

（1）抗震设防类别

根据建筑的使用功能的重要性，分为甲类、乙类、丙类、丁类四个抗震设防类别。

甲类建筑：重大建筑工程和地震时可能发生严重次生灾害的建筑。

乙类建筑：地震时使用功能不能中断或需尽快恢复的建筑。如医疗、广播、通信、交通、供电、供水、消防和粮食等工程及设备所使用的建筑。

丙类建筑：属于除甲、乙、丁类以外的一般建筑。

丁类建筑：属于抗震次要建筑，一般指地震破坏不易造成人员伤亡和较大经济损失的建筑。

（2）抗震设防标准

甲类建筑：地震作用应高于本地区抗震设防烈度的要求，其值应按批准的地震安全性评价结果确定。抗震措施：当抗震设防烈度为6~8度时，应符合本地区抗震设防烈度提高一度的要求；当为9度时，应符合比9度抗震设防更高的要求。

乙类建筑：地震作用应符合本地区抗震设防烈度的要求。抗震措施：一般情况下，当抗震设防烈度为6~8度时，应符合本地区抗震设防烈度提高一度的要求；当为9度时，应符合比9度抗震设防更高的要求；地基基础的抗震措施，应符合有关规定。对较小的乙类建筑，当其结构改用抗震性能较好的结构类型时，允许仍按本地区抗震设防烈度的要求采取抗震措施。

丙类建筑：地震作用和抗震措施均应符合本地区抗震设防烈度的要求。

丁类建筑：一般情况下，地震作用仍应符合本地区抗震设防烈度的要求。抗震措施允许比本地区抗震设防烈度的要求适当降低，但抗震设防烈度为6度时不应降低。

抗震设防烈度为6度时，除规范有具体规定外，对乙、丙、丁类建筑可不进行地震作用计算。

2.抗震设防目标

建筑基本的抗震设防目标是：当遭受低于本地区抗震设防烈度的多遇地震影响时，主体结构不受损坏或不需修理可继续使用（简称"小震不坏"，俗称第一水准）；当遭受相当于本地区抗震设防烈度的设防地震影响时，可能发生损坏，但经一般性修理仍可继续使用（简称"中震可修"，俗称第二水准）；当遭受高于本地区抗震设防烈度预估的罕遇地震影响时，不致倒塌或发生危及生命的严重破坏（简称"大震不倒"，俗称第三水准）。使用功能或其他方面有专门要求的建筑，当采用抗震性能化设计时，具有更具体或更高的抗震设防目标。

（三）建筑抗震概念设计

由于地震作用的不确定性及结构计算模式与实际情况存在差异，除进行地震作用的设计计算外，还应从抗震设计的基本原则出发，从结构的整体布置到关键部位的细节，把握主要的抗震概念进行设计，使计算分析结果更能反映实际情况。主要有如下若干方面。

1.场地、地基和基础选择

抗震设计的场地（site），是指工程群体所在地，具有相似的地震反应特征。其范围相当于厂区、居民小区和自然村或不小于一平方公里的面积。

（1）场地的类别

场地由场地土组成。根据岩土剪切波速的大小，场地土分为岩石（指坚硬较硬且完整的岩石）、坚硬土或软质岩石（指破碎和较破碎的岩石或软和较软的岩石，密实的碎石）、中硬土（指中密、稍密的碎石土，密实、中密的砾、粗、中砂的黏性土和粉土，坚硬黄土）、中软土（指稍密的砾、粗、中砂，除松散外的细、粉砂的黏性土和粉土的填土，可塑新黄土）、软弱土五种类型。对于丁类建筑及丙类建筑中层数不超过10层、高度不超过24m的多层建筑，当无实测剪切波速时，可根据岩土名称和性状确定土的类型，再利用当地经验估算各土层剪切波速。不同的场地对地震波有不同的放大作用。场地的自振周期也称为场地的特征周期。在抗震设计时，建筑物的自振周期应尽量避开场地的特征周期以避免共振现象。

（2）场地的选择

建筑场地的类别，是根据场地岩土工程勘探确定的。场地岩土工程勘探，应根据实际需要划分成对建筑有利、不利和危险的地段，提供建筑的场地类别和岩土地震稳定性（如滑坡、崩塌、液化和震陷特性等）评价，并按设计需要提供有关参数。

选择建筑场地时，应根据工程需要，掌握地震活动情况、工程地质和地震地质的有关资料，对抗震有利、不利和危险的地段做出综合评价。对不利地段（指软弱土，液化土，条状突出的山嘴，高耸孤立的山丘，陡坡，陡坎，河岸和边坡的边缘，平面分布上成因、岩性、状态明显不均匀的土层如故河道疏松的断层破碎带、暗埋的塘浜沟谷和半填半挖地基等，以及高含水量的可塑黄土地表存在结构性裂缝等），应提出避开要求；无法避开时应采取有效的措施。对危险地段（地震时可能发生滑坡、崩塌、地陷、地裂、泥石流等及发震断裂带上可能发生地表错位的部位），严禁建造甲、乙类的建筑，不应建造丙类建筑。

（3）地基和基础选择

在地基和基础设计时，同一结构单元的基础不宜设置在性质截然不同的地基上；同一结构单元不宜部分采用天然地基、部分采用桩基；对饱和砂土和饱和粉土（不含黄土）的地基，除6度防设外，应进行液化判别（土的液化是指地下水位以下的上述土层在地震作用下，土颗粒处于悬浮状态、土体抗剪强度为零从而造成地基失效的现象）；存在液化土层的地基，应采取消除或减轻液化影响的措施。当地基主要受力范围内为软弱黏性土层与湿陷性黄土时，应结合具体情况进行处理。山区建筑场地勘察应有边坡稳定性评价和防治方案建议，应根据地质、地形条件和使用要求，因地制宜设置符合抗震设防要求的边坡工程。边坡附近的建筑应进行抗震稳定性设计。建筑基础与土质强风化岩质边坡的边缘应留有足够的距离，其值应根据抗震设防烈度的高低确定，并采取措施避免地震时地基基础破坏。

2.结构的平面和立面布置

不应采用严重不规则的设计方案。建筑及其抗侧力结构的平面布置宜规则、对称，并具有良好的整体性；建筑的立面和竖向剖面宜规则，结构的侧向刚度宜均匀变化，避免其突变和承载力的突变。

3.结构体系的选择

结构体系应根据建筑的抗震设防类别、抗震设防烈度、建筑高度场地条件、地基结构材料和施工等因素，经技术、经济和使用条件综合比较确定。结构体系应符合下列要求：应具有明确的计算简图和合理的地震作用传递途径；应避免因部分结构或构件的破坏而导致整个结构丧失抗震能力或对重力荷载的承载能力；应具备必要的抗震承载力、良好的变形能力和消耗地震能量的能力；对可能出现的薄弱部位，应采取措施提高抗震能力。

此外，结构体系宜有多道抗震防线，在两个主轴方向的动力特性宜相近，刚度和承载力分布宜合理，避免局部削弱或突变造成过大的应力集中或塑性变形集中。

4.抗震结构构件及其连接

抗震结构构件应尽量避免脆性破坏的发生，并应采取措施改善其变形能力。如在砌体结构中设置钢筋混凝土圈梁和构造柱，钢筋混凝土结构构件应有合理截面尺寸，避免剪切破坏先于受弯破坏、锚固破坏先于构件破坏，等等。多、高层的混凝土楼、屋盖宜优先选用现浇混凝土板。

结构构件的连接应强于相应连接的构件，如节点破坏、预埋件的锚固破坏，均不应先于构件和连接件的破坏；装配式结构构件连接、支撑系统等应能保证结构整体性和稳定性。

5.非结构构件

非结构构件包括建筑非结构构件如围护墙、隔墙、装饰贴面、幕墙等，也包括安装在建筑上的附属机械电气设备系统等。总的要求是与主体结构构件有可靠的连接或锚固，避免不合理设置而导致主体结构的破坏。

6.材料选择和施工

抗震结构对材料和施工质量的特别要求，应在设计文件中注明。普通钢筋宜优先采用延性、韧性和焊接性较好的钢筋；其强度等级，纵向受力钢筋宜选用符合抗震性能指标的HRB400级热轧钢筋，也可采用符合抗震性能指标的HRB335级、HRB500级热轧钢筋；箍筋宜选用符合抗震性能指标的HRB335级、HRB400级、HPB300级热轧钢筋。当需要以强度等级较高钢筋代替原设计的纵向受力钢筋时，应按钢筋受拉承载力设计值相等原则换算，并应满足正常使用极限状态要求和抗震构造要求。

混凝土的强度等级、砌体材料强度等级均应满足有关的最低要求，墙体尽量选择轻质材料，且混凝土结构的混凝土强度等级，抗震墙不宜超过C60，其他构件9度时不宜超过C60，8度时不宜超过C70。

二、多层砌体结构房屋的抗震设计

由于砌体结构材料的脆性性质，其抗剪、抗拉及抗弯强度都低，砌体房屋的抗震能力较差。在水平地震的反复作用下，多层砌体房屋的主要震害有窗间墙出现交叉斜裂缝，墙体转角处破坏，内外墙体连接处易被拉开造成纵墙或山墙外闪、倒塌，预制楼板由于支承长度不足或无可靠拉结而塌落，突出屋面的屋顶间、女儿墙、烟囱等的倒塌，楼梯间破坏，等等。其抗震设计的关键是提高墙体的抗剪承载力，进行砌体结构抗震抗剪承载力验算；采取适当构造措施加强结构整体性、改善结构的变形能力。

（一）一般规定

针对砌体结构的震害情形，加强房屋的整体性和空间刚度、提高墙体的抗震受剪承载力，加强构件的相互连接，是砌体结构抗震设计的重要内容。在具体设计时，应遵循以下各项规定。

1.限制房屋的层数和总高度

房屋的层数愈多高度愈大，地震作用愈大震害就愈严重。因此，限制房屋的层数和总高度，是一项既经济又有效的抗震措施。

对采用蒸压灰砂砖和蒸压粉煤灰砖砌体的房屋，当砌体的抗剪强度仅达到普通黏土砖砌体的70%时，房屋的层数应比普通砖房屋减少一层，高度应减少3m。当砌体的抗剪强度达到普通黏土砖砌体的取值时，房屋层数和总高度要求同普通砖房屋。

2.限制房屋最大高宽比

限制房屋的高宽比，是为了保证房屋的刚度和房屋整体的抗弯承载力。房屋总高度与总宽度的最大比值。

3.对横墙间距的要求

限制抗震横墙的间距，目的是保证楼盖传递水平地震作用所需的刚度。房屋抗震横墙的间距。

4.多层砌体房屋的结构体系

多层砌体房屋的结构体系，应符合下列要求：

应优先采用横墙承重或纵横墙共同承重的结构体系，不应采用砌体墙和混凝土墙混合承重的结构体系。

纵横向砌体抗震墙的布置应符合下列要求：宜均匀对称，沿平面内宜对齐，沿竖向应上下连续；且纵横向墙体的数量不宜相差过大；平面轮廓凹凸尺寸，不应超过典型尺寸的50%；当超过典型尺寸的25%时，房屋转角处应采取加强措施；楼板局部大洞口的尺寸不宜超过楼板宽度的30%，且不应在墙体两侧同时开洞；房屋错层的楼板高差超过500mm时，应按两层计算；错层部位的墙体应采取加强措施；同一轴线上的窗间墙宽度宜均匀；墙面洞口的面积，6、7度时不宜大于墙面总面积的55%，8、9度时不宜大于50%；在房屋宽度方向的中部应设置内纵墙，其累计长度不宜小于房屋总长度的60%（高宽比大于4的墙段不计入）。

房屋有下列情况之一时宜设置防震缝，缝两侧均应设置墙体，缝宽应根据烈度和房屋高度确定，可采用70~100mm：房屋立面高差在6m以上；房屋有错层，且楼板高差大于层高的1/4；各部分结构刚度、质量截然不同。

楼梯间不宜设置在房屋的尽端或转角处。不应在房屋转角处设置转角窗。

横墙较少、跨度较大的房屋，宜采用现浇钢筋混凝土楼板、屋盖。

5.底部框架—抗震墙房屋

对底部框架—抗震墙上部为砌体结构房屋的结构布置，应符合以下要求：

上部的砌体墙体与底部的框架梁或抗震墙，除楼梯间附近的个别墙段外均应对齐。

房屋的底部，应沿纵横两方向设置一定数量的抗震墙，并应均匀对称布置。6度且总层数不超过四层的底层框架—抗震墙房屋，应允许采用嵌砌于框架之间的约束砖砌体或小砌块砌体的砌体抗震墙，但应计入砌体墙对框架的附加轴力和附加剪力并进行底层的抗震验算，且同一方向不应同时采用钢筋混凝土抗震墙和约束砌体抗震墙；其余情况，8度时应采用钢筋混凝土抗震墙，6、7度时应采用钢筋混凝土抗震墙或配筋小砌块砌体抗震墙。

底层框架—抗震墙房屋的纵横两个方向，第二层计入构造柱影响的侧向刚度与底层侧向刚度的比值，6、7度时不应大于2.5，8度时不应大于2.0，且均不应小于1.0。

底部两层框架—抗震墙房屋纵横两个方向，底层与底部第二层侧向刚度应接近，第三层计入构造柱影响的侧向刚度与底部第二层侧向刚度的比值，6、7度时不应大于2.0，8度时不应大于1.5，且均不应小于1.0。

底部框架—抗震墙砌体房屋的抗震墙应设置条形基础、筏式基础等整体性好的基础。

对于多层多排柱内框架房屋，由于钢筋混凝土框架与砌体墙的动力特性有很大差异，遭遇地震时极易发生破坏，故该类房屋已从抗震设计中取消。

（二）多层黏土砖房的抗震构造措施

1.现浇钢筋混凝土构造柱的设置

现浇钢筋混凝土构造柱（以下简称构造柱）的设置可以增加砌体结构房屋的延性，提高房屋的抗侧移能力和抗剪承载力，防止或延缓房屋的倒塌。

（1）与墙体连接

构造柱与墙连接处应砌成马牙槎，沿墙高每隔500mm设$2\phi6$水平钢筋和$\phi4$分布短筋平面内点焊组成的拉结网片或$\phi4$点焊钢筋网片，每边伸入墙内不宜小于1m。6、7度时底部1/3楼层，8度时底部1/2楼层，9度时全部楼层，上述拉结钢筋网片应沿墙体水平通长设置。施工时，应先绑扎构造柱钢筋，再砌墙（同时设置拉结钢筋），最后浇筑混凝土。

（2）与圈梁连接

构造柱与圈梁连接处，构造柱的纵筋应在圈梁纵筋内侧穿过，保证构造柱纵筋上下贯通。

（3）构造柱基础

构造柱可不单独设置基础，但应伸入室外地面下500mm，或与埋深小于500mm的基础圈梁相连。

（4）构造柱间距

当房屋高度和层数接近规定限值时，纵、横墙内构造柱间距尚应符合下列要求：横墙内的构造柱间距不宜大于层高的2倍，下部1/3楼层的构造柱间距适当减小；当外纵墙开间大于3.9m时，应另设加强措施，内纵墙的构造柱间距不宜大于4.2m。

2.现浇钢筋混凝土圈梁的设置

钢筋混凝土圈梁对加强墙体连接、提高楼盖及屋盖刚度、抵抗地基不均匀沉降、保证房屋整体性和提高房屋抗震能力都有很大作用。

装配式钢筋混凝土楼盖、屋盖或木屋盖的砖房，应按要求设置圈梁；纵墙承重时，抗震横墙上的圈梁间距应比表内要求适当加密。

现浇或装配整体式钢筋混凝土楼屋盖与墙体有可靠连接的房屋，允许不另设圈梁，但楼板沿墙体周边应加强配筋并应与相应构造柱钢筋可靠连接。

圈梁宜与预制板设在同一标高处或紧靠板底；在要求布置圈梁的位置无横墙时，应利用梁或板缝中配筋替代圈梁；圈梁应闭合，遇洞口被打断时，应在洞口处进行搭接（同非抗震做法）。

3.对楼、屋盖的要求

（1）楼板的支承长度和拉结

装配式钢筋混凝土楼板或屋面板，当圈梁未设在板的同一标高时（即设在板底时），板端伸入外墙的长度不应小于120mm，伸入内墙长度不应小于100mm，在梁上不应小于80mm；现浇钢筋混凝土楼板或屋面板伸进纵、横墙内长度均不应小于120mm。当板的跨度大于4.8m并与外墙平行时，靠外墙的预制板侧边应与墙或圈梁拉结；当圈梁设在板底时，房屋端部大房间的楼盖，6度时房屋的屋盖和7～9度时房屋的楼、屋盖，钢筋混凝土预制板应相互拉结，并应与梁、墙或圈梁拉结。

（2）梁或屋架的连接

楼盖和屋盖处的钢筋混凝土梁或屋架，应与墙、柱、构造柱或圈梁等可靠连接；不得采用独立砖柱。跨度不小于6m，大梁的支承构件应采用组合砌体等加强措施，并满足承载力要求。

4.对楼梯间的要求

突出屋顶的楼、电梯间，构造柱应伸到顶部，并与顶部圈梁连接;楼梯间及门厅内墙阳角处的大梁支承长度不应小于500mm，并应与圈梁连接。

装配式楼梯段应与平台板的梁可靠连接，8度和9度时不应采用装配式楼梯段；不应采用墙中悬挑式踏步或踏步竖肋插入墙体的楼梯，不应采用无筋砖砌栏板。

5.其他构造

（1）过梁

门窗洞口处不应采用无筋砖过梁；过梁支承长度不应小于240mm（6～8度时）或360mm（9度时）。

（2）基础

同一结构单元的基础宜采用同一类型，底面宜埋置在同一标高上（否则应增设基础圈梁并应按1∶2台阶逐步放坡）。

三、多层钢筋混凝土框架的抗震设计

多层钢筋混凝土框架广泛用于民用建筑和部分多层工业厂房中，未经抗震设计的钢筋混凝土框架结构遭遇地震作用时，其震害主要表现为：柱顶纵筋压屈、混凝土压碎，柱出现斜裂缝或交叉的斜裂缝，柱底出现水平裂缝，柱顶的震害比柱底严重；短柱易发生剪切破坏，角柱的震害比其他部位的柱严重；梁端可能出现交叉斜裂缝和贯通的垂直裂缝；节点可能发生剪切破坏，梁的纵向钢筋因为锚固长度不够而从节点内拔出；框架填充墙出现交叉斜裂缝甚至倒塌，下层填充墙的震害一般比上部各层严重。因此，建造在抗震设防区的框架结构，应按规定进行抗震设计。

（一）框架抗震设计的一般规定

钢筋混凝土框架的主要缺点是，随着房屋高度和层数的增加，在水平地震作用下的侧向刚度将难以满足要求。因此钢筋混凝土框架适用的最大高度受到限制，此外，还应满足如下规定要求。

1.结构抗震等级

钢筋混凝土房屋应根据烈度、房屋高度和结构类型，采用不同的抗震等级。抗震等级分为一、二、三、四共4级。

裙房与主楼相连时，除应按裙房本身确定抗震等级外，尚不应低于主楼的抗震等级；主楼结构在裙房顶层及相邻上下各一层应适当加强抗震构造措施。裙房与主楼分离时，按裙房本身确定抗震等级。当地下室顶板作为上部结构的嵌固部位时，地下一层的抗震等级应与上部结构相同，地下一层以下则可根据具体情况采用三级或更低抗震等级。

2.防震缝设置

钢筋混凝土框架结构应避免采用不规则的建筑结构方案，不设防震缝。当需要设置防震缝时，框架结构房屋的防震缝宽度与高度有关。当高度不超过15m时，不应小于100mm；高度超过15m时，6度、7度、8度和9度相应每增加高度5m、4m、3m和2m，宜加宽20mm。防震缝两侧结构类型不同时，宜按需要较宽防震缝的结构类型和较低房屋高度确定缝宽。对于8、9度框架结构房屋，当防震缝两侧结构层高相差较大时，防震缝两侧框架柱的箍筋应沿房屋全高加密，并可根据需要在缝两侧沿房屋全高各设置不少于两道垂直于防震缝的抗撞墙。抗撞墙的布置宜对称以避免加大扭转效应，其长度可不大于1/2层高，抗震等级可同框架结构（框架构件的内力应按设置和不设置抗撞墙两种计算模型的不利情况取值）。

3.结构布置原则

框架结构的平面布置和沿高度方向的布置原则应符合"规则结构"的规定。框架应双向设置，梁中线与柱中线之间的偏心距不宜大于柱宽的1/4。不要采用单跨框架结构。发生强烈地震时，楼梯是重要的紧急逃生竖向通道，楼梯的破坏会延误人员撤离及救援工作，从而造成严重伤亡。对于框架结构，宜采用现浇钢筋混凝土楼梯。楼梯间的布置不应导致结构平面特别不规则；楼梯构件与主体结构整浇时，应计入楼梯构件对地震作用及其效应的影响，应进行楼梯构件的抗震承载力验算；宜采取构造措施（如，休息板的横梁和楼梯边梁不宜直接支承在框架柱上，支承楼梯的框架柱应考虑休息板的约束和可能引起的短柱），减小楼梯构件对主体结构刚度的影响。楼梯间两侧填充墙与柱之间应加强拉结。

（二）框架截面的抗震设计

钢筋混凝土框架结构的截面抗震设计，是在进行地震作用计算、荷载效应（内力）计算、荷载效应基本组合后进行的。由于抗震设计一般是在进行非抗震设计、确定截面配筋后进行的，因而往往以验算的形式出现。

1.抗震框架设计的一般原则

根据框架结构的震害情形以及大震作用下对框架延性的要求，抗震框架设计时应遵循以下基本原则。

（1）强柱弱梁原则

塑性铰首先在框架梁端出现，避免在框架柱上首先出现塑性铰，也即要求梁端受拉钢筋的屈服先于柱端受拉钢筋的屈服。

（2）强剪弱弯原则

剪切破坏都是脆性破坏，而配筋适当的弯曲破坏是延性破坏；要保证塑性铰的转动能力，应当防止剪切破坏的发生。因此在设计框架结构构件时，构件的抗剪承载力应高于该构件的抗弯承载能力。

（3）强节点、强锚固原则

节点是框架梁、柱的公共部分，受力复杂，一旦发生破坏则难以修复。因此，在抗震设计时，即使节点的相邻构件发生破坏，节点也应处于正常使用状态。框架梁柱的整体连接，是通过纵向受力钢筋在节点的锚固实现的，因此抗震设计的纵向受力钢筋的锚固应强于非抗震设计的锚固要求。

2.地震作用计算

多层框架结构在一般情况下应沿两个主轴方向分别考虑水平地震作用，各方向的水平地震作用应全部由该方向的抗侧力构件承担。对高度不超过40m、以剪切变形为主的框架结构，水平地震作用标准值的计算可采用底部剪力法。

四、抗震新技术

隔震和消能减震，是建筑结构为减轻地震灾害而采用的新技术。隔震可使结构的水平加速度反应降低，从而有效消除或减轻结构的地震损坏；通过消能器增加结构阻尼可以减少结构的水平和竖向地震反应。有条件地利用隔震和消能减震技术以减轻建筑结构的地震灾害是完全可能的。

建筑结构的隔震设计和消能减震设计，应根据建筑抗震设防类别、抗震设防烈度、场地条件、建筑结构方案和建筑使用要求，与采用抗震设计的设计方案进行技术、经济可行性的对比分析后，确定其设计方案。

（一）建筑结构的隔震设计

隔震设计是指在房屋底部设置由橡胶隔震支座和阻尼器等部件组成的隔震层，从而延长整个结构体系的自振周期、增大阻尼，减少输送到上部结构的地震能量，以达到预期防震的效果。

1.隔震设计原理

在建筑物的基础与上部结构之间设置由橡胶和薄钢板相间叠层组成的橡胶隔震支座，把房屋与基础隔离，从而减少或避免地震能量向上部结构的传输，使上部结构的地震反应大大减小，使建筑物在地震作用下不致损坏或倒塌。

2.隔震设计的适用范围和要求

按照积极稳妥推广的方针，隔震技术首先应用于在使用上有特殊要求和抗震设防烈度为8度、9度地区的多层砌体、钢筋混凝土框架和抗震墙房屋中。隔震技术对低层和多层建筑比较合适。

采用隔震技术设计时，应符合下列各项要求：结构体型基本规则，风荷载和其他非地震作用的水平荷载标准值产生的总水平力不宜超过结构总重力的10%。

3.隔震结构的构造措施

（1）隔震层以上结构的隔震措施

隔震层以上结构应采取不阻碍隔震层在罕遇地震下发生大变形的下列措施：

上部结构的周边应设置防震缝，缝宽不宜小于各隔震支座在罕遇地震下的最大水平位移的1.2倍；上部结构（包括与其相连的任何构件）与地面（包括地下室和与其相连的构件）之间，应设置明确的水平隔离缝；当设置水平隔离缝确有困难时，应设置可靠的水平滑移垫层；在走廊楼梯电梯等部位，应无任何障碍物。

丙类建筑在隔震层以上的结构，当水平向减震系数为0.75时，不应降低非隔震时的有关要求；水平向减震系数不大于0.5时，可适当降低对非隔震建筑的要求，但与抵抗竖向地震作用有关的抗震措施不应降低。

（2）隔震层与上部结构的连接

隔震层顶部。隔震层顶部应设置梁板式楼盖，且应符合下列要求：应采用现浇或装配整体式钢筋混凝土梁板，现浇板厚度不宜小于140mm；配筋现浇面层厚度不应小于50mm；隔震支座上方的纵、横梁应采用现浇钢筋混凝土结构；隔震层顶部梁板的刚度和承载力，宜大于一般楼面梁板的刚度和承载力；隔震支座附近的梁、柱，应进行抗冲切计算和局部受压验算，箍筋应加密，并根据需要配置网状钢筋。

和阻尼器的连接。隔震支座和阻尼器的连接应符合下列要求：隔震支座和阻尼器应安装在便于维护人员接近的部位；隔震支座与上部结构、隔震支座与基础结构之间的连接件，应能传递罕遇地震下支座的最大水平剪力；抗震墙下的隔震支座间距不宜大于2m；外露的预埋件应有可靠的防锈措施，预埋件的锚固钢筋应与钢板牢固连接，锚固钢筋的锚固长度宜大于20d（d为锚固钢筋的直径），且不应小于250mm。

（3）隔震层以下的结构

隔震层以下的结构（包括地下室）的地震作用和抗震验算，应采用罕遇地震下隔震支座底部的竖向力、水平力和力矩进行计算。

隔震建筑地基基础的抗震验算和地基处理仍应按本地区抗震设防烈度进行，甲类、乙类建筑的抗液化措施应按提高一个液化等级确定，直至全部消除液化沉陷。

（二）房屋的消能减震设计

消能减震设计是在房屋结构中设置消能装置，通过消能装置的局部变形提供附加阻尼，以消耗输入到上部结构的地震能量，达到预期防震要求的设计方法。

1.结构的消能减震设计原理

结构的消能减震技术是在结构物某些部位（如支撑、节点、剪力墙、连接缝或连接件、楼层空间、相邻建筑间主附结构间等）设置消能装置，通过该装置增加结构阻尼来控制预期的结构变形，从而使主体结构构件在罕遇地震下不发生严重破坏。

消能减震设计需要解决的主要问题是：消能器和消能部件的选型，消能部件在结构中的分布和数量，消能器附加结构的阻尼比的估算，消能减震体系在罕遇地震下的位移计算，消能部件与主体结构的连接构造及其附加的作用，等等。

消能减震房屋最基本的特点是：消能装置可同时减小结构的水平和竖向地震作用，适用范围较广，结构类型和高度均不受限制；消能装置应使结构具有足够的附加阻尼，以满足罕遇地震下预期的结构位移要求；消能装置不改变结构的基本形式，故除消能部件和相关部件外的结构设计，仍可按相应结构类型的要求执行。这样，消能减震房屋的抗震构造与普通房屋相比不提高，但其抗震安全性可以有明显改善。

2.消能减震装置的类型

消能减震设计时，应根据罕遇地震下预期结构位移的控制要求，设置适当的消能部件。消能部件可由消能器及斜撑、墙体、梁或节点等支承构件组成。

3.消能部件的设置

消能部件可根据需要沿结构的两个主轴方向分别设置，一般宜设置在层间变形较大的位置，其数量和分布应通过综合分析合理确定，并利于提高整个结构的消能减震能力，形成均匀合理的受力体系。消能器和连接构件应具有良好的耐久性能和较好的易维护性。

消能器与斜撑、墙体、梁或节点等支承构件的连接，应符合钢构件连接或钢与钢筋混凝土构件连接的构造要求，并能承担消能器施加给连接节点的最大作用力。与消能器连接的结构构件，应计入消能部件传递的附加内力，并将其传递到基础。

隔震和消能减震是建筑结构中减轻地震灾害的新技术。隔震一般可使结构的水平地震加速度反应降低60%左右，从而消除或有效地减轻结构和非结构的地震损坏，提高建筑物及其内部设施和人员的地震安全性，增加了震后建筑物继续使用的功能。

采用消能减震方案，通过消能器增加结构阻尼，对减小结构水平和竖向的地震反应是有效的。

隔震技术对低层和多层建筑比较合适。消能装置的适用范围较广，不受结构类型和高度的限制。隔震技术和消能减震技术的主要使用范围，是可增加投资来提高抗震安全的建筑，除了重要机关、医院等地震时不能中断使用的建筑外，一般建筑经方案比较和论证后也可采用。总之，适应我国经济发展的需要，有条件地利用隔震和消能减震来减轻建筑结构的地震灾害是完全可能的。

第七章　多层与高层建筑结构设计

第一节　多层与高层建筑结构布置的一般原则

一、多层与高层建筑结构概述

（一）高层建筑的界定

建筑高度和层数是高层建筑的两个重要指标，多少层以上或多少高度以上的建筑物为高层建筑？世界各国的规定不一，也不严格。因为高层建筑一般标准较高，所以对高层建筑的定义与一个国家的经济条件、建筑技术、电梯设备、消防装置等许多因素有关。

我国住房和城乡建设部近期批准的行业标准《高层建筑混凝土结构技术规程》（JGJ 3-2010）（简称《高层规程》）规定：本规程适用于10层及10层以上或房屋高度超过28m的住宅建筑和房屋高度大于24m的其他高层民用建筑结构。

抗震设计的高层混凝土建筑，根据建筑使用功能的重要性分为甲类、乙类、丙类三个抗震设防类别。甲类属于重大工程和地震时可能发生严重灾害的建筑，乙类属于地震时使用功能不能中断或需要尽快恢复的建筑，丙类属于一般标准设防建筑。

高层建筑按其最大适用高度和宽度比，又分为A级高度高层建筑和B级高度高层建筑。

（二）高层建筑结构的受力特点与基本要求

1.水平作用是高层建筑结构设计的主要控制因素

在高层建筑设计中，高层建筑结构设计是很重要的一环。高层建筑结构不仅承受竖向荷载（如结构自重、楼面与屋面活荷载等），而且也承受水平作用（如风荷载、地震作用等）。多层建筑，一般可以忽略由水平作用产生的结构侧向位移对建筑使用功能或结构可靠度的影响。在高层建筑结构设计中，竖向荷载的作用与多层建筑相似，柱内轴力随结构高度的增加呈线性关系增大；而由水平作用（风荷载或地震作用等）引起的弯矩，随着高度的增加，呈平方的关系增大；在水平作用下结构的侧向位移，则与结构高度的四次方成正比。上述由水平作用引起的弯矩和侧向位移常常成为决定结构方案、结构布置及构件截面尺寸的主要控制因素。

2.结构刚度是高层建筑结构设计的关键因素

要设计多少层或多高的建筑，这是出自使用的需要，而建筑平面和高度一经确定，外荷载也就不容商榷。为抵抗外荷载（特别是水平作用）引起的内力和控制房屋的侧向位移，则要求结构应具有足够的强度和刚度，而结构的刚度往往是高层建筑结构设计的关键因素。抗侧移刚度的大小不仅与结构体系紧密相关，而且直接关系到结构侧向位移的大小。

3.高层建筑结构设计宜采用最佳的高宽比

建筑物的高宽比，对于多层建筑来说尚不突出，但对高层建筑却显得十分重要。建筑总高度与总宽度要保持合理的比例，才能使建筑体型美观，又满足抗风抗震要求，这是成为最佳设计的主要条件之一。

4.选择有利于抗侧力的建筑体型

在按照建筑的不同功能和不同层数选取合理的结构形式、结构体系，并考虑其最佳高宽比的同时，还必须选择有利于抗风抗震的建筑体型，且宜选用风作用效应较小的平面形状。

5.高层建筑结构设计应注重概念设计

高层建筑结构设计应注重概念设计，还应注意到各项功能的要求，协调配合，统筹布局配合，统筹布局

高层建筑结构设计，应从总体上注意概念设计，重视结构类型的选取和结构体系的确定，重视结构平面布局和竖向布置的规则性。在抗震设计中，应择优选用抗震和抗风性能好且经济合理的结构体系，特别要注重采取和加强有效的构造措施，以保证结构的整体抗震性能，使整个结构具有必要的承载能力、刚度和延性。

高层建筑结构设计，应从总体上注意概念设计，重视结构类型的选取和结构体系的确定，重视结构平面布局和竖向布置的规则性。在抗震设计中，应择优选用抗震和抗风性能好且经济合理的结构体系，特别要注重采取和加强有效的构造措施，以保证结构的整体抗震性能，使整个结构具有必要的承载能力、刚度和延性。

二、结构布置的一般原则

高层建筑钢筋混凝土结构可采用框架、剪力墙、框架—剪力墙、板柱—剪力墙和筒体结构体系。其中，板柱—剪力墙结构系指由无梁楼板与柱组成的板柱框架和剪力墙共同承受竖向和水平作用的结构。各种结构体系结构布置时，应遵守以下一般原则：

（1）高层建筑的开间、进深和层高应力求统一，以便于结构布置，减少构件类型、规格，有利于工业化施工与降低综合造价。

（2）高层建筑结构布置，应使结构具有必要的承载能力、刚度和变形能力。结构的水平和竖向布置宜具有合理的承载力和刚度分布，避免因局部突变和扭转效应而形成薄弱部位；避免因部分结构或构件的破坏而导致整个结构丧失承受重力荷载、风荷载和地震作用的能力。

（3）在高层建筑的一个独立结构单元内，宜使结构平面形状简单、规则，刚度和承载力分布均匀。不应采用严重不规则的结构体系和平面布局。

（4）高层建筑的竖向体型，宜规则、对称，避免有过大的外挑和内收。结构的侧向刚度宜下大上小，逐渐均匀变化，不宜采用竖向布置严重不规则的结构。

（5）高层建筑的结构布置，应保证在正常使用条件下，具有足够的刚度以避免产生过大的位移而影响结构的承载力、稳定性和使用要求。

（6）高层建筑的结构布置应与结构单元、结构体系和基础类型相协调，并与施工条件和施工方法相适应，如需考虑现场施工和预制构件制作的可能和方便，以缩短工期，早日发挥投资效益。

（7）高层建筑结构中，应尽量少设结构缝，以利简化构造，方便施工，降低造价。对于建筑平面形状较为复杂、平面长度大于伸缩缝最大间距或主体与裙房之间沉降差较大时，可以采取调整平面形状和结构布置或采取分阶段施工、设置后浇带的方法，尽量避免设置结构缝。后浇带间距30～40m，后浇带宽800～1000mm，后浇带内钢筋可采用搭接接头，后浇带混凝土宜在两个月后浇灌，混凝土强度等级应提高一级。

（8）在地震区建造高层建筑时，其结构布置尚应特别注意以下几点：

①建筑物（这里主要指结构单元）的平面形状，应力求简单、规则、对称以减少偏心。例如采用正方形、矩形、圆形、椭圆形、Y字形、L形、十字形、井字形等平面形式。因为这样的平面，结构刚度均匀，房屋重心左右一致，抵抗地震作用的房屋刚度中心与地震作用的合力中心位置相重合或比较接近，可以减少因刚度中心和质量中心不一致而引起房屋扭转的影响。因为地震作用的大小与房屋质量有关，所以地震作用的合力作用点常称为房屋的质量中心。

②房屋的竖向结构布置，应力求刚度均匀连续。如柱子、剪力墙的截面沿高度应上下

一致，或由下而上逐渐变小。各层刚度中心应尽量位于一条竖直线上，避免错位、截面明显减小或突然取消，防止建筑物刚度和重心上下不一致。

③楼盖是传递竖向荷载及水平作用并保证抗侧力结构协同工作的关键构件，必须保证它在平面内有足够的刚度，同时应保证墙、柱与楼盖的可靠连接。为此，应优先采用整体现浇楼板。对于装配式楼板，宜增设现浇层，并在支承部位和板与梁、板与墙的连接处，采用可靠的构造措施。

④建造在地震区的高层建筑，更应从设计、施工质量上保证结构的整体性，使房屋各部分结构能有效地组合在一起，发挥空间工作的作用，以提高抗震能力。例如，结构要多道设防，使结构计算图式的超静定次数增多。这样，在经受地震后，即使有个别的构件破坏，也不会造成整个房屋的过早失稳和破坏。

⑤当建筑物平面形状复杂而又无法调整其平面形状和结构布置使之成为较规则的结构时，宜设置防震缝将其划分为较简单的几个结构单元。

⑥经受地震后，房屋中的隔墙、女儿墙、阳台、雨篷、挑檐等构件最容易损坏，甚至坠落而造成伤亡事故。设计时，必须采取有效的结构措施，予以锚固和拉结。

上述各点，对地震区高层建筑结构设计十分重要，必须严格遵守。同样，在进行非地震区高层建筑设计中，也应尽量参照执行，从而达到安全适用、经济合理的效果。

第二节　多层与高层建筑结构上的荷载和地震作用

多层与高层建筑所承受的荷载及作用，包括结构自重、屋面活荷载（或雪荷载）、楼面活荷载、吊车与设备荷载、风荷载、地震作用、温度作用、冲击波荷载等。

其中，温度作用仅在某些建筑高度超过100m或超过30层时予以考虑；冲击波荷载只对某些重要建筑，按照军工规范的有关规定，折算成等效静荷载计算。

对于民用多层与高层建筑所承受的荷载及作用，一般分为两类：一类为竖向荷载，主要包括结构自重、屋面活荷载、楼面活荷载以及设备荷载等；另一类为水平荷载及作用，主要包括风荷载和地震作用。一般情况下，在风力不很大的地震区建筑物仅考虑地震作用而不考虑风荷载；而在风力较大的地震区建筑物，则需同时计算出由风荷载和地震作用引起的内力，然后再进行荷载的不利组合。

一、竖向荷载

高层建筑结构的竖向荷载（包括结构自重、屋面与楼面活荷载等）标准值，按现行国家标准《建筑结构荷载规范》（GB 50009—2012）（简称《荷载规范》）的有关规定采用。此外，《高层规程》尚作如下补充：

（1）施工中采用附墙塔、爬塔等对结构受力有影响的起重机械或其他施工设备时，应根据具体情况确定对结构产生的施工荷载。

（2）旋转餐厅轨道和驱动设备的自重应按实际情况确定。

（3）擦窗机等清洗设备应按实际情况确定其自重的大小和作用位置。

（4）直升机平台上的活荷载，应按实际最大起重量决定的局部荷载标准值乘以动力系数确定。对具有液压轮胎起落架的直升机，动力系数可取1.4；当没有机型技术资料时，局部荷载标准值及其作用面积，可根据直升机类型取用，但不小于5kN/m²。

在高层建筑结构的内力计算中，为简化计算，对于屋面或楼面活荷载，一般可不进行最不利布置，全按满载计算。但当设计楼面梁、墙、柱及基础时，应对楼面活荷载标准值乘以折减系数。例如，设计住宅、办公楼、旅馆、医院病房、幼儿园的楼面梁，且当从属面积超过25m²时，取0.9。又如，设计教室、会议室、礼堂、电影院、展览馆、商店、藏书库的楼面梁，且当从属面积超过50m²时，取0.9，当设计其墙、柱及基础时，采用与楼面梁相同的折减系数。

二、风荷载

风与建筑物相遇，将对建筑物的表面产生压力、吸力或浮力，即为风荷载。风荷载的特点之一是具有变化的特性。风荷载与风本身的性质、速度、方向有关；同时也与建筑物的体型、高度、建筑物周围的环境、地形、地貌等因素有关。例如，在建筑物的迎风面会受到压力，在背风面和侧面会受到吸力，对外伸的阳台、挑檐等会形成浮力。风荷载的另一个特点是具有静力和动力的双重特性。

三、地震作用

多层与高层建筑结构属于多质点体系，对于刚度与质量沿竖向分布特别不均匀的高层建筑结构、甲类高层建筑结构以及高度大于100m（7度，8度的I、II类场地）和80m（8度的III、IV类场地）、60m（9度）的乙、丙类高层建筑结构，宜采用时程分析法计算水平地震作用。即按设防烈度、设计地震分组和场地类别，选取适当数量的实测地震记录或人工模拟加速度时程曲线，求得结构底部剪力。对于高度不超过40m、以剪切变形为主且质量和刚度沿高度分布比较均匀的多层与高层建筑结构，可采用底部剪力法。

（一）水平地震作用的计算方法

水平地震作用的计算有三种方法：即底部剪力法、振型分解反应谱法和时程分析法。

底部剪力法，即利用反应谱理论确定结构最大加速度值，乘以结构的总质量，则得到结构所承受的总水平地震作用（结构底部总剪力），然后按每一楼层的高度和重量，将总的水平地震作用分配到各楼层处。它的优点是计算简单，便于手算，缺点是没有考虑高振型的影响。底部剪力法只适用于高度不超过40m，以剪切变形为主且质量、刚度沿高度分布比较均匀的多高层建筑结构，以及近似于单质点体系的结构。

振型分解反应谱法，即将多质点体系的振动分解成各个振型的组合，而每个振型又是一个广义的单自由度体系，利用反应谱便可求出每一振型的地震作用，经过内力分析，计算出每一振型相应的结构内力，按照一定的方法进行相应的内力组合。

从上述分析可知，底部剪力法是振型分解反应谱法的一个特例，底部剪力法只考虑基本振型（第一振型）的地震作用，因此振型分解法的计算精度比底部剪力法高。

时程分析法，即根据结构振动的动力方程，选择适当的强震记录作为地震地面运动，然后按照所设计的建筑结构，确定结构振动的计算模型和结构恢复力模型，利用数值解法求解动力方程。该方法可以直接计算出地面运动过程中结构的各种地震反应（位移、速度和加速度）的变化过程，并且能够描述强震作用下，整个结构反应的全过程，由此可得出结构抗震过程中的薄弱部位，以便修正结构的抗震设计。

高层建筑结构的地震作用宜采用振型分解法进行计算。但在7～9度抗震设防地区的甲类高层建筑、部分乙丙类高层建筑结构、质量沿竖向分布特别不规则的高层建筑结构应采用弹性时程分析法进行多遇地震下的补充计算。

1.底部剪力法

采用底部剪力法时，各楼层的质量集中于楼板处，看作一个集中质点，结构的水平地震作用标准值按下列公式确定

$$F_{EK} = \alpha_1 G_{eq} \tag{5-1}$$

$$F_i = \frac{G_i H_i}{\sum\limits_{j=1}^{n} G_j H_j} F_{EK}(1-\delta_n) \quad (i=1, 2, \cdots, n) \tag{5-2}$$

$$\Delta F_n = \delta_n F_{EK} \tag{5-3}$$

式中：F_{EK}——结构总水平地震作用标准值；

α_1——相应于结构基本自振周期的水平地震影响系数，应按地震影响系数曲线计算

确定。

G_{eq}——结构等效总重力荷载，单质点取总重力荷载代表值；

F_i——质点主的水平地震作用标准值；

G_iH_i——集中于质点i、j的重力荷载代表值；

H_i、H_j——i、j质点的计算高度；

δ_n——顶部附加地震作用系数，多层钢筋混凝土和钢结构房屋可按规定采用，
多层内框架砖房可采用0.2，其他房屋可采用0.0；

ΔF_n——顶部附加水平地震作用。

（1）质点的重力荷载代表值G_i。

质点的重力荷载代表值是指发生地震时，各楼层（各质点）处可能具有的永久荷载和可变荷载之和。此时永久荷载取100%，可变荷载按下列规定采用：

①雪荷载取50%；

②楼面活荷载按实际情况计算时取100%，按等效均布活荷载计算时，藏书库、档案库、库房取80%，一般民用建筑取50%。

（2）结构等效总重力荷载代表值G_{eq}。

底部剪力法是视多质点体系为等效单质点体系。等效总重力荷载G_{eq}是指采用该荷载按单质点体系计算出的底部剪力与按多质点体系计算出的底部剪力相等。等效总重力荷载是重力荷载代表值的0.85倍。0.85为等效质量系数，它反映了多质点体系底部剪力值与对应单质点体系（质量等于多质点体系总质量，周期等于多质点体系基本周期）剪力值的差异。

（3）顶部附加水平地震作用标准值ΔF_n。

顶部附加水平地震作用ΔF_n是出于考虑结构底部总的地震剪力确定之后，水平地震作用沿结构高度大体上按倒三角形的规律分布的问题。经检验，按倒三角形计算出的结构上部水平地震剪力，比振型分解法等较精确的方法计算的结果要小，尤其是对周期较长的结构，计算结果往往相差更大。采用在顶部附加集中力$\triangle F$。的方法，既可适当改进倒三角形分布的误差，又可保持计算简便的优点。研究表明，这个附加集中力的大小，既与自振周期有关，又与场地类别有关，故用顶部附加地震作用系数。

（4）带有小塔楼的结构。

震害表明，突出屋面的屋顶间（如电梯机房、水箱间）、女儿墙、烟囱等"小塔楼结构"，由于突出屋面的这些部分的质量和刚度突然变小，地震反应随之增大，它们的震害比主体结构严重；在地震工程中，把这种现象称为"鞭端效应"。考虑到这种情况，《建筑抗震设计规范（附条文说明）（2016年版）》（GB 50011—2010）中规定，采用底部剪力法时，该类屋顶间的地震作用效应，宜乘以增大系数，此增大部分不应往下传递，仅用

于小塔楼自身及与小塔楼直接连接的主体结构构件。

2.振型分解反应谱法

振型分解反应谱法根据结构质量中心与刚度中心是否存在偏心距可分为考虑平动—扭转耦联和仅考虑平动两种情况的计算方法。

（1）不考虑扭转耦联，而只考虑平动时，应按下列规定计算结构地震作用和作用效应：

结构j振型第i质点上的水平地震作用标准值，应按公式确定，即

$$F_{ji} = \alpha_j \gamma_j x_{ji} G_i \quad (i=1, 2, \cdots, n; \ j=1, 2, \cdots, m) \tag{5-4}$$

$$r_i = \frac{\sum\limits_{i=1}^{n} x_{ji} G_i}{\sum\limits_{i=1}^{n} x_{ji}^2 G_i} \tag{5-5}$$

式中：F_{ji}——j振型第i质点的水平地震作用标准值；

α_j——相应于j振型自振周期的地震影响系数；

x_{ji}——j振型第i质点的水平相对位移；

γ_j——j振型的振型参与系数；

G——集中于质点主的重力荷载代表值。

水平地震作用效应（弯矩、剪力、轴向力和变形），应按公式确定，即

$$S_{Ek} = \sqrt{\sum S_j^2} \tag{5-6}$$

式中：S_{EK}——水平地震作用标准值的效应；

S_j——j振型水平地震作用标准值的效应，可只取前2~3个振型，当基本自振周期大于1.5s或房屋高宽比大于5时，振型个数应适当增加。

（2）考虑扭转耦联时，应按下列规定计算结构地震作用和作用效应：《高层建筑混凝土结构技术规程》（JGJ 3-2010）要求即使是规则建筑也应考虑偶然偏心影响，因此，对于高层建筑混凝土结构设计时，必须进行平动—扭转耦联振动的计算。

在高层建筑平动—扭转耦联振动中，当高层建筑楼面在自身平面内的刚度很大时，每层楼面有三个独立的自由度，相应于任一振型j在任意层i具有三个相对位移：x_{ji}、y_{ji}、φ_{ji}，此时，第j振型第i层质心处地震作用有x向和y向水平力分量和绕质心轴的扭矩，其计算公式为

$$\left.\begin{array}{l}
F_{xji} = \alpha_j \gamma_{tj} x_{ji} G_i \\
F_{yji} = \alpha_j \gamma_{tj} y_{ji} G_i \quad (i=1,2,\cdots,\ n;\ j=1,2,\cdots,\ m) \\
F_{tji} = \alpha_j \gamma_{tj} r_i^2 \phi_{ji} G_i
\end{array}\right\} \tag{5-7}$$

式中：F_{xji}、F_{yji}、F_{tji}——j振型第i层的x、y方向和转角方向的地震作用标准值；

x_{ji}、y_{ji}——j振型第i层质心在x，y方向的水平相对位移；

φ_{ji}——j振型第i层的相对扭转角；

r_i——第i层转动半径，可取i层绕质心的转动惯量除以该层质量的商的正二次方根；

α_j——相应于第j振型自振周期T_j的地震影响系数；

G_i——质点i的重力荷载代表值；

n——结构计算总质点数，小塔楼宜每层作为一个质点参加计算；

m——结构计算振型数，一般情况下可取9~15；

γ_{tj}——考虑扭转的j振型参与系数，可按下列公式计算。当仅考虑工方向地震作用时

当仅考虑x方向地震作用时：

$$\gamma_{tj} = \frac{\sum\limits_{i=1}^{n} x_{ji} G_i}{\sum\limits_{i=1}^{n} (x_{ji}^2 + y_{ji}^2 + \phi_{ji}^2 r_i^2) G_i} \tag{5-8}$$

当仅考虑y方向地震作用时：

$$\gamma_{tj} = \frac{\sum\limits_{i=1}^{n} y_{ji} G_i}{\sum\limits_{i=1}^{n} (x_{ji}^2 + y_{ji}^2 + \phi_{ji}^2 r_i^2) G_i} \tag{5-9}$$

当仅考虑x方向夹角为θ的地震作用时：

$$\gamma_{tj} = \gamma_{xj} \cos\theta + \gamma_{yj} \sin\theta \tag{5-10}$$

地震作用效应计算：

①单向水平地震作用下，考虑扭转的地震作用效应，应按下式确定。

$$S = \sqrt{\sum_{j=1}^{m} \sum_{k=1}^{m} \rho_{jk} S_j S_k} \tag{5-11}$$

$$\rho_{jk} = \frac{8\xi_j \xi_k (1+\lambda_T) \lambda_T^{1.5}}{(1-\lambda_T^2)^2 + 4\xi_j \xi_k (1+\lambda_T)^2 \lambda_T} \tag{5-12}$$

式中：S——考虑扭转的地震作用标准值的效应；S_j、S_k分别为j，k振型地震作用标准值的效应；

ρ_{jk}——j振型与k振型的耦联系数；

γ_T——k振型与j振型的自振周期比；

ξ_j、ξ_k——j，k振型的阻尼比。

②考虑双向水平地震作用下的扭转地震作用效应，应按下列公式中较大值确定。

$$S = \sqrt{S_x^2 + (0.85S_y)^2} \tag{5-13}$$

$$S = \sqrt{S_y^2 + (0.85S_x)^2} \tag{5-14}$$

式中：S——考虑双向水平地震作用下的扭转地震作用效应；

S_x、S_y——仅考虑x、y方向水平地震作用效应，系指两个正交方向地震作用在每个构件的同一局部坐标方向的地震作用效应，如工方向地震作用下的局部坐标α，向的弯矩M_{xx}和y方向地震作用下在局部坐标x_i方向的弯矩M_{xy}。

3.时程分析法

（1）振动方程。

一单质点体系的基底受到地面运动加速度元，（t）的作用，质点m在任意时刻t的振动方程为

$$m\ddot{x} + c\dot{x} + F(x) = -m\ddot{x}_g \tag{5-15}$$

式中：m——质量；

c——阻尼系数；

$F(x)$——当质点产生相对位移工时，质点m所受的恢复力，当结构处于弹性阶段，$F(z)$与位移α成正比，即$F(x)=kx$。

x、$\dot{x}$、$\ddot{x}$——质点m于任意时刻t相对于地面的位移、速度与加速度；

$\ddot{x}_g$——地面运动加速度。

高层建筑不是单质点的振动体系，最简化的模型是将质点集中于各楼层而形成多质点串联体系，因而，形成的振动方程是一个矩阵方程，即

$$[m]\{\ddot{x}\} + [c]\{\dot{x}\} + [k](x) = -[m]\{\ddot{x}_g\} \tag{5-16}$$

式中：$[m]$、$[c]$、$[k]$——质量矩阵、阻尼矩阵和刚度矩阵；

(x)、$\{\dot{x}\}$、$\{\ddot{x}\}$——质点位移列阵、速度列阵和加速度列阵；

$\{\ddot{x}_g\}$——输入地震加速度记录列阵。

在地震作用下，结构的受力状态往往超出弹性范围，恢复力与位移的关系也由线性过渡到非线性，结构的振动也由弹性状态进入弹塑性状态。由于结构的各个构件进入塑性状态或返回弹性状态的时刻先后不一，每一构件弹塑性状态的变化都将引起结构内力和变形的变化。因此，采用时程分析法进行结构设计，计算工作将是十分繁重的，但是它能从初始状态开始一步一步积分到地震作用的终止，从而可以得出结构在地震作用下，从静止到振动以至达到最终状态的全过程。

目前国内主要采用弹性时程分析法进行多遇地震下的补充计算，并已在工程设计中普遍应用。

（2）输入地震波的选用。

地震时，地面运动加速度的波形是随机的，而不同的波形输入后，时程分析的结果很不相同，分散性很大，因而选用合适的地震波非常重要。选择的地震波类型可以是：

①与拟建场地相近的真实地震记录。

②按拟建场地地质条件人工生成的模拟地震波。

③按标准反应谱曲线生成的人工地震波。

上述①类地震波由地震台站记录并提供，②③类可用专门程序按用户的要求生成。每座建筑物每一个方向至少选用3条地震波，其中至少有2条真实地震记录。

常用时距Δt为0.01~0.02s，地震波的持续时间不宜小于建筑结构基本自振周期的3~4倍，也不宜少于12s。

输入地震波最大加速度可按表5-1取用。

表5-1　弹性时程分析时输入地震加速度的最大值

设防烈度	7度	8度	9度
加速度最大值/（cm·s⁻²）	35（55）	70（110）	140

注：7度、8度时括号内数值分别用于设计基本地震加速度为0.15g和0.30g的地区，此处g为重力加速度。

弹性时程分析时，每条时程曲线计算所得的结构底部剪力不应小于振型分解反应谱法求得的底部剪力的65%，多条时程曲线计算所得的结构底部剪力的平均值不应小于振型分解反应谱法求得的底部剪力的80%。

（二）竖向地震作用的计算方法

竖向地震可以采用与水平地震同样的反应谱，其差别在于地震影响系数最大值不同，以及地震影响系数确定方法不同。

《建筑抗震设计规范（附条文说明）（2016年版）》（GB 50011—2010）对不同结构的竖向地震作用采用不同的计算方法：对高层建筑、高耸结构的竖向地震作用计算采用反应谱法；对大跨度结构、长悬臂结构等的竖向地震作用计算采用静力法。

1.反应谱法

对高层建筑、高耸结构的竖向地震作用计算，也是将其视为"串联质点体系"。分析表明，高层建筑、高耸结构的竖向地震作用只考虑第一振型的竖向地震作用作为结构的竖向地震作用误差不大。

一些工程实例的计算结果表明，高层建筑中各部位竖向地震作用的大小，基本上与各部位所在的高度成正比，沿高度上：为倒三角形分布，以底层为最小，顶层为最大，中间楼层大体上按线性规律变化。

《建筑抗震设计规范（附条文说明）（2016年版）》（GB 50011—2010）规定，9度时的高层建筑，其竖向地震作用标准值应按下列公式确定：楼层的竖向地震作用效应可按各构件承受的重力荷载代表值的比例分配，并宜乘以增大系数1.5。

$$F_{Evk} = \alpha_{v\max} G_{eq} \tag{5-17}$$

$$F_{vi} = \frac{G_i H_j}{\sum G_j H_j} F_{Evk} \tag{5-18}$$

式中：F_{Evk}——结构总竖向地震作用标准值；

$\alpha_{v\max}$——竖向地震影响系数最大值，可取水平地震影响系数最大值的65%；

G_{eq}——结构等效重力荷载，可取总重力荷载代表值的75%；

F_{vi}——质点主的竖向地震作用标准值；

G_i、G_j——集中于质点 i、j 的重力荷载代表值；

H_i、H_j——质点的计算高度。

2.静力法

用反应谱法、时程分析法进行计算分析表明，平板型网架屋盖和跨度大于24m的屋架，在竖向地震作用下的内力和重力荷载作用下的内力比值一般比较稳定。因此，《建筑抗震设计规范（附条文说明）（2016年版）》（GB 50011—2010）规定，大跨度结构和长悬臂结构可采用静力法计算。

对于平板型网架屋盖和跨度大于24m的屋架的竖向地震作用标准值，宜取其重力荷载代表值和竖向地震作用系数的乘积；长悬臂和其他大跨度结构的竖向地震作用标准值，8度和9度可分别取该结构、构件重力荷载代表值的10%和20%；设计基本地震加速度为0.30g时，可取该结构、构件重力荷载代表值的15%。

第三节　框架结构

一、框架结构的结构组成及受力特点

框架结构，系指由梁和柱为主要构件组成的承受竖向和水平作用的结构。框架结构，一般由框架柱和框架横梁通过节点连接而成。框架节点通常为刚接，主体结构除个别部位外，均不应采用铰接。因为框架结构主要承受竖向荷载（如恒载和屋面活荷载）和水平荷载及作用（如风荷载和水平地震作用），所以常把框架结构看成由横向平面框架和纵向平面框架组成的空间受力体系。为此，《高层规程》规定，框架结构应设计成双向梁柱抗侧力体系。

框架结构在竖向荷载作用下，受力明确，传力简捷，也便于计算；在水平荷载及作用下，抗侧刚度小，变形呈剪切型，水平侧移大，底部几层侧移更大。与其他高层建筑结构相比，属柔性结构。框架结构自下而上内力相差较大，相应的构件类型也较多。框架结构的突出优点是建筑平面布置灵活，能满足较大空间要求，特别适用于商场、餐厅等。

在框架结构布置时，框架梁柱中心线宜重合，尽量避免偏心。当梁柱中心线不重合时，梁柱中心线之间的偏心距，不宜大于柱截面在该方向宽度的1/4。超过时可采取增设梁的水平加腋等措施。

框架结构常采用轻质墙体作为填充墙及隔墙。抗震设计时，如采用砌体填充墙时，其布置应避免上、下层刚度变化过大；避免形成短柱，并应减少因抗侧刚度偏心所造成的扭转。为保证墙体自身的稳定性，砌体填充墙及隔墙的墙顶应与框架梁或楼板密切结合，且应与框架柱有可靠拉结。《高层规程》特别指出：框架结构按抗震设计时，不应采用部分由框架承重，部分由砌体墙承重的混合形式。框架结构中的楼梯间、电梯间及局部出屋顶的电梯机房、楼梯间、水箱间等，应采用框架承重，不应采用砌体墙承重。

二、框架结构布置方案

（一）柱网布置

柱网布置包括柱网及层高的确定。柱网布置原则是：满足使用要求，结构受力合理，用材节省，造价经济，施工方便，且能与施工机械的运输、吊装能力相适应。同时，柱网布置应力求行距、列距一致，且宜布置在同一轴线上。除房屋底部或顶部以外，中间各层通常层高相同。这样，传力直接，受力合理，又可减少构件规格、型号。

柱网布置应注意以下几点：

1.柱网布置应满足生产工艺要求

按照生产工艺要求，多层厂房的柱网布置有内廊式、等跨式、对称不等跨式几种。

2.柱网布置应满足建筑平面布置要求

对于旅馆、办公楼等民用建筑，其柱网布置可采用两边跨为客房与卫生间，中间跨为走道；或两边跨为客房，中间跨为走道与卫生间。也可取消中间一排柱子，将柱网布置成两跨。而且柱网布置应与纵横隔墙相协调，尽量使柱子布置在纵横隔墙的交叉点上。

3.柱网布置应使结构受力合理

多层框架主要承受竖向荷载。其横向柱列布置时，应考虑到结构在竖向荷载作用下内力分布均匀合理，各种构件材料强度得以充分利用。

多层框架的纵向柱距，一般可取一个建筑开间和两个建筑开间。前者开间小，柱截面常按构造配筋，材料强度不能充分利用，建筑平面也难以灵活布置。所以，多层框架的纵向柱列布置多采用后者。

4.柱网布置应方便施工

建筑设计及结构布置应同时考虑施工方便，以加快施工进度，降低工程造价。对于装配式结构，既要考虑到构件的最大长度和最大重量，使之满足吊装、运输设备的限制条件，又要考虑到构件尺寸的模数化、标准化，并尽量减少构件的规格类型。对于现浇框架结构，虽然可不受模数和标准图的限制，但其结构布置亦应力求简单规则，以方便施工。

根据我国现有的构件供应情况和施工吊装能力，住宅建筑的开间一般在3.3～4.5m；公共建筑的开间可达6.6m。框架横梁通常在4～9m。布置柱网时，最好在上述范围内选择柱网尺寸，或一个开间设一框架，或两个开间设一框架。

（二）承重框架的布置方案

为便于结构设计，通常按竖向荷载传递路线的不同，将承重框架的布置方案分为横向框架承重、纵向框架承重和纵横向框架混合承重等几种。

1.横向框架承重方案

对于长宽比较大的矩形平面民用建筑，或者无集中通风要求的工业建筑，由于纵向柱列柱数较多，强度和刚度容易保证，所以一般多把主要承重框架沿房屋的横向布置，用以加强横向刚度，再通过纵向连系梁连成整体。

这种布置方案，主要荷载由横向框架承受。当考虑风荷载作用时，因纵向刚度大，迎风面小，故在竖向和水平荷载作用下，可仅对横向框架进行内力分析；当考虑地震作用时，因水平地震作用主要是由质点重量决定的，纵横方向大小相同，而纵向框架柱的总刚度，有时小于横向框架柱的总刚度，故需对纵横两个方向的框架进行内力分析。

横向框架承重方案，纵向连系梁截面高度较小，在建筑上有利于采光，但由于横梁截面较高，不利于有集中通风要求的多层厂房设置通风管道。

2.纵向框架承重方案

对于长宽比较大的矩形平面，且有集中通风要求的多层厂房，多采用主要承重框架沿房屋纵向布置，在承重框架之间（沿房屋的横向）用连系梁或者卡口板联系。

这种布置方案，主要荷载由纵向框架承受。在风荷载作用下，可只计算横向框架，而不须计算纵向框架。

纵向框架承重方案，开间布置灵活，而且由于横向连系梁截面高度较小，可以增大室内净空高度，便于设置通风干管，而不增加房屋层高，因此可降低房屋造价。这种布置方案，房屋横向刚度较差，故只适用于层数不多的厂房，一般民用房屋很少采用。

3.横纵向框架混合承重方案

当房屋平面接近正方形（两个方向柱列数接近），特别是楼面荷载较大时，或者当采用大柱网，两个方向框架横梁均为承重梁时，则可采用此种承重方案。

这种承重方案，纵、横两个方向框架同时承受竖向荷载和水平荷载。对有抗震设防要求的房屋，两个方向都可以具有足够的抗侧刚度。

横纵向框架混合承重方案，特别适用于平面布置较为复杂的民用住宅建筑。

三、框架梁、柱的截面形式与截面尺寸

在柱网布置时，首先要初步选定梁、柱截面形式。横梁截面一般为矩形或T形（梁、板整体现浇时），在装配整体式和装配式框架中，为了提高楼层中梁底净空高度，常将梁的截面做成花篮形。

为使梁的截面大小经济合理，梁的截面尺寸可根据梁的跨度初步确定（若计算所得的配筋率在经济配筋率范围内，则认为初定的截面尺寸是合适的）。另外，梁宽应比柱宽至少小50mm，否则梁的两侧钢筋可能与柱子钢筋相碰而难以设置。

框架柱的截面形状通常取为矩形或正方形，有时也可以做成T形、I形和其他形状。柱的截面尺寸可参考已建的类似建筑确定，也可近似地按轴心受压柱估算。估算时应考虑柱子实际上并非只有轴向压力，因而将估算压力适当提高。

第四节 剪力墙结构

一、剪力墙结构的受力特点及分类

（一）剪力墙结构的受力特点

剪力墙结构，系指由剪力墙组成的承受竖向和水平作用的结构。高层建筑结构中的剪力墙，多为钢筋混凝土剪力墙。其受力特点主要有：

（1）竖向荷载和水平作用全由剪力墙承担。

（2）剪力墙抗侧刚度大，侧位移小，属刚性结构。

（3）水平作用下，剪力墙变形呈弯曲形。

（4）剪力墙结构开间死板，建筑布置不灵活。

（二）剪力墙的分类

1.整体剪力墙

整体剪力墙为墙面上不开洞口或洞口很小的实体墙。后者系指其洞口面积小于整个墙面面积的15%，且洞口之间的距离及洞口距墙边的距离均大于洞口的长边尺寸的剪力墙。整体剪力墙在水平荷载作用下，以悬臂梁（嵌固于基础顶面）的形式工作，与一般悬臂梁不同之处，仅在于剪力墙为典型的深梁，在变形计算中不能忽略它的剪切变形。

2.整体小开口剪力墙

对于开有洞口的实体墙，上、下洞口之间的墙，在结构上相当于连系梁，通过它将左右墙肢联系起来。如果连系梁的刚度较大，洞口又较小（但洞口面积大于总面积的15%），则属于整体小开口剪力墙。整体小开口剪力墙是整体墙与联肢墙的过渡形式。由于开设洞口而使墙内力与变形比整体墙大，连系梁仍具有较大的抗弯、抗剪刚度，而使墙肢内力与变形又比联肢墙小。从总体上看，整体小开口剪力墙的整体性较好，变形时墙肢一般不出现反弯点，故更接近于整体墙。

3.联肢剪力墙

如果墙体洞口较大，连系梁的刚度较小，一般称为联肢墙。联肢墙可看作通过连系梁连接而成的组合式整体墙。如果洞口的宽度较小，连梁和墙肢的刚度均较大，则接近于整体小开口剪力墙；如果洞口的宽度较大，连梁和墙肢的刚度均较小，则接近于壁式框架；如果墙肢的刚度大，而连梁的刚度过小，则每个墙肢相当于用两端铰接的链杆联系起来的单肢整体墙。后者，当整个联肢墙发生弯曲变形时，可能在连系梁中部出现反弯点（反弯点处只有剪力和轴力），此时，每个墙肢相当于同时承受外荷载和反弯点处剪力如果墙体洞口较大，连系梁的刚度较小，一般称为联肢墙。联肢墙可看作通过连系梁连接而成的组合式整体墙。如果洞口的宽度较小，连梁和墙肢的刚度均较大，则接近于整体小开口剪力墙；如果洞口的宽度较大，连梁和墙肢的刚度均较小，则接近于壁式框架；如果墙肢的刚度大，而连梁的刚度过小，则每个墙肢相当于用两端铰接的链杆联系起来的单肢整体墙。后者，当整个联肢墙发生弯曲变形时，可能在连系梁中部出现反弯点（反弯点处只有剪力和轴力），此时，每个墙肢相当于同时承受外荷载和反弯点处剪力和轴力的悬臂梁。

4.壁式框架

如果墙体洞口的宽度较大，则连系梁的截面高度与墙肢的宽度相差不大（二者的线刚度大致相近），这种墙体在水平荷载作用下的工作很接近于框架。只不过是梁与柱截面高度都很大，故工程上将这种墙体称为壁式框架。它与一般框架的主要不同点在于梁柱节点刚度极大，靠近节点部分的梁与柱可以近似地认为是一个不变形的区段，即所谓"刚域"。在计算内力和变形时，梁与柱均应按变截面杆件考虑，其抗弯、抗剪刚度均需进一步修正。

5.框支剪力墙

框支剪力墙，标准层采用剪力墙结构，只是底层为适应大空间要求而采用框架结构（底层的竖向荷载和水平作用全部由框架的梁、柱来承受）。这种结构，在地震作用的冲击下，常因底层框架刚度太弱、侧移过大、延性较差，或因强度不足而引起破坏，甚至导致整幢建筑倒塌。近年来，这种底层为纯框架的剪力墙结构，在地震区已很少采用。

为了改善结构的受力性能，提高建筑物的抗震能力，在结构平面布置中，可将一部分剪力墙落地并贯通至基础，称为落地剪力墙；而另一部分，底层仍为框架。

二、剪力墙的结构布置要点

剪力墙结构体系，按其体型可分为"条式"和"塔式"两种。剪力墙结构体系的结构布置可分述如下。

（一）剪力墙的平面布置

剪力墙宜沿主轴方向（横向和纵向）或其他方向双向布置；抗震设计的剪力墙结构，应避免仅单向有墙的结构布置形式。剪力墙墙肢截面宜简单规则。

剪力墙的横向间距，常由建筑开间而定，一般设计成小开间或大开间两种布置方案。对于高层住宅或旅馆建筑（层数一般为16~30层），小开间剪力墙间距可设计成3.3~4.2m；大开间剪力墙间距可设计成6~8m。前者，开间窄小，结构自重较大，材料强度得不到充分发挥，且会导致过大的地震效应，增加基础投资；后者，不仅开间较大，可以充分发挥墙体的承载能力，经济指标也较好。

剪力墙的纵向布置，一般设置为两道、两道半、三道或四道。对抗震设计，应避免采用不利于抗震的鱼骨式平面布置方案。

由于纵横墙连成整体，从而形成L形、T形、工字形，以增强平面内刚度，减少剪力墙平面外弯矩或梁端弯矩对剪力墙的不利影响，有效防止发生平面外失稳破坏。由于纵墙与横墙的整体连接，考虑到在水平荷载作用下纵横墙的共同工作，因此在计算横墙受力时，应把纵墙的一部分作为翼缘考虑；而在计算纵墙受力时，则应把横墙的一部分作为翼缘考虑。

在具体设计中，墙肢端部应按构造要求设置剪力墙边缘构件。当端部有端柱时，端柱即成为边缘构件，当墙肢端部无端柱时，则应设计构造暗柱，对带有翼缘的剪力墙，边缘构件可向翼缘扩大。

（二）剪力墙的立面布置

剪力墙的高度一般与整个房屋的高度相同，自基础直至屋顶，高达几十米或一百多米。

剪力墙的立面宜自下而上连续布置，避免刚度突变。剪力墙开设门窗洞口时，宜上下对齐，成列布置，形成明确的墙肢和连梁，使之墙肢和连梁传力直接，受力明确，不仅便于钢筋配置，方便施工，经济指标也较好。否则将会形成错洞墙或不规则洞口，这将使墙体受力复杂，洞口角边容易产生明显的应力集中，地震时容易发生震害。

（三）单片剪力墙的长度不宜过长

《高层规程》规定，每个墙肢（或独立墙段）的截面高度不宜大于8m。这是因为过长的墙肢，一方面，使墙体的延性降低，容易发生剪切破坏；另一方面，会导致结构刚度迅速增大，结构自振周期过短，从而加大地震作用，对结构抗震不利。

当墙肢超过8m，宜采用弱连梁的连接方法，将剪力墙分成若干个墙段，或将整片剪力墙形成由若干墙段组成的联肢墙。

此外，剪力墙与剪力墙之间的连梁上不宜设置楼面主梁。

（四）框支剪力墙的布置要求

剪力墙结构布置，虽适合于宾馆、住宅的标准层建筑平面，却难以满足底部大空间、多功能房间的使用要求。这时需要在底层或底部若干层取消部分剪力墙，而改成框支剪力墙。框支剪力墙为剪力墙结构的一种特殊情况。其结构布置应满足以下要求：

1.控制落地剪力墙的数量与间距

对于矩形平面的剪力墙结构，落地剪力墙的榀数与全部横向剪力墙的比值，非抗震设计时不宜少于30%，抗震设计时不宜少于50%。落地剪力墙的间距L应满足以下要求：非抗震设计时，$L \leqslant 3B$，且$L \leqslant 36m$；抗震设计时，底部为1~2层框支层时，$L \leqslant 2B$，且$L \leqslant 24m$；底部为3层及3层以上框支层时，$L \leqslant 1.5B$，且$L \leqslant 20m$。其中，B为楼盖结构的宽度。

2.控制建筑物沿高度方向的刚度变化幅度

对于底层大空间剪力墙结构，在沿竖向布置上，最好使底层的层刚度和二层以上的层刚度，接近相等。抗震设计时，不应超过2倍；非抗震设计时，不应大于3倍。

3.框支梁柱截面的确定

框支梁柱是底部大空间部分的重要支承构件，它主要承受垂直荷载及地震倾覆力矩，其截面尺寸要通过内力分析，从结构强度、稳定和变形等方面确定。经试验证明，墙与框架交接部位有几个应力集中区段，在这些部位的配筋均需加强。框架梁的截面高度一般可取（1/6~1/8）L，L为梁的跨度。

4.底层楼板应采用现浇混凝土

其强度等级不宜低于C30，板厚不宜小于180mm，楼板的外侧边可利用纵向框架梁或底层外纵墙加强。楼板开洞位置距外侧边应尽量远一些，在框支墙部位的楼板则不宜开洞。

第五节　框架—剪力墙结构

框架—剪力墙结构，包括由框架和剪力墙共同承受竖向和水平作用的框架—剪力墙结构和由无梁楼板与柱组成的板柱框架和剪力墙共同承受竖向和水平作用的板柱—剪力墙结构两大类。

一、框架—剪力墙结构的受力特点

框架—剪力墙结构，系由框架和剪力墙组合而成（简称框—剪结构），并通过刚性楼盖和连系梁保证二者的共同工作。亦即保证框架和剪力墙共同抵抗风荷载和水平地震作用（合称水平作用或侧向力）。

框架—剪力墙结构，在竖向荷载作用下，框架和剪力墙各自承受所在范围内的荷载，并由此求出各自在竖向荷载作用下的内力。然后再和侧向力作用下所求得的内力组合在一起，对框架和剪力墙分别进行截面承载力计算。

将一个结构单元内所有的框架综合在一起形成综合框架——总框架，将所有的剪力墙综合在一起形成综合剪力墙——总剪力墙，并通过每层的刚性楼盖将总剪力墙和总框架连在一起，形成框架—剪力墙结构体系的铰接体系。其中的链杆，代表刚性楼盖和连系梁的作用。如果考虑链杆的转动约束作用，则成为框架—剪力墙结构的刚接体系。

单独剪力墙在侧向力作用下的变形曲线以弯曲型为主，层间侧移越靠近顶层越大，而单独框架在侧向力作用下的变形曲线以剪切型为主，其层间侧移越靠近底层越大。框架—剪力墙结构体系，由于有刚性楼盖的联系，其综合变形曲线介于弯曲型和剪切型之间，故必定以折中的弯剪型为主，而且会在中部的某个部位出现反弯点。

由此可知，在侧向力作用下，在框架—剪力墙体系的底部各层，总剪力墙与总框架之间彼此相拉。总剪力墙因被拉而内力加大，侧移加大；总框架因被拉而内力减小，侧移减小。反之，在反弯点以上各层，总剪力墙与总框架之间彼此相推。总剪力墙因被推而内力减小，侧移减小，总框架因被推而内力加大，侧移加大，最终达到二者变形协调一致。这就大大改善了作为柔性结构的纯框架，底部内力与侧移过大；作为刚性结构的剪力墙，顶部内力与侧移过大的缺点，在一定程度上可以阻滞顶部剪力墙的侧移。从而使得房屋的最大层间侧移和房屋总侧移显著减小，亦即增大了房屋的抗侧移刚度，故框架—剪力墙结构属于中等刚性结构体系。

二、剪力墙的数量与最大间距

在框架—剪力墙结构中，剪力墙的数量直接影响到整个结构的抗侧力性能。剪力墙多，结构的抗侧刚度大，侧向位移小，但材料用量偏多，结构自重加大，结构自振周期短，地震作用效应大；剪力墙少，结构的抗侧刚度小，侧向位移大，结构自振周期长，地震作用效应小。从震害的角度看，由于剪力墙自身强度和刚度均较大。地震时它的变形比框架小，结构及填充墙、室内装饰等损坏较轻。震害的调查分析表明，剪力墙多时往往震害较轻，而剪力墙过少时，结构侧向位移大，结构和非结构构件的损失严重。从材料的用量和经济的角度看，框架部分的材料用量，并不比剪力墙部分的材料用量减少很多。随着剪力墙的增多，毕竟材料用量增大，导致基础和地基处理费用增高，而剪力墙少，更有利于建筑平面的灵活布置。可以认为，当建筑物层数不多时，剪力墙还是少设为好。

在框架—剪力墙结构体系中，设置多少剪力墙才算合适，这是必须解决的问题。如果剪力墙布置得太少，将使框架负担过重，截面与配筋量过大，建筑的侧移也必定增大；剪力墙设置得过多，则会导致地震作用过大，而且会因剪力墙的强度得不到充分利用而造成材料的浪费。

在框架—剪力墙结构体系中，剪力墙与框架共同承受水平剪力，在结构布置时，应使大部分水平剪力由剪力墙承受，但框架承受的水平剪力也不应过少，这是因为框架毕竟也具有一定的抗侧刚度。在实际工程中，一般控制在剪力墙承受结构底部剪力的70%左右，框架承受结构底部剪力的30%左右。在结构设计中，根据剪力与刚度的函数关系，可以由二者所承担的剪力比，求出总剪力墙与总框架的平均总刚度比。再根据框架柱的平均总刚度求得所需剪力墙的平均总刚度。最后由每道剪力墙的平均总刚度可确定所需剪力墙的数量。

在初步方案设计阶段，剪力墙的数量可以按壁率法确定。所谓壁率，系指同一层平均每单位建筑面积上设置剪力墙的长度。

日本总结了关东、福井和十胜冲三次地震中震害与壁率的关系，发现壁率大于 $150\mathrm{mm/m^2}$ 者，建筑物破坏极轻微；壁率大于 $120\mathrm{mm/m^2}$ 者，破坏较轻微；壁率大于 $70\sim80\mathrm{mm/m^2}$ 者，破坏不严重；壁率小于 $50\mathrm{mm/m^2}$ 者，破坏很严重。对此，可供设计者参考。

在初步设计阶段，剪力墙的布置也可以按剪力墙面积率来确定。所谓面积率，系指同一层剪力墙截面面积与楼面面积之比。根据我国大量已建的框架—剪力墙结构的工程实践经验，一般认为剪力墙面积率在3%~4%较为合适。

显然，整个框架—剪力墙结构的结构布置是否得当，最终应由房屋的侧移验算决定，如不满足侧移要求，尚需适当调整。

为了保证各片剪力墙和各榀框架的位移相等，协同工作，必须满足楼盖在平面内抗弯刚度无限大的要求，而剪力墙之间的距离，则是楼盖平面刚度及其变形大小的决定因素。所以，必须控制剪力墙之间的最大间距。剪力墙的最大间距由水平作用的性质（风力或抗震设防烈度）和楼盖形式决定。而且，无论水平作用的性质如何，对现浇楼盖，剪力墙的最大间距，均不得大于楼盖宽度的4倍；对于装配式楼盖，均不得大于楼盖宽度的2.5倍。

三、框架—剪力墙结构中，剪力墙的布置要点

在对剪力墙数目初步确定之后，对于整个框架—剪力墙结构中的剪力墙如何布置，便成为结构布置的核心问题。为此，特将剪力墙的布置要点概述如下：

（1）框架—剪力墙结构应设计成双向抗侧力体系。抗震设计时，结构两主轴方向均应布置剪力墙，使结构各主轴方向的侧向刚度和自振周期较为接近。非抗震设计时，当纵向受风面较小，且纵向框架跨数较多时，也允许只设横向剪力墙，纵向为纯框架结构。

（2）在建筑平面上，剪力墙的布置宜均匀、对称，力求其刚度中心与质量中心相重合，以减少整个建筑平面的扭转效应。

（3）为了增大整幢建筑的抗扭刚度，提高房屋的抗扭能力，剪力墙应尽量布置在结构单元和房屋的两端或建筑物的周边附近，最好直接将两端山墙作为剪力墙。当山墙开设洞口较大或较多时，宜将第一道内墙作为剪力墙。但在变形缝处，为便于施工，不宜同时设置两道剪力墙。

（4）为确保楼盖的平面刚度，在其平面形状变化处，宜设置剪力墙。最好将电梯间及楼梯间的墙体作为剪力墙，以弥补楼盖在此处平面刚度的削弱，加强房屋在此处的薄弱环节。当平面形状凹凸较大时，宜在凸出部分的端部附近布置剪力墙。

（5）纵、横剪力墙宜连在一起组成L形、工形和T形等形式，以增强纵、横墙的抗侧刚度。同时，每片剪力墙应在端部与柱连成整体（柱截面也是剪力墙截面的组成部分），否则应在墙端设暗柱。为使结构受力明确、合理，梁与柱或柱与剪力墙的中线宜重合，一般通过柱网轴线。

（6）剪力墙在竖向应贯通全高。当需要在顶部设置大房间时，也应沿高度逐渐减少，避免刚度突变。当剪力墙开洞时，洞口宜上、下对齐，以防止地震时因应力集中与变形转折而引起震害。

（7）长矩形平面或平面有一部分较长的建筑中，其剪力墙的布置，尚宜符合下列要求：

①当剪力墙之间的楼盖有较大开洞时，剪力墙间距应适当减小；

②纵向剪力墙不宜集中布置在房屋的两尽端。

（8）板柱—剪力墙的布置应符合下列要求：

①应布置成双向抗侧力体系，两主轴方向均应设置剪力墙；

②抗震设计时，房屋的周边应设置框架梁，房屋的顶层及地下一层顶板宜采用现浇梁板结构。

③有楼梯、电梯间等较大开洞时，洞口周围宜设置框架梁或边梁；

④无梁楼板，根据设计要求可采用无柱帽板或有柱帽板。当采用托板式柱帽时，托板的长度和厚度，应符合《高层规程》的规定。

第六节　筒体结构

一、筒体结构的结构类型

（一）核心筒结构

核心筒可以作为独立的高层建筑承重结构，同时承受竖向荷载和侧向力的作用。核心筒具有较大的抗侧刚度，且受力明确，分析方便。核心筒是个典型的竖向悬臂结构，属静定结构。

（二）框筒结构

当框筒单独作为承重结构时，一般在中间需布置适当的柱子，用以承受竖向荷载，并减小楼盖的跨度。侧向力全部由框筒结构承受，框筒中间的柱子仅承受竖向荷载，由这些柱子形成的框架对抵抗侧向力的作用很小，可以忽略不计。

（三）筒中筒结构

将核心筒布置在框筒结构中间，便成为筒中筒结构。筒中筒结构平面的外形宜选用圆形、正多边形、椭圆形、矩形或三角形等。建筑布置时，一般是将楼梯间、电梯间等服务设施全部布置在核心筒内（又称中央服务竖井），而在内、外筒之间提供环形的开阔空间，以满足建筑上的自由分隔、灵活布置的要求。

（四）框架—核心筒结构

框架—核心筒结构，又称内筒外框架结构。将外筒的柱距扩大至4～5m或更大，这时周边的柱子已不能形成筒的工作状态，而相当于起框架作用，借以满足建筑立面、建筑造型和建筑使用功能的要求。

（五）成束筒结构

成束筒结构，又称组合筒结构。当建筑物高度或其平面尺寸进一步加大，以至于框筒结构或筒中筒结构无法满足抗侧刚度要求时，可采用成束筒结构。

（六）多重筒结构

当建筑平面尺寸很大，且内筒较小时，可以在内外筒之间增设一圈柱子或剪力墙，再将这些柱子或剪力墙用梁联系起来，便形成一个筒的作用，从而与内外筒共同抵抗侧向力，这就成为一个三重筒结构。

二、筒体结构的受力特点

筒体结构为空间受力体系，其受力状态，既近似于薄壁箱形结构，又基本属于竖立的悬臂结构。下面仅就矩形平面的框筒结构在侧向力作用下的受力特点，予以概要分析。

框筒结构是由窗裙深梁和密排宽柱组成的空间框架结构体系。一个矩形框筒，可以参照竖立的工字形截面长悬臂柱，将垂直于侧向力作用方向的前后两片框架，视作翼缘框架，将平行于侧向力作用方向的左右两片框架，视作腹板框架。

若是窗洞很小，则由密柱深梁组成的每片框架相当于整体剪力墙。那么，整个框筒，例如在均布水平风荷载的作用下，各片框架柱的受力状态就与竖立的工字形截面柱的受力状态基本相同；在迎风面的翼缘框架受拉，且每个柱的拉应力相等，在背风面的翼缘框架受压，每个柱的压应力相等；两侧的腹板框架柱，以中和轴为界，靠近迎风面一侧受拉，靠近背风面一侧受压，两侧腹板框架柱的应力，从拉到压呈线性变化。如果按照悬臂梁计算，不难算出翼缘框架柱和腹板框架柱的拉应力和压应力值，以及整个框筒的弯曲变形值。

请注意：这种受力分析的前提是窗裙梁很高，刚度非常大，致使同一片翼缘框架各柱的拉、压变形完全相同，腹板框架柱的变形也按线性变化。

事实上，每层窗裙梁的刚度不可能无限大，当腹板框架提拉或按压角柱时，正是靠角柱与窗裙梁之间的剪力传给翼缘框架中部每一个框架柱的。

由于每段窗裙梁的剪切变形，而形成同一层窗裙梁发生整体弯曲，使得靠近中部各段窗裙梁传给柱节点的剪力（对柱而言为拉力或压力）迟迟达不到角柱直接传给窗裙梁的剪力值，此即所谓"剪力滞后"。这种"剪力滞后"现象，使得靠近中部各柱的拉伸（或压缩）应变和应力小于角柱的拉伸（或压缩）应变和应力。而且越靠近中部，柱应变和应力越小。由于底层柱的应变和应力最大，需要通过窗裙梁传递的剪力也最大，窗裙梁的剪切变形也最大，所以，这种"剪力滞后"现象，以结构底层最为明显。

由于剪力滞后效应的影响，使得角柱内的轴力加大。而远离角柱的柱子则仅有较小的应力，材料得不到充分发挥，也减小了结构的空间整体刚度。为了减少剪力滞后效应的影响，在结构布置时，需要采取一系列措施，如减小柱间距，加大窗过梁的刚度，调整结构平面使之接近于正方形，控制结构的高宽比等。

三、筒体结构的结构布置要点

（一）一般规定

（1）核心筒或内筒的外墙与外框柱间的中距，非抗震设计宜不大于15m，抗震设计宜不大于12m；超过时，宜采取增设内柱等措施。

（2）核心筒或内筒中的剪力墙截面形状宜简单，截面形状复杂的墙体，可按应力进行截面设计校核。

（3）核心筒或内筒的角部附近不宜在水平方向连续开洞，洞间墙肢的截面高度不宜小于1.2m，当洞间墙墙肢的截面高度与厚度之比小于4时，宜按框架柱进行截面设计。

（4）楼盖主梁不宜搁置在核心筒或内筒的连梁上。

（5）筒体结构的混凝土强度等级不宜低于C30。

（二）框架—核心筒结构

（1）核心筒宜贯通建筑物全高。核心筒的宽度不宜小于筒体总高的1/12。当筒体结构设置角筒、剪力墙或增强结构整体刚度的构件时，核心筒的宽度可适当减小。

（2）核心筒应具有良好的整体性，并满足下列要求：

①墙肢宜均匀，对称布置；

②筒体角部附近不宜开洞，当不可避免时，筒角内壁至洞口的距离不应小于500mm和开洞墙的截面厚度；

③核心筒外墙的截面厚度不应小于层高的1/20及200mm，对一、二级抗震设计的底部加强部位，不宜小于层高的1/16及200mm，核心筒内墙的截面厚度不应小于160mm。

（3）框架—核心筒结构的周边柱间必须设置框架梁。

（三）筒中筒结构

（1）筒中筒结构的高度不宜低于80m，高宽比不应小于3。

（2）筒中筒结构的内筒宜居中，矩形平面长宽比不宜大于2。

（3）内筒的边长可为高度的1/12～1/15，如有另外的角筒或剪力墙时，内筒平面尺寸还可适当减小，内筒宜贯通建筑物全高，竖向刚度宜均匀变化。

（4）三角形平面宜切角，外筒的切角长度不宜小于相应边长的1/8，其角部可设置刚度较大的角柱或角筒；内角的切角长度不宜小于相应边长的1/10，切角处的筒壁宜适当加厚。

（5）外框筒应符合下列规定：

①柱距不宜大于4m，框筒柱的截面长边应沿筒壁方向布置，必要时可采用T形截面；②洞口面积不宜大于墙面面积的60%，洞口高宽比宜和层高与柱距之比值相近；③外框筒梁的截面高度可取柱净距的1/4；④角柱截面面积可取中柱的1～2倍。

此外，框筒外柱的底层部分，必要时，可通过过渡梁、过渡桁架、过渡拱等大型梁式构件或采用其他支撑结构以扩大柱距，但柱的总截面面积不应减少。

第七节　多层与高层建筑基础

一、多层与高层建筑基础设计的一般原则

（一）基础设计的一般要求

多层与高层建筑基础设计，应综合考虑建筑场地的地质状况、上部结构的类型、结构体系与作用效应、施工条件与工程造价，确保建筑物在施工与使用阶段不致发生过量的沉降或倾斜，以满足建筑物的正常施工与正常使用的要求。还应注意与相邻建筑的相互影响，了解邻近地下构筑物及其地下设施的位置和标高，确保相邻建筑的稳定与安全。

在地震区的高层建筑，宜避开对抗震不利的地段；当条件不允许避开时，应采取可靠措施，使建筑物在地震时不致由于地基失稳而破坏，或者产生过量的下沉或倾斜。

（二）基础形式与选用

多层与高层建筑基础，常见的有条形基础、交叉梁基础、筏形基础、箱形基础以及桩基础等形式。前四种基础属于浅埋基础，而桩基础一般属于深埋基础。

多层与高层建筑，应采用整体性好，能满足地基承载力和建筑物容许变形要求，并能调节不均匀沉降的基础形式。多层建筑多采用条形基础和交叉梁基础；高层建筑宜采用筏形基础，必要时可采用箱形基础。当地质条件好，荷载相对较小，且能满足地基承载力和变形要求时，高层建筑也可采用交叉梁基础或其他基础形式。当地基承载力或变形不能满足设计要求时，宜采用桩基础。

（三）基础埋置深度

基础应有一定的埋置深度。埋置深度可以从室外地坪算至基础底板底面。高层建筑基础的埋置深度应比一般房屋要深些，当采用天然地基时，高层建筑的基础埋深，一般可取房屋高度的1/15；当采用箱形基础时，基础埋深不宜小于房屋高度的1/12，当采用桩基础时，可取房屋高度的1/18（柱长不计在内）。这样，有助于增强房屋的整体稳定性，有利于吸收地震能量，防止在强大的侧向力作用下，使房屋发生移位、倾斜，甚至倾覆。

（四）混凝土强度等级和抗渗等级

多层建筑基础的混凝土强度等级不应低于C20，高层建筑基础的混凝土强度等级不宜低于C30。

（五）变形缝与后浇缝

高层建筑基础和与其相连的裙房基础，可通过计算确定是否设置沉降缝。当设置沉降缝时，应考虑高层主楼基础有可靠的侧向约束及有效埋深。当不设沉降缝时，应采取有效措施减少差异沉降及其影响。

当采用刚性防水方案时，同一结构单元的基础应避免设置变形缝。施工时可沿基础长度每隔30～40m留一道贯通顶板、底板及墙板的施工后浇缝，缝宽不宜小于800mm，且宜设置在柱距三等分的中间范围内。后浇缝处底板及外墙宜采用附加防水层，后浇缝混凝土宜在其两侧混凝土浇灌完毕两个月后再行浇灌，其强度等级应提高一级，且宜采用早强、补偿收缩的混凝土。

二、条形基础

（一）条形基础简述

条形基础可将上部结构在一定程度上连成整体，可减小地基的沉降差。当上部结构承受的荷载分布比较均匀，地基条件也比较均匀时，条形基础一般沿房屋的纵向布置；当横向受荷不均匀或地基性质差别较大时，也可沿横向布置。

钢筋混凝土条形基础，一般多用于土质较好、层数不多（8~12层）的非地震区框架结构房屋。

（二）条形基础设计要点

条形基础基底反力的计算方法，有基床系数法（假定单位面积地基土所受的压力与地基沉降变形成正比——温格尔假定），链杆法（假定基础与地基是变形协调的半无限体）以及力平衡法（假定地基反力呈线性分布）等。

其中力平衡法，认为基础是绝对刚性的，基础本身不产生相对变形，基础下地基土的反力呈线性分布。用这种方法计算基底反力与实际情况相差较大，但由于它计算简单，所以在估算基础尺寸时，或在设计刚度较大的一般房屋基础时，也常用这种方法。

按照力平衡法，即由力的平衡条件，可求得基底的最大和最小基底全反力。

条形基础梁肋内的纵向受力钢筋、弯起钢筋和箍筋，需要按计算和构造要求配置。其简化计算方法是先采用"倒梁法"求内力。即以柱子作为支座，以基底净反力作为外荷载，按一般连续梁计算弯矩和剪力，再按受弯构件进行配筋计算。

条形基础的翼板内横向受力钢筋的简化计算方法，同柱下单独基础。即在上部荷载作用下，按偏心受压基础进行设计。

（三）条形基础的构造要求

（1）肋梁梁高应由设计确定，一般可取柱距的 1/4 ~ 1/8；底板厚度 h 不宜小于 200mm。当 $h \leqslant 250$mm 时，宜用等厚度底板；当 $h > 250$mm 时，宜采用变厚度底板，其坡度不大于 1：3。

（2）在基础平面布置条件允许的情况下，梁端部应伸出悬臂，其伸臂长度宜取第一跨跨距的1/4 ~ 1/3。

（3）现浇柱与条形基础梁的交接处，其平面尺寸不宜小于规定尺寸。

（4）条形基础梁顶面和底面的纵向受力钢筋，应有2~4根通长配置，且其截面面积不得少于纵筋总截面面积的1/3。

（5）柱下条形基础的混凝土强度等级最低为C20。

（6）条形基础配筋的构造要求，主要有：

①梁肋内的纵向受力钢筋一般采用双筋，直径$d \geq 10$mm，配筋率$\rho \geq 0.2\%$。

②当肋高$h>700$mm时，应在肋高的中部两侧各配置不小于A14的纵向构造钢筋，其间距为300~400mm。

③梁肋中的箍筋直径不宜小于A8，当肋宽$b \leq 350$mm时，可用双肢；当350mm$<b \leq 800$mm时，采用四肢；当$b>800$mm时，采用六肢。箍筋应做成封闭式，间距不应大于15d（d为纵向受力筋直径），也不应大于500mm。在梁跨中部0.4l（l表示梁跨长）范围内，箍筋间距可适当增大，但不应大于400mm。

④翼缘板内的横向受力钢筋直径不应小于8mm，间距不应大于200mm；分布钢筋直径为8~10mm，间距不大于300mm。

三、交叉梁基础

（一）交叉梁基础简述

交叉梁基础又称十字交叉基础或十字形基础。即在房屋的纵横方向都做成条形基础，整个基础就形成联系在一起的十字形基础。交叉梁基础比条形基础有更大的基础底面积和刚度，可承受更大一些荷载，房屋的沉降量和不均匀沉降也会相对减小。其多用于土质较好的多层框架结构建筑。

（二）交叉梁基础设计要点

上部结构传给交叉梁基础的荷载，主要有轴向力、横向弯矩和纵向弯矩。其作用点一般是在纵横基础的交叉节点上。

交叉梁基础内力计算的关键，在于如何解决节点处荷载的分配问题。一旦确定了荷载在纵、横两个方向的分配值，交叉梁基础就可以按两个方向上的条形基础各自计算了。

四、筏形基础

（一）筏形基础简述

筏形基础又称片筏式基础。当房屋层数较多，荷载较大，土质较差时，采用条形基础或交叉梁基础已无法满足地基允许承载力的要求，有可能使房屋产生较大的沉降，甚至倾斜，影响安全和使用。这时，可把交叉梁基础底面的空隙全部填实，使整个基础成为一块有较大厚度的钢筋混凝土实心平板，宛如一个放在土壤上的片筏，这就是所谓片筏式基础。为了进一步增大基础的刚度，减少混凝土用量，也可在柱与柱之间用梁加强基础，做成带梁肋的片筏式基础。前者称为平板式，后者称梁板式。

平板式筏形基础厚度可达1～3m。这种形式的基础施工方便，建造快，但混凝土用量大，在国外用得较多，国内很少采用。梁板式筏形基础，实质上是一个倒置的肋梁楼盖。这种形式比平板式筏形基础可节约混凝土用量，受力较为合理，但模板及施工稍微复杂些。总之，由于筏形基础整体性较条形基础、交叉梁基础要好得多，能承受更大的集中荷载和水平荷载，特别是基础形状简单，模板用量少，施工方便，因此可用在地震区以及任何类型的高层建筑结构体系中。它是目前国内外最常采用的高层建筑基础类型。

（二）筏形基础设计要点

筏形基础设计的重点在于底板的内力计算。而内力计算，如同条形基础一样，其关键又在于如何确定基底反力的大小及其分布状态。基底反力一经确定，则不难求得筏形基础中任一点处的弯矩和剪力。

筏形基础基底反力的计算方法有：应用温格尔假定的基床系数法、应用半无限弹性体假定的链杆法以及应用线性分布假定的力平衡法。由于前两种方法计算繁复，故与条形基础一样，在估算基础尺寸或在设计一般较简单的房屋时，常用力平衡法。

（三）筏形基础的构造要求

筏形基础的一般构造，应符合下列要求：

（1）筏形基础的平面尺寸应根据地基土的承载力、上部结构的布置及荷载的分布等因素确定。其基础平面形心宜与上部结构竖向永久荷载重心重合。

（2）平板式筏形基础的板厚不宜小于400mm。

（3）梁板式筏形基础的梁高取值应包括底板厚度在内，梁高不宜小于平均柱距的1/6。梁板式筏基的肋梁宽度不宜过大，在满足条件下，当梁宽小于柱宽时，可将肋梁在柱边加腋以满足构造要求。

（4）当满足地基承载力时，筏形基础的周边不宜向外有较大的伸挑。当需要外挑时，有肋梁的筏基宜将梁一同挑出。周边有墙体的筏基，筏板可不外伸。

（5）筏形基础的钢筋间距不应小于150mm，宜为200～300mm，受力钢筋直径不宜小于12mm。采用双向钢筋网片配置在筏板的顶面和底面。

五、箱形基础

（一）箱形基础简述

当上部结构传来的荷载很大，需要进一步增大基础的强度和刚度时，如果采用筏形基础，则势必因板厚过大而引起基础本身过大、过重，材料用量过多，很不经济。

箱形基础，不仅可以减轻基础自重、节约基础材料用量，还具有以下优点：

（1）由于箱形基础刚度大，可以有效地调整基础底面的压力，减少地基不均匀沉降；

（2）由于箱形基础整体稳定性好，埋深加大、重心下移，所以抗震能力强；

（3）由于埋在地面以下的箱形基础，代替了大量的回填土，减少了基底反力，也就等于提高了地基的承载力；

（4）由于箱形基础本身具有较大的空间，故可兼作人防、地下室或设备层使用。但是，箱形基础埋深大，土方量大，施工技术要求和构造要求比其他类型的基础复杂，水泥和钢筋用量也较多，造价较高，所以，一般适用于地基较差，荷载较大，平面形状规则，特别是要求有地下室的高层或超高层建筑中。

（二）箱形基础设计要点

1.基底反力

箱形基础所承受的荷载及由此引起的内力比较复杂。箱形基础的顶板承受由底层楼面传来的结构自重和活荷载；若箱形基础按地下室考虑，顶板还要承受冲击波及倒塌荷载的作用。箱形基础外墙除承受顶板传来的荷载外，还承受侧向土压力和水压力，如作为地下室使用，还须考虑冲击波的作用；箱形基础的底板承受基底反力与水压力等的作用。箱形基础顶板、底板及墙体的内力不仅与上述荷载的大小及作用方式有关，还与箱形基础本身的刚度大小、上部结构的刚度大小，以及地基土的性质等因素有关。诚然，其中主要因素还是由上部结构传来的荷载而引起的基底反力。

同筏形基础一样，箱形基础基底反力的计算方法也有基床系数法、链杆法与力平衡法。

2.箱形基础的内力计算要点

箱形基础作为一个整体，在基底反力、水压力与上部结构传来的荷载作用下，相当于盒子式结构，整个箱形基础将发生弯曲，称为整体弯曲，由此产生的弯矩，称为整体弯矩。与此同时，顶板和底板各自在上部荷载和基底反力、水压力的直接作用下，犹如平面楼盖，也将发生弯曲，称为局部弯曲，由此产生的弯矩，称为局部弯矩。

当上部结构为现浇剪力墙结构体系时，由于剪力墙与箱基墙体相连，可认为箱形基础的抗弯刚度为无限大，不发生整体弯曲。因此，顶板与底板，只需按以墙体为支座的平面楼盖计算板的局部弯矩。顶板按上部实际荷载计算，底板按基底反力计算。

箱形基础的整体弯矩和剪力，是将整个箱形基础视为一个静定梁来计算，其局部弯矩和剪力，是按以墙体为支座的平面楼盖计算。在整体弯矩作用下，箱形基础按工字形截面梁计算配筋（截面上、下翼缘宽度取顶板、底板的全宽，腹板厚度取受弯方向所有墙体厚度的总和）；在局部弯矩作用下，顶板和底板分别按矩形截面受弯构件计算配筋。最后将二者叠加，作为顶板和底板的最后配筋。此外，尚应验算顶板和底板的厚度是否符合构造要求，以及底板的厚度是否满足冲切要求等。

箱形基础的墙体，在上部竖向荷载作用下会产生轴向压力，在水平荷载（如土压力、水压力等）作用下，外墙还会在两个方向分别产生水平弯矩和竖向弯矩（可按四边支承的双向板计算）。然后，再按水平弯矩配置横向钢筋，按竖向弯矩和轴向压力共同作用配置竖向钢筋。此外，尚应验算在整体剪力作用下，墙身截面尺寸与配筋是否满足抗剪强度计算要求和构造要求等。

（三）箱形基础的构造要求

箱形基础的一般构造，应符合下列要求：

（1）箱形基础的平面尺寸，应根据地基的承载力、上部结构的布置及荷载的分布等因素确定。其基础平面形心宜与上部结构竖向永久荷载重心重合。

箱形基础的平面形状应简单规整，而且在同一个结构单元中，不宜采用局部箱形基础；同一箱形基础也不宜采用不同的基础高度和不同的埋置深度，以避免基础刚度相差悬殊和地基的不均匀沉降。

（2）箱形基础的埋置深度，除与工程地质及水文地质条件有关外，还与施工条件、地下室高度、地基承载力所需补偿的程度等因素有关。一般约为整个房屋总高的1/12～1/10，且不应小于1/12。

（3）箱形基础的高度，应满足结构的承载力和刚度要求，并根据建筑使用要求确定，一般不宜小于箱基长度的1/20，且不宜小于3m。此处箱基长度不计墙外悬挑板部分。

（4）箱形基础底板、顶板与墙体的厚度，可参照有关设计资料确定。无人防设计要求的箱基，基础底板厚度不应小于300mm，外墙厚度不应小于250mm，内墙的厚度不应小于200mm，顶板厚度不应小于200mm。

（5）箱形基础的外墙宜沿建筑物周边布置，内墙沿上部结构的柱网或剪力墙位置纵横均匀布置，墙体水平截面总面积不宜小于箱形基础外墙外包尺寸的水平投影面积的1/10。对基础平面长宽比大于4的箱形基础，其纵墙水平截面面积不应小于箱形基础外墙外包尺寸水平投影面积的1/8。

（6）箱形基础的外墙，一般不宜开设窗井，否则将削弱基础的刚度，使墙体容易产生裂缝，或使基础的埋置深度减小，影响整体稳定性，不利抗震。当必须设置窗井时，洞口应设置在相邻两柱之间的居中部位。

（7）箱形基础底板、顶板及墙体均应采用双层双向配筋。墙体的竖向和水平钢筋直径均不应小于10mm，间距均不应大于200mm。除上部为剪力墙外，内、外墙的墙顶处宜配置两根直径不小于20mm的通长构造钢筋。

六、桩基础

当荷载很大，且比较集中，而又地处软弱地基，或对房屋的沉降有较严格要求时，往往采用桩基础。如果土层上部较弱，而下部又有坚实土层时，更适于采用桩基础。在我国沿海地带，因地基条件较差，地下水位较高，桩基础的应用较为普遍。

桩基础由承台和桩两部分组成。承台起着将上部结构骨架与桩联系起来的媒介作用，通过承台，将上部结构传来的荷载传到桩上去。而桩本身依靠支承端和桩周土与桩表面的摩擦力把竖向荷载传到地基中去，并通过桩本身与土壤的挤压来传递水平荷载和地震作用。

桩基础的主要优点是承载力高，稳定性好，沉降量小，施工比较简便，没有繁多的土方工程，但一般来说，造价较高。桩基础主要用于持力层较深，或是软弱地基上的多层与高层建筑。

第八章　钢筋混凝土单层厂房设计

第一节　单层厂房结构的组成及布置

一、单层厂房结构的组成

钢筋混凝土单层厂房结构通常是由下列各种结构构件所组成并连成一个整体。

（一）屋盖结构

屋盖结构由屋面板、天沟板、天窗架、屋架（或屋面大梁）、托架等组成，可分为无檩屋盖体系和有檩屋盖体系两类。凡大型屋面板直接支承在屋架上者，为无檩屋盖体系，其刚度和整体性好，目前采用很广泛。而小型屋面板支承在檩条上，檩条支承在屋架上，这样的结构体系称为有檩屋盖体系，这种屋盖由于构件种类多，荷载传递路线长，刚度和整体性较差，尤其是对于保温屋面更为突出，所以除轻型不保温的厂房外，较少采用。屋面板起覆盖、围护作用；屋架又称为屋面承重结构，它除承受自重外，还承担屋面活载，并将其传到排架柱。屋架（屋面大梁）承受屋盖的全部荷载，并将它们传给柱子。当柱间距大于屋架间距时（抽柱）用以支承屋架，并将屋架荷载传给柱子。天窗架也是一种屋面承重结构，主要用于设置通风、采光天窗。

（二）吊车梁

吊车梁承担吊车竖向荷载及水平荷载，并将这些荷载传给排架结构。

（三）梁柱系统

梁柱系统由排架柱、抗风柱、吊车梁、基础梁、连系梁、过梁、圈梁构成。其中，屋架和横向柱列构成横向平面排架，是厂房的基本承重结构；由纵向柱列、连系梁、吊车梁和柱组成纵向平面排架，其主要作用是保证厂房结构纵向稳定和刚度，并承受相应的纵向吊车梁简支在柱牛腿上，承受吊车荷载，并将其传至横向或纵向平面排架。

圈梁将墙体同厂房排架柱、抗风柱等箍在一起，以加强厂房的整体刚度，防止由于地基的不均匀沉降或较大振动荷载等引起对厂房的不利影响。连系梁联系纵向柱列，以增强厂房的纵向刚度并传递风荷载到纵向柱列，且将其上部墙体重量传给柱子。过梁承受门窗洞口上的荷载，并将它传到门窗两侧的墙体。基础梁承托围护墙体重量，并将其传给柱基础，而不另作墙基础。

排架柱承受屋盖、吊车梁、墙传来的竖向荷载和水平荷载，并把它们传给基础。抗风柱承受山墙传来的风荷载，并将其传给屋盖结构和基础。

（四）支撑系统

支撑系统包括屋盖支撑和柱间支撑。其中，屋盖支撑又分为上弦横向水平支撑、下弦横支撑、纵向水平支撑、垂直支撑及系杆。支撑的主要作用是加强结构的空间刚度，承受并传递各种水平荷载，保证构件在安装和使用阶段的稳定和安全。

（五）基础

基础包含柱下独立基础和设备基础。柱下独立基础承受柱、基础梁传来的荷载，并将其传给地基；设备基础承受设备传来的荷载。

（六）围护系统

围护结构体系，包括纵墙和山墙、墙梁、抗风柱（有时还有抗风梁或抗风桁架）、基础梁以及基础等构件。

围护结构的作用，除承受墙体构件自重以及作用在墙面上的风荷载以外，主要起围护、采光、通风等作用。

围护结构的竖向荷载，除悬墙自重通过墙梁传给横向柱列或抗风柱外，墙梁以下的墙体及其围护构件（如门窗、圈梁等）自重，直接通过基础梁传给基础和地基。

二、单层厂房的荷载及传力途径

（一）单层厂房的荷载

作用在单层厂房结构上的荷载有竖向荷载和水平荷载。竖向荷载主要由横向平面排架承担，水平荷载则由横向平面排架和纵向平面排架共同承担。

（1）竖向荷载：使用过程中的竖向荷载主要包括构件和设备自重、吊车起吊重物时的荷载、雪荷载和积灰荷载、检修荷载。

（2）水平荷载：水平荷载主要包括风荷载、吊车水平制动荷载、水平地震作用。其中，风荷载包括迎风面的风压力和背风面的风吸力。

（二）传力途径

在上述构件中，装配式钢筋混凝土单层厂房结构，根据荷载的传递途径和结构的工作特点又可分为横向平面排架和纵向平面排架。

横向平面排架是由横梁（屋面梁或屋架）、横向柱列和基础所组成。由于梁跨度多大于纵向排架柱间距，各种荷载主要向短边传递，因此，横向平面排架是单层厂房的主要承重结构，承受厂房的竖向荷载、横向水平荷载，并将它们传给地基。因此，单层厂房设计中，一定要进行横向平面排架计算。

纵向平面排架是由连系梁、吊车梁、纵向柱列（包括柱间支撑）和基础所组成，主要承受作用于厂房纵向的各种水平力，并把它们传给地基，同时也承受因温度变化和收缩变形而产生的内力，起保证厂房结构纵向稳定性和增强刚度的作用。由于厂房纵向长度较大，纵向柱列中柱子数量多，故当厂房设计不考虑抗震设防时，一般可不进行纵向平面排架计算。

纵向平面排架间和横向平面排架间主要依靠屋盖结构和支撑体系相连接，以保证厂房结构的整体性和稳定性。所以，屋盖结构和支撑体系也是厂房结构的重要组成部分。

三、承重结构构件的布置

（一）柱网布置

厂房承重柱或承重墙的定位轴线在平面上构成的网络，称为柱网。

柱网布置就是确定纵向定位轴线之间的尺寸（跨度）和横向定位轴线之间的尺寸（柱距）。柱网布置既是确定柱的位置，也是确定屋面板、屋架和吊车梁等构件尺寸（跨度）的依据，并涉及结构构件的布置。柱网布置恰当与否，将直接影响厂房结构的经济合理性和先进性，与生产使用也有密切关系。

为了保证构件标准化、定型化，主要尺寸和标高应符合统一模数。中华人民共和国国家标准《厂房建筑模数协调标准》（GB 50006—2010）规定的统一协调模数制，以100mm为基本单位，用M表示。并规定建筑的平面和竖向协调模数的基数值均应取扩大模数3M，即300mm。厂房建筑构件的截面尺寸，宜按2M（50mm）或1M（100mm）进级。

当厂房的跨度不超过18m时，跨度应取30M（3m）的倍数；当厂房的跨度超过18m

时，跨度应取60M（6m）的倍数；当工艺布置有明显的优越性时，跨度允许采用21m、27m和33m。厂房的柱距一般取6m或6m的倍数，个别厂房也可以采用9m的柱距。但从经济指标、材料用量和施工条件等方面来衡量，一般厂房采用6m柱距比12m柱距优越。

（二）变形缝

变形缝包括伸缩缝、沉降缝和防震缝。

1.伸缩缝

如果厂房长度和跨度过大，当气温变化时，温度变形将使结构内部产生很大的温度应力，严重的可使墙面、屋面和构件等拉裂，影响使用。

为减少厂房结构中的温度应力，可设置伸缩缝将厂房结构分成若干温度区段。伸缩缝应从基础顶面开始，将两个温度区段的上部结构构件完全分开，并留出一定宽度的缝隙，使上部结构在气温有变化时，在水平方向可以自由地发生变形。《混凝土结构设计规范（2015年版）》（GB 50010—2010）规定：对于排架结构，当有墙体封闭的室内结构，其伸缩缝最大间距不得超过100m；而对于无墙体封闭的露天结构，则不得超过70m。

2.沉降缝

在一般单层厂房排架结构中，通常可不设沉降缝，因为排架结构能适应地基的不均匀沉降，只有在特殊情况下才考虑设置。如厂房相邻两部分高度相差很大（如10m以上），两跨间吊车起重量相差悬殊，地基承载力或下卧层土质有极大差别，厂房各部分的施工时间先后相差很长，土壤压缩程度不同等。

沉降缝应将建筑物从屋顶到基础全部分开。

3.防震缝

当厂房平、立面布置复杂时才考虑设防震缝。防震缝是为了减轻厂房地震灾害而采取的措施之一。当厂房有抗震设防要求时，如厂房平、立面布置复杂，结构高度或刚度相差悬殊时，应设置防震缝将相邻部分分开。

四、支撑的布置及作用

支撑可分屋盖支撑和柱间支撑两大类。在单层厂房中，支撑虽属非承重构件，但却是联系主体结构，以使整个厂房形成整体的重要组成部分。支撑的主要作用是：增强厂房的空间刚度和整体稳定性，保证结构构件的稳定与正常工作；将纵向风荷载、吊车纵向水平荷载及水平地震作用传递给主要承重构件；保证在施工安装阶段结构构件的稳定。工程实践表明，如果支撑布置不当，不仅会影响厂房的正常使用，还可能导致某些构件的局部破坏，乃至整个厂房的倒塌。支撑是联系屋架和柱等主要结构构件以构成空间骨架的重要组成部分，是保证厂房安全可靠和正常使用的重要措施，应予以足够重视。

（一）屋盖支撑

屋盖支撑通常包括上弦水平支撑、下弦水平支撑、垂直支撑、纵向水平系杆及天窗架支撑等。这些支撑不一定在同一个厂房中全都设置。屋盖上、下弦水平支撑是布置在屋架上、下弦平面内以及天窗架上弦平面内的水平支撑，杆件一般采用十字交叉形式布置，倾角为30°～60°。屋盖垂直支撑是指布置在屋架间和天窗架间的支撑。系杆分为刚性压杆和柔性拉杆两种。系杆设置在屋架上、下弦及天窗上弦平面内。

屋盖支撑的布置应考虑以下因素：厂房的跨度及高度，柱网布置及结构形式，厂房内起重设备的特征及工作等级，有无振动设备及特殊的水平荷载。

1.屋架上弦横向水平支撑

屋架上弦横向水平支撑，系指厂房每个伸缩缝区段端部用交叉角钢、直腹杆和屋架上弦共同构成的，连接于屋架上弦部位的水平桁架。其作用是：在屋架上弦平面内构成刚性框，用以增强屋盖的整体刚度，保证屋架上弦平面外的稳定，同时将抗风柱传来的风荷载及地震作用传递到纵向排架柱顶。

其布置原则是：当屋盖采用有檩体系或无檩体系的大型屋面板与屋架无可靠连接时，在伸缩缝区段的两端（或在第二柱间、同时在第一柱间增设传力系杆）设置；当山墙风力通过抗风柱传至屋架上弦时，在厂房两端（或在第二柱间）设置；当有天窗时，在天窗两端柱间设置；地震区，尚应在有上、下柱间支撑的柱间设置。

2.屋架下弦横向水平支撑

屋架下弦横向水平支撑，系指在屋架下弦平面内，由交叉角钢、直腹杆架下弦共同构成的水平桁架。其作用是：将山墙风荷载或吊车纵向水平荷载及地震作用传至纵向列柱时防止屋架下弦的侧向振动。

其布置原则是：当山墙风力通过抗风柱传至屋架下弦时，宜在厂房两端（或第二柱间）设置；当屋架下弦有悬挂吊车且纵向制动力较大或厂房内有较大振动时，应在伸缩缝区段的两端（或在第二柱间）设置。

3.屋架下弦纵向水平支撑

屋架下弦纵向水平支撑，系指由交叉角钢、直杆和屋架下弦第一节间组成的纵向水平桁架。其作用是：提高厂房的空间刚度，加强厂房的工作空间；直接增强屋盖的横向水平刚度，保证横向水平荷载的纵向分布；当设有托架时，将支撑在托架上的屋架所承担的横向水平风载传到相邻柱顶，并保证托架上翼缘的侧向稳定性。

其布置原则是：当厂房高度较大（如大于15m）或吊车起重物较大（如大于50t）时宜设置；当厂房内设有硬钩桥式吊车或设有大于5t悬挂吊，或设有较大振动的设备时宜设置；当厂房内因抽柱或柱距较大而需设置托架时宜设置。当厂房设有下弦横向水平支撑时，为保证厂房空间刚度，纵向水平支撑应尽可能与横向水平支撑连接，以形成封闭的水平支撑体系。

4.垂直支撑和水平系杆

垂直支撑由角钢杆件与屋架的直腹杆或天窗架的立柱组成垂直桁架。垂直支撑一般设置在伸缩缝区段两端的屋架端部或跨中。布置原则为：屋架端部（或天窗架）的高度（外包尺寸）大于1.2m时，屋架端部（或天窗架）两端各设一道垂直支撑。

（1）垂直支撑除保证屋盖系统的空间刚度和屋架安装时结构的安全以外，还将屋架上弦平面内的水平荷载传递到屋架下弦平面内。所以，垂直支撑应与屋架下弦横向水平支撑布置在同一柱间内。在有檩体系屋盖中，上弦纵向水平系杆则是用来保证屋架上弦或屋面梁受压翼缘的侧向稳定（防止局部失稳）及上弦杆的计算长度。

（2）系杆是单根的连系杆件。既能承受拉力又能承受压力的系杆称为刚性系杆，只能承受拉力的系杆称为柔性系杆。系杆一般沿通长布置，布置原则如下。①有上弦横向水平支撑时，设上弦受压系杆。②有下弦横向水平支撑或纵向水平支撑时，设下弦受压系杆。③屋架中部有垂直支撑时，在垂直支撑同一铅垂面内设置通长的上弦受压系杆和通长的下弦受拉系杆；屋架端部有垂直支撑时，在垂直支撑同一铅垂面内设置通长的受压系杆。④当屋架横向水平支撑设置在端部第二柱间时，第一柱间的所有系杆均应为刚性系杆。

5.天窗架支撑

天窗架间支撑包括天窗上弦水平支撑、天窗架间的垂直支撑和水平系杆。其作用是保证天窗上弦的侧向稳定和将天窗端壁上的风荷载传给屋架。

天窗架支撑的布置原则是：天窗架上弦横向水平支撑和垂直支撑一般均设置在天窗端部第一柱间内。当天窗区段较长时，还应在区段中部设有柱间支撑的柱间设置天窗垂直支撑。

垂直支撑一般设置在天窗的两侧，当天窗架跨度大于或等于12m时，还应在天窗中间竖平面内增设一道垂直支撑。天窗有挡风板时，在挡风板立柱平面内也应设置垂直支撑。在未设置上弦横向水平支撑的天窗架间，应在上弦节点处设置柔性水平系杆。天窗垂直支撑除保证天窗架安装时的稳定外，还将天窗端壁上的风荷载传至屋架上弦水平支撑，因此，天窗架垂直支撑应与屋架上弦水平支撑布置在同一柱距内（在天窗端部的第一柱距内），且一般沿天窗的两侧设置。

（二）柱间支撑

柱间支撑是由型钢和两相邻柱组成的竖向悬臂桁架，其作用是将山墙风荷载、吊车纵向水平荷载传至基础，增强厂房的纵向刚度。

对于有吊车的厂房，柱间支撑分上部和下部两种：前者位于吊车梁上部，用以承受作用在山墙上的风力并保证厂房上部的纵向刚度；后者位于吊车梁下部，承受上部支撑传来的力和吊车梁传来的吊车纵向制动力，并把它们传至基础。

非地震区的一般单层厂房，凡属下列情况之一者，均应设置柱间支撑。

（1）设有悬臂式吊车或30kN及以上的悬挂式吊车。

（2）设有重级工作制吊车，或设有中、轻级工作制吊车，其起重量在100kN和100kN以上。

（3）厂房的跨度在18m或18m以上，或者柱高在8m以上。

（4）厂房纵向柱的总数在7根以下。

（5）露天吊车栈桥的柱列。

柱间支撑应设置在伸缩缝区段中央柱间或临近中央的柱间。这样有利于在温度变化或混凝土收缩时，厂房可向两端自由变形，而不致发生较大的温度或收缩应力。每一伸缩缝区段一般设置一道柱间支撑。

五、围护结构的布置

围护结构中的墙体一般沿厂房四周布置，墙体中一般还要布置圈梁、过梁、墙梁和基础梁等。

圈梁是在平面内封闭的钢筋混凝土梁，其作用是增强厂房结构的整体性。圈梁宜连续地设在同一水平面上，并形成封闭状；当圈梁被门窗洞口截断时，应在洞口上部增设相同截面的附加圈梁。附加圈梁的搭接长度不应小于1m，且不应小于其垂直间距离的2倍。圈梁的宽度宜与墙厚相同，当墙厚 $h \geqslant 240mm$ 时，其宽度不宜小于 $2h/3$；圈梁高度不应小于120mm。圈梁的纵向钢筋不宜少于 $4\phi10$，箍筋直径一般为6mm，间距不宜大于300mm。纵向钢筋绑扎接头的搭接长度按受拉钢筋考虑。

（1）对无桥式吊车的厂房，圈梁应按下列原则布置：①房屋檐口高度不足8m时，应在檐口附近设置一道圈梁；②房屋檐口高度大于8m时，宜在墙体适当部位增设一道圈梁。

（2）对有桥式吊车的厂房，圈梁应按下列原则布置：①除在檐口或窗顶处设一道圈梁外，应在吊车标高或墙体适当部位增设一道圈梁；②外墙高度在15m以上时，除檐口设置圈梁外还应根据墙体高度适当增设圈梁；③有振动设备的厂房，除满足上述要求外，每隔4m应有一道圈梁。

当厂房的高度超过一定限度（比如15m）时，宜设置墙梁，以承担上部墙体的重量。门窗洞口处应设置过梁，过梁在墙体上的支承长度不宜小于240mm。设计时应尽量使圈梁、墙梁和过梁三梁合一。

在一般厂房中，通常用基础梁来承受围护墙体的重量，而不另做墙下基础。基础梁底部距地基土表面应预留100mm的空隙，使梁可随柱基础一起沉降。当基础下有冻胀土时，应在梁下铺设一层干砂、碎砖、矿渣等松散材料，并留50～100mm的空隙，可防止土冻胀时将梁顶裂。基础梁一般可直接搁置在柱基础杯口上；当基础埋置较深时，可放置在基础上面的混凝土垫块上。施工时，基础梁支座处应座浆。

当厂房高度不大，且地基比较好，柱基础埋置又较浅时，也可不设基础梁而用砖、混凝土做墙下条形基础。基础梁应优先采用矩形截面，必要时才采用梯形截面。连系梁、过梁和基础梁都有全国通用图集，设计时可直接查用。

第二节　单层厂房结构的构件选型

单层厂房的结构构件和部件有屋面板、天窗架、支撑、屋架或屋面梁、托架、吊车梁、连系梁、基础梁、柱、基础等。这些构件和部件中，除柱和基础需要设计外，一般都可以根据工程的具体情况，从工业厂房结构构件标准图集中选用合适的标准构件。

一、屋面板、条

屋盖结构在整个厂房中造价最高和用料最多，而作为既起承重作用又起围护作用的屋面板又是屋盖结构体系中造价最高、用料最多的构件。常用的屋面板类型及适用条件可根据相关图集选用，或采用预应力混凝土单肋板、钢筋混凝土槽瓦以及石棉水泥瓦等屋面板。

檩条在有檩体系屋盖中起支承上部小型屋面板或瓦材，并将屋面荷载传给屋架（或屋面梁）的作用，同时还和屋盖支撑系统一起增强屋盖的总体刚度。根据厂房柱距的不同，檩条长度一般为4m或6m，目前应用较多的是倒L形或T形截面普通或预应力混凝土檩条。轻型瓦材屋面也常用轻钢组合桁架式檩条。

二、屋架、屋面梁

屋架（或屋面梁）是屋盖结构最主要的承重构件，它除承受屋面板传来的屋面荷载外，有时还要承受厂房中的悬挂吊车、高架管道等荷载。

屋面梁为梁式结构，它便于制作和安装，但由于自重大、费材料，所以一般只用于跨度较小的厂房。屋架则由于矢高大、受力合理、自重轻，适用于较大的跨度。

屋架的外形有三角形、梯形、拱形、折线形等几种。屋架的外形不同，其受力大小与合理性也不相同。

在单层厂房中，有时采用钢结构梯形屋架和平行弦屋架，尽管受力不够合理，但由于杆件内力与屋架高度成反比，因此适当增加屋架高度，杆件内力可相应减小，适用于跨度较大的情况；而钢结构折线形屋架，则由于节点复杂，制造困难，一般不用。

总之，屋架的选型，必须综合考虑建筑的使用要求、跨度和荷载的大小，以及材料供应、施工条件等因素，进行全面的技术经济分析。

三、天窗架、托架

天窗架随天窗跨度的不同而不同。目前用得最多的是三铰刚架式天窗架。两个三角形刚架在脊节点及下部与屋架的连接均为铰接。当厂房柱距为12m，而采用6m大型屋面板时，则需在沿纵向柱与柱之间设置托架，以支承屋架。托架因起梁的作用所以也叫托架梁。支承中间屋架的桁架称为托架，托架一般采用平行弦桁架，其腹杆采用带竖杆的人字形体系，首先介绍下托架的定义：在工业厂房中，由于工业或者交通需要，需要取掉某轴上的柱子，这样就要在大开间位置设置托架，支托去掉柱子的屋架。托架安装在两端的柱子上。

四、吊车梁

吊车梁是有吊车厂房的重要构件，它直接承受吊车传来的竖向荷载和纵、横向水平制动力、并将这些力传给厂房柱。因为吊车梁所承受的吊车荷载属于吊车起重、运行、制动时产生的往复移动荷载，所以，除应满足一般梁的强度、抗裂度、刚度等要求外，尚须满足疲劳强度的要求。同时，吊车梁还有传递厂房纵向荷载、保证厂房纵向刚度等作用。因此，对吊车梁的选型、设计和施工均应予以重视。

吊车梁的形式很多，钢筋混凝土吊车梁的形式可根据图集选用。设计时可根据吊车起重能力、跨度和吊车工作制的不同酌情选用。其中鱼腹式吊车梁受力最合理，但施工麻烦，故多用于12m大柱距厂房。桁架式吊车梁结构轻巧，但承载能力低，一般只用于小起重量吊车的轻型厂房，对于一般中型厂房目前多采用等高T形或工字形截面吊车梁。

五、排架柱

（一）柱的形式选择

单层厂房排架柱常用的截面形式有矩形截面柱、工字形截面柱、双肢柱和管柱等。

在中小型厂房中，常用矩形截面柱和工字形截面柱。矩形截面柱的混凝土不能全部充分发挥作用，浪费材料，自重大，但构造简单，施工方便，主要用于截面高度$h \leqslant 700mm$的小型柱。

工字形截面柱的截面形式合理，施工也较简单，应用较广泛。但当截面太大（如$h \geqslant 1600mm$）时，重量大，吊装困难，因此，当截面高度$h>1600mm$时，采用双肢柱。

（二）柱截面尺寸的确定

柱截面尺寸不仅应满足承载力，还必须保证具有足够的刚度，以保证厂房在正常使用过程中不致出现过大的变形，影响吊车正常运行，造成吊车轮与轨道磨损严重或造成墙体和屋盖开裂等情况。

六、基础

基础支承着厂房上部结构的全部重量，并将其传递到地基中去，起着承上传下的作用，也是厂房结构的重要构件之一。常用的基础形式有杯形基础、双杯形基础、条形基础、高杯基础以及桩基础等。

基础形式的选择，主要取决于上部结构荷载的大小和性质、工程地质条件等。在一般情况下，多采用杯形基础；当上部结构荷载较大，而地基承载力较小，如采用杯形基础则底面积过大，致使距相邻基础太近，或者地基土质条件较差时，可采用条形基础；当地基的持力层较深时，可采用高杯基础或爆扩桩基础；当上部结构的荷载很大，且对地基的变形限制较严时，可考虑采用桩基础等。

随着基础形式的不断革新，还出现了薄壁的壳体基础，以及无钢筋倒圆台基础等。其共同的特点是受力性能较好，用料较省，但施工比较复杂。

第三节　单层厂房结构排架内力分析

单层厂房结构是一个复杂的空间体系，为了简化，一般按纵、横向平面结构计算。纵向平面排架的柱较多、其纵向的刚度较大，每根柱子分到的内力较小，故对厂房纵向平面排架往往不必计算。仅当厂房特别短、柱较少、刚度较差时，或需要考虑地震作用或温度内力时才进行计算。本节主要介绍横向平面排架的计算。

横向平面排架计算的目的在于为设计柱子和基础提供内力数据，横向平面排架计算的主要内容为：确定计算简图→各项荷载计算→在各项荷载作用下进行排架内力分析，求出各控制截面的内力值→内力组合，求出各控制截面的最不利内力。

一、计算单元与计算简图

（一）计算单元

在进行横向排架内力分析时，首先沿厂房纵向选取出一个或几个有代表性的单元，称为计算单元。然后将此计算单元的屋架、柱和基础抽象为合理的计算简图，再在该单元全部荷载的作用下计算其内力。

除吊车等移动的荷载外，阴影范围内的荷载便作用在这片排架上。对于厂房端部和伸缩缝处的排架，其负荷范围只有中间排架的一半，但为了设计、施工的方便，通常不再另外单独分析，而按中间排架设计。当单层厂房因生产工艺要求各列柱距不等时，则应根据具体情况选取计算单元。如果屋盖结构刚度很大，或设有可靠的下弦纵向水平支撑，可认为厂房的纵向屋盖构件把各横向排架连接成一个空间整体，这样就有可能选取较宽的计算单元进行内力分析。此时可假定计算单元中同一柱列的柱顶水平位移相等，将计算单元内的几榀排架可以合并为一榀平面排架，合并后排架柱的惯性矩应按合并考虑。需要注意，按上述计算简图求得内力后，应将内力向单根柱上再进行分配。

（二）计算假定和简图

为了简化计算，根据厂房结构的连接构造，对于钢筋混凝土排架结构通常做如下假定：

（1）由于屋架与柱顶靠预埋钢板焊接或螺栓连接，抵抗弯矩的能力很小，但可以有效地传递竖向力和水平力，故假定柱与屋架为铰接。

（2）由于柱子插入基础杯口有一定深度，用细石混凝土嵌固，且一般不考虑基础的转动（有大面积堆载和地质条件很差时除外），故假定柱与基础为刚接。

（3）由于屋架（或屋面梁）的轴向变形与柱顶侧移相比非常小（用钢拉杆作下弦的组合屋架除外），故假定屋架为刚性连杆。

这个假定对采用钢筋混凝土屋架、预应力混凝土屋架或屋面梁作为横梁是接近实际的。

二、荷载计算

作用在厂房上的荷载有永久荷载和可变荷载两大类（偶然荷载，即地震作用在"结构抗震"课程中讲授）。前者包括屋盖、柱、吊车梁及轨道等自重；后者包括屋盖活荷载、吊车荷载和风荷载等。

（一）永久荷载

各种永久荷载可根据材料及构件的几何尺寸和容重计算，标准构件也可直接从标准图上查出。

1.屋盖自重

屋盖自重包括屋面板、屋面上各种构造层、屋架（屋面大梁）、天窗架、屋盖支撑等构件重量。

2.柱自重

上、下柱自重重力荷载分别作用于各自截面的几何中心线上，且上柱自重对下柱截面几何中心线有一偏心距。

3.吊车梁和轨道及其连接件自重

吊车梁和轨道及其连接件重力荷载可从轨道连接标准图中查得，或按1～2kN/m估算。它以竖向集中力的形式沿吊车梁截面中心线作用在柱牛腿顶面。

4.悬墙自重

当设有连系梁支承围护墙体时，排架柱承受着计算单元范围内连系梁、墙体和窗等重力荷载，它以竖向集中力的形式作用在支承连系梁的柱牛腿顶面，其作用点通过连系梁或墙体截面的形心轴线。

各种恒载作用下某单跨横向排架结构的计算简图。应当说明，柱、吊车梁及轨道等构件吊装就位后，屋架尚未安装，此时还无法形成排架结构，故柱在其自重、吊车梁及轨道等自重重力荷载作用下，应按竖向悬臂柱进行内力分析。但考虑到此种受力状态比较短，且不会对柱控制截面内力产生较大影响，为简化计算，通常仍按排架结构进行内力分析。

（二）屋面活荷载

屋面活荷载包括屋面均布活荷载、屋面雪荷载和屋面积灰荷载三部分，它们均按屋面水平投影面积计算，其荷载分项系数均为1.4。

1.屋面均布活荷载

屋面均布活荷载系考虑屋面在施工、检修时的活荷载，其标准值根据《建筑结构荷载规范》（GB 50009—2012）规定按下列情况取：不上人的屋面为0.5kN/m²，上人的屋面为2.0kN/m²。对不上人的屋面，当施工或维修荷载较大时，应按实际情况采用。

2.屋面雪荷载

雪荷载是房屋屋面的主要荷载之一，属于结构上的可变荷载。在我国寒冷地区及其他大雪地区，因雪荷载导致屋面结构以及整个结构破坏的事例时有发生。尤其是大跨度结构以及轻型屋盖对雪荷载更为敏感。因此，在有雪地区，在结构设计中必须考虑雪荷载的作用。

3.积灰荷载

对于生产中有大量排灰的厂房及其邻近建筑物应考虑屋面积灰荷载。对于具有一定除尘设施和清灰制度的机械、冶金和水泥厂房的屋面，按《建筑结构荷载规范》（GB 50009—2012）规定，其积灰荷载为0.3~1.0kN/m²。

荷载的组合：屋面均布活荷载与雪荷载不同时考虑，两者中取较大值计算；当有积灰荷载时，积灰荷载应与雪荷载或不上人的屋面均布活荷载两者中的较大值同时考虑。上述三种荷载都是以集中力按与屋盖自重相同的途径传至柱顶。

（三）吊车荷载

单层厂房中吊车荷载是对排架结构起控制作用的一种主要荷载。吊车荷载是随时间和平面位置不同而不断变动的，对结构还有动力效应。桥式吊车由大车（桥架）和小车组成。大车在吊车梁轨道上沿厂房纵向行驶，小车在桥架（大车）上沿厂房横向运行，大车和小车运行时都可能产生制动刹车力。因此，吊车荷载有竖向荷载和横向荷载两种，而吊车水平荷载又分为纵向和横向两种。

在排架内力组合时，对于多台吊车的竖向荷载和水平荷载，考虑到多台吊车同时达到额定最大起重量，小车又同时开到大车某一侧的极限位置的情况是极少的，所以应根据参与组合的吊车台数及吊车的工作制级别，乘以折减系数后采用。

厂房中的吊车以往是按吊车荷载达到其额定值的频繁程度分成四种工作制：

1.轻级

在生产过程中不经常使用的吊车（吊车运行时间占全部生产时间不足15%者），例如用于机器设备检修的吊车等。

2.中级

运行为中等频繁程度的吊车，例如机械加工车间和装配车间的吊车等。

3.重级

运行较为频繁的吊车（吊车运行时间占全部生产时间不少于40%者），例如用于冶炼车间的吊车等。

4.超重级

运行极为频繁的吊车，只在极个别的车间采用。

（四）风荷载

作用在厂房上的风荷载，在迎风墙面上形成压力，在背风墙面上为吸力，对屋盖则视屋顶形式不同可出现压力或吸力。风荷载的大小与厂房的高度和外表体型有关。

三、等高排架的内力计算

作用在排架上的荷载种类很多，究竟在哪些荷载作用下哪个截面的内力最不利，很难一下判断出来。但是，我们可以把排架所受的荷载分解成单项荷载，先计算单项荷载作用下排架柱的截面内力，然后再把单项荷载作用下的计算结果综合起来，通过内力组合确定控制截面的最不利内力，以其作为设计依据。

单层厂房排架为超静定结构，它的超静定次数等于它的跨数。等高排架是指各柱的柱顶标高相等，或柱顶标高虽不相等，但在任意荷载作用下各柱柱顶侧移相等。由结构力学知道，等高排架不论跨数多少，由于等高排架柱顶水平位移全部相等的特点，可用比位移法更为简捷的"剪力分配法"来计算。这样超静定排架的内力计算问题就转变为静定悬臂柱在已知柱顶剪力和外荷载作用下的内力计算。任意荷载作用下等高排架的内力计算，需要首先求解单阶超静定柱在各种荷载作用下的柱顶反力。

四、单层厂房的整体空间作用

单层厂房结构是由排架、屋盖系统、支撑系统和山墙等组成的一个空间结构，如果简化成按平面排架计算，虽然简化了计算，却与实际情况有出入。

在恒载、屋面荷载、风载等沿厂房纵向均布的荷载作用下，除了靠近山墙处的排架的水平位移稍小以外，其余排架的水平位移基本上是差别不大。因而各排架之间相互牵制作用不显著，按简化成平面排架来计算对排架内力影响很小，故在均布荷载作用下不考虑整体空间作用。

但是，吊车荷载（竖向和水平）是局部荷载，当吊车荷载局部作用于某几个排架时，其余排架以及两山墙都对承载的排架有牵制作用。如厂房跨数较多、屋盖刚度较大，则牵制作用也较大。这种排架与排架、排架与山墙之间相互关联和牵制的整体作用，即称为厂房的整体空间作用。

根据实测及理论分析，厂房的整体空间作用的大小主要与下列因素有关：

（1）屋盖刚度：屋盖刚度越大，空间作用越显著，故无檩屋盖的整体空间作用大于有檩屋盖。

（2）厂房两端有无山墙：山墙的横向刚度很大，能承担很大部分横向荷载。实测资料表明，两端有山墙与两端无山墙的厂房，其整体空间作用将相差几倍甚至十几倍。

（3）厂房长度：厂房的长度长，空间作用就大。

（4）排架本身刚度：排架本身的刚度越大，直接受力排架承担的荷载就越多，传给其他排架的荷载就越少，空间作用就相对减少。此外，还与屋架变形等因素有关。

对于一般单层厂房，在恒载、屋面活荷载、雪荷载以及风荷载作用下，按平面排架结构分析内力时，可不考虑厂房的整体空间作用。而吊车荷载仅作用在几个排架上，属于局部荷载，因此，《混凝土结构设计规范（2015年版）》（GB 50010—2010）规定，在吊车荷载作用下才考虑厂房的整体空间作用。

第四节　单层厂房柱的设计

一、柱的截面设计及配筋构造要求

（一）柱截面承载力验算

单层厂房柱，根据排架分析求得的控制截面最不利组合的内力M和N，按偏心受压构件进行正截面承载力计算及按轴心受压构件进行弯矩作用平面外受压承载力验算。一般情况下，矩形、T形截面实腹柱可按构造要求配置箍筋，不必进行斜截面受剪承载力计算。因为柱截面上同时作用有弯矩和轴力，而且弯矩有正、负两种情况，所以一般采用对称配筋。

在对柱进行受压承载力计算及验算时，柱因弯矩增大系数及稳定系数均与柱的计算长度有关，而单层厂房排架柱的支承条件比较复杂，所以，柱的计算长度不能简单地按材料力学中几种理想支承情况来确定。

对于单层厂房，不论它是单跨厂房还是多跨厂房，柱的下端插入基础杯口，杯口四周空隙用现浇混凝土将柱与基础连成一体，比较接近固定端；而柱的上端与屋架连接，既不是理想自由端，也不是理想的不动铰支承，实际上属于一种弹性支承情况。因此，柱的计算长度不能用工程力学中提出的各种理想支承情况来确定。对于无吊车的厂房柱，其计算长度显然介于上端为不动铰支承与自由端两种情况之间。对于有吊车厂房的变截面柱，由于吊车桥架的影响，还需对上柱和下柱给出不同的计算长度。

（二）柱吊装阶段的承载力和裂缝宽度验算

预制柱一般在混凝土强度达到设计值的70%以上时，即可进行吊装就位。当柱中配筋能满足平吊时的承载力和裂缝宽度要求时，宜采用平吊，以简化施工。但当平吊需较多地增加柱中配筋时，则应考虑改为翻身起吊，以节约钢筋用量。

吊装验算时的计算简图应根据吊装方法来确定，如采用一点起吊，吊点位置设在牛腿的下边缘处。当吊点刚离开地面时，柱子底端搁在地上，柱子成为带悬臂的外伸梁，计算时有动力作用，应将自重乘以动力系数1.5。同时考虑吊装时间短促，承载力验算时结构重要性系数应较其使用阶段降低一级采用。

二、柱牛腿设计

在单层厂房中，通常采用柱侧伸出的短悬臂——"牛腿"来支承屋架、吊车梁及墙梁等构件。牛腿不是一个独立的构件，其作用就是将牛腿顶面的荷载传递给柱子。由于这些构件大多是负荷大或有动力作用，所以牛腿虽小，却是一个重要部件。

牛腿设计内容包括三个方面的内容，分别为：牛腿截面尺寸的确定、牛腿承载力计算、牛腿配筋构造。

（一）牛腿截面尺寸的确定

由于牛腿截面宽度与柱等宽，因此只需确定截面高度即可。牛腿是一重要部件，又考虑到出问题后又不易加固，因此截面高度一般以斜截面的抗裂度为控制条件，即以控制其在正常使用阶段不出现或仅出现微细裂缝为宜。

（二）牛腿承载力计算

根据前述牛腿的试验结果，常见的斜压破坏形态的牛腿，在即将破坏时的工作状况可以近似看作以纵筋为水平拉杆，以混凝土压力带为斜压杆的三角形桁架。

1.正截面承载力

通过三角形桁架拉杆的承载力计算来确定纵向受力钢筋用量，纵向受力钢筋由随竖向力所需的受拉钢筋和随水平拉力所需的水平锚筋组成。

2.斜截面承载力

牛腿的斜截面承载力主要取决于混凝土和弯起钢筋，而水平箍筋对斜截面受剪承载力没有直接作用，但水平箍筋可有效地限制斜裂缝的开展，从而可间接提高斜截面承载力。根据试验分析及设计，只要牛腿截面尺寸满足要求，且按构造要求配置水平箍筋和弯起钢筋，则斜截面承载力均可得到保证。

（三）牛腿配筋构造

在总结我国的工程设计经验和参考国外有关设计规范的基础上，《混凝土结构设计规范（2015年版）》（GB 50010—2010）规定：牛腿内水平箍筋直径应取用6～12mm，间距为100～150mm，且在上部2/3范围内的水平箍筋总截面面积不应小于承受竖向力的受拉钢筋截面面积的1/2。

三、抗风柱的设计要点

厂房两端山墙由于其面积较大，所承受的风荷载亦较大，故通常需设计成具有钢筋混凝土壁柱而外砌墙体的山墙，这样，使墙面所承受的部分风荷载通过该柱传到厂房的纵向柱列中去，这种柱子称为抗风柱。抗风柱的作用是承受山墙风载或同时承受由连系梁传来的山墙重力荷载。

厂房山墙抗风柱的柱顶一般支承在屋架（或屋面梁）的上弦、其间多采用弹簧板相互连接，以保证屋架（或屋面梁）可以自由地沉降，又能够有效地将山墙的水平风荷载传递到屋盖上去。

为了避免抗风柱与端屋架相碰，应将抗风柱的上部截面高度适当减小，形成变截面柱。抗风柱的柱顶标高应低于屋架上弦中心线50mm，以使柱顶对屋架施加的水平力可通过弹簧钢板传至屋架上弦中心线，不使屋架上弦杆受扭；同时抗风柱变阶处的标高应低于屋架下弦底边200mm，以防止屋架产生挠度时与抗风柱相碰。

上部支承点为屋架上弦杆或下弦杆，或同时与上下弦铰接，因此，在屋架上弦或下弦平面内的屋盖横向水平支撑承受山墙柱顶部传来的风载。在设计时，抗风柱上端与屋盖连接可视为不动铰支座，下端插入基础杯口内可视为固定端，一般按变截面的超静定梁进行计算。

由于山墙的重量一般由基础梁承受，故抗风柱主要承受风荷载；若忽略抗风柱自重，则可按变截面受弯构件进行设计。当山墙处设有连系梁时，除风荷载外，抗风柱还承受由连系梁传来的墙体重量，则抗风柱可按变截面的偏心受压构件进行设计。

第五节　单层厂房各构件与柱连接构造设计

装配式钢筋混凝土单层厂房柱除了按上述内容进行设计外，还必须进行柱和其他构件的连接构造设计。柱子是单层厂房中的主要承重构件，厂房中许多构件，如屋架、吊车梁、支撑、基础梁及墙体等都要和它相联系。由各种构件传来的竖向荷载和水平荷载均要通过柱子传递到基础上去，所以，柱子与其他构件有可靠连接是使构件之间有可靠传力的保证，在设计和施工中不能忽视。同时，构件的连接构造关系到构件设计时的计算简图是否基本合乎实际情况，也关系到工程质量及施工进度。因此，应重视单层厂房结构中各构件间的连接构造设计。

一、单层厂房各构件与柱连接构造

（一）柱与屋架的连接构造

在单层厂房中，柱与屋架的连接，采用柱顶和屋架端部的预埋件进行电焊的方式连接。垫板尺寸和位置应保证屋架传给柱顶的压力的合力作用线正好通过屋架上、下弦杆的交点，一般位于距厂房定位轴线150mm处。

柱与屋架（屋面梁）连接处的垂直压力由支承钢板传递，水平剪力由锚筋和焊缝承受。

（二）柱与吊车梁的连接构造

单层厂房柱子承受由吊车梁传来的竖向及水平荷载，因此吊车梁与柱在垂直方向及水平方向都应有可靠的连接，吊车梁的竖向荷载和纵向水平制动力通过吊车梁梁底支承板与牛腿顶面预埋连接钢板来传递。吊车梁顶面通过连接角钢（或钢板）与上柱侧面预埋件焊接，主要承受吊车横向水平荷载。同时，采用C20~C30的混凝土将吊车梁与上柱的空隙灌实，以提高连接的刚度和整体性。

（三）柱间支撑与柱的连接构造

柱间支撑一般由角钢制作，通过预埋件与柱连接。预埋件主要承受拉力和剪力。

二、单层厂房各构件与柱连接预埋件计算

（一）预埋件的构造要求

1.预埋件的组成

预埋件由锚板、锚筋焊接组成。受力预埋件的锚板宜采用可焊性及塑性良好的Q235、Q345级钢制作。受力预埋件的锚筋应采用HRB400或HPB300钢筋。若锚筋采用HPB300级钢筋时，受力埋设件的端头须加标准钩。不允许用冷加工钢筋做锚筋。在多数情况下，锚筋采用直锚筋的形状，有时也可采用弯折锚筋的形状。

预埋件的受力直锚钢筋不宜少于4根，且不宜多于4排；其直径不宜小于8mm，且不宜大于25mm。受剪埋设件的直锚钢筋允许采用2根。

直锚筋与锚板应采用T形焊连接。锚筋直径不大于20mm时，宜采用压力埋弧焊；锚筋直径大于20mm时，宜采用穿孔塞焊。当采用手工焊时，焊缝高度不宜小于6mm及0.5d（d：钢筋直径）（300MPa级钢筋）或0.6d（其他钢筋）。

2.预埋件的形状和尺寸要求

锚板厚度应大于锚筋直径的0.6倍，且不小于6mm；受拉和受弯埋设件锚板厚度尚应大于1/8锚筋的间距。锚筋到锚板边缘的距离，不应小于20mm。受拉和受弯预埋件错筋的间距以及至构件边缘的边距均不应小于45mm。

受剪预埋件错筋的间距应不大于300mm。受剪预埋件直锚筋的锚固长度不应小于15d（d受剪预埋件直锚筋直径），其长度比受拉、受弯时小，这是因为预埋件承受剪切作用时，混凝土对其锚筋有侧压力，从而增大了混凝土对错筋的黏结力的缘故。

（二）预埋件的构造计算

预埋件的计算，主要指通过计算确定锚板的面积和厚度、受力锚筋的直径和数量等。它可按承受法向压力、法向拉力、单向剪力等几种不同预埋件的受力特点通过计算确定，并在参考构造要求后予以确定。

1.承受法向压力的预埋件的计算

承受法向压力的预埋件，根据混凝土的抗压强度来验算承压锚板的面积：

$$A \geqslant \frac{N}{0.5f_c} \tag{8-1}$$

式中：A——承压锚板的面积（钢板中压力分布线按45°）；

N——由设计荷载值算得的压力；

f_c——混凝土轴心抗压强度设计值；

0.5——保证锚板下混凝土压应力不致过大而采用的经验系数。

承压钢板的厚度和锚筋的直径、数量、长度可按构造要求确定。

2.承受法向拉力的预埋件的计算

承受法向拉力的预埋件的计算原则是，拉力首先由拉力作用点附近的直锚筋承受，与此同时，部分拉力由于锚板弯曲而传给相邻的直锚筋，直至全部直锚筋到达屈服强度时为止。因此，埋设件在拉力作用下，当锚板发生弯曲变形时，直锚筋不仅单独承受拉力，而且还承受由于锚板弯曲变形而引起的剪力，使直锚筋处于复合应力状态，因此其抗拉强度应进行折减。锚筋的总截面面积可按下式计算：

$$A \geqslant \frac{N}{0.8a_b f_y}$$ （8-2）

式中：f_y——为锚筋的抗拉强度设计值，不应大于300N/mm²；

N——法向拉力设计值；

a_b——锚板的弯曲变形折减系数，与锚板厚度和锚筋直径有关，当采取防止锚板弯曲变形的措施时，可取1.0。

3.承受单向剪力的预埋件的计算

目前采用的直锚筋在混凝土中的抗剪强度计算公式，是经一些预埋件的剪切试验后得到的半理论半经验公式。试验表明，预埋件的受剪承载力与混凝土强度等级、锚筋抗拉强度、锚筋截面面积和直径等有关。在保证锚筋锚固长度和直锚筋到构件边缘合理距离的前提下，预埋件承受单向剪力的计算公式为：

$$A_s \geqslant \frac{V}{a_r a_v f_y}$$ （8-3）

式中：V——剪力设计值；

a_r——锚筋层数的影响系数；当锚筋按等间距配置时，二层取1.0，三层取0.9，四层取0.85；

a_v——锚筋的受剪承载力系数，反映了混凝土强度、锚筋直径、锚筋强度的影响；

f_y——为锚筋的抗拉强度设计值，不应大于300N/mm²。

第九章 房地产开发项目的建设管理

第一节 房地产开发项目建设管理组织

一、房地产开发项目建设管理的含义

房地产开发项目建设管理，是指房地产开发企业对房地产开发项目从项目开工到竣工验收为止的整个建设阶段所进行的管理。由于房地产开发项目的建筑安装工作是委托承包给施工单位来完成的，因此，房地产开发项目的建设管理实质上是房地产开发企业对施工单位工程建设活动的监督管理。

房地产开发项目的建设管理的目的是高效、优质，低耗、安全地完成房地产开发项目的建设任务。

二、房地产开发项目建设管理模式

房地产开发项目中，开发商首先委托咨询，设计单位完成项目前期工作，包括施工图纸、招标文件等。其次是选择一家具有资质和实力的监理机构，然后通过竞争招标把工程授予综合报价最优的承包商。开发商要分别与设计机构，承包商和监理机构签订合同。开发项目建设管理模式指在项目施工阶段开发商与各参与者之间的合同关系。

（一）平行承发包管理模式

平行承发包管理模式是指项目业主将工程项目的施工和设备、材料采购的任务分解后分别发包给若干个施工单位和材料、设备供应商，并分别与各个承包商签订合同。各个承包商之间的关系是平行的，他们在工程实施过程中接受业主或业主委托的监理企业的协调和监督。

对于一个大型的房地产开发项目，开发企业既可以把所有的项目建设管理任务委托给一家监理单位，也可以委托给几家监理单位。

（二）总承包管理模式

工程项目总承包管理模式是指业主在项目立项后，将工程项目的施工、材料和设备采购任务一次性地发包给一个工程项目承包公司，由其负责工程的施工和采购的全部工作，最后向业主交出一个达到动用条件的工程项目。业主和承包商签订一份承包合同，也称为"交钥匙工程"。房地产开发商可以将一个房地产开发项目委托给一家总包单位，并委托一家监理单位实施项目管理。

实施平行承发包管理模式，有利于开发商指挥各个承包单位，通过项目之间进度、投资等建设目标完成状况的比对实施奖惩策略，但同时由于参与单位过多，开发商组织协调工作量很大；对于实施总承包管理模式来说，开发商只需面对一家总承包单位，而各分包商之间的作业面协调，任务协调等工作由总承包商来完成，开发商组织管理工作量较小，缺点是一旦总承包单位和开发商发生不可调和的矛盾，对开发项目的建设将会带来很大的影响。

无论委托给多家承包单位还是一家总包单位，开发商与施工承包企业、监理企业均应分别签订合同，施工合同中要明确承包企业权利和义务，监理合同应明确工程监理的范围和内容。开发企业通过监理商与设计和施工单位协调，原来所承担的组织、控制，协调等项目管理工作，也大都交予监理单位。开发企业组成一套精简的项目管理班子，结合项目的驻工地代表，主要在工程决策、工程支付控制等重大问题上行使管理职能。监理制对业主来说有节约人力物力资源，发挥专业公司专长，注重项目总体控制的优势。这对一些大型房地产开发企业在实施多区域、多项目战略，以各类项目型公司为开发推进战略时较为常见。

部分房地产开发商已经形成了较为雄厚的专业技术力量，则习惯按照传统的管理模式，组织强有力的项目建设指挥部。指挥部和监理单位一起，共同负责完成项目建设目标。这种建设方式，有效地利用了开发商的人力、物力资源，有利于开发商决策层项目实施战略的贯彻，但同时不可避免地造成与现场监理工作的冲突，对承包商来说会形成多头管理，往往导致承包商无所适从，反而不利于开发项目的正常进展。

三、房地产开发商在建设施工管理中的主要任务

（1）项目组织与协调工作。一方面，选择施工，供应等参建单位，明确各自在业务往来中应遵守的原则；另一方面，落实项目施工阶段的各项准备和组织工作，包括落实设计意图、选定施工方案，审定材料与设备供应品种及供应方式。

（2）费用控制。费用控制主要包括编制费用计划，审核费用支出，研究节支途径。

（3）进度控制。进度控制主要进行进度分析，适时地调整计划，协调各参建单位进度。

（4）质量控制。质量控制主要提出质量标准，进行质量监督，处理质量问题，组织工程验收。

（5）合同管理。合同管理对施工前签订的施工合同进行管理，并处理工程量增减、合同纠纷、索赔等事宜。

第二节　房地产开发项目的监理概述

房地产开发项目进入工程建设阶段后，需要通过恰当的方式和途径，对工程质量、工程进度、工程造价、工程设计，竣工验收等重要环节实施必要的管理和监督。由于多数建设单位并不擅长工程建设的组织管理和技术监督，因此建筑工程监理制度便应运而生，竣工验收作为质量控制的最后一环也显得更加重要和突出。

一、我国工程监理制度的发展脉络

我国实行工程监理制度，是从改革开放以来利用外资建设项目和外贷项目开始的。过去我国的工程建设活动基本上是由建设单位自己组织管理的。建设单位不仅负责组织设计施工、申请材料设备，还直接承担工程建设的监督和管理工作，而一批批筹建人员，往往并不具备相关的专业知识，也不熟悉工程项目的管理业务，因此在管理过程中往往起不到应有的作用，无法真正保证投资的效益和工程质量。当筹建人员刚刚熟悉了工程项目的管理业务，工程也竣工了。而新的建设单位投资新的项目建设起用新的筹建人员，又得从头学习。这种低水平的重复，严重阻碍了我国建设管理水平的提高。1988年，国家为了加强对工程建设的行业管理，在总结过去经验的基础上，在新组建的国家建设部中设立了建设监理司，使工程建设监理工作从无到有，为工程监理的制度化、规范化奠定了组织基础。近三十年来，工程监理制度在我国有了很大发展，先后颁布了一些有关工程监理的法规文件，对建筑监理的规范化、制度化起到了积极的推动作用。

我国的建设工程监理体系由三个层次构成：第一层次是建设法律，是由全国人民代表大会及其常务委员会制定的有关建设方面的法律，其他层次的建设监理法规应根据这些法律制定，不能与之相悖。第二个层次是建设监理行政法规，由国务院发布的建设监理方面的行政法规。第三层次是部门建设规章和地方建设监理法规、规章。目前，我国建设监理立法工作主要是在这个层次上展开。

二、工程监理的概念、分类与基本职能

建筑工程监理，是指由具有法定资质条件的工程监理单位，根据建设单位的委托，依照法律、行政法规及有关的技术标准，技术文件和建筑工程承包合同，在施工质量、建设工期和建设资金使用等方面，代表建设单位对工程施工实施专门的监督活动，以求用最少的人力、物力、财力和时间获得符合质量要求的产品。

从监理工作的主体看，大致可以分为政府监理和社会监理两类。在各自的主体里，还可分为不同的层次，不同的层次有不同的职责。

（一）政府监理

政府监理是指各级人民政府建设行政主管部门和国务院工业、交通部门对工程建设实施阶段建设行为实施的监理，以及对社会监理单位的监督管理。政府监理的主要内容包括：制定并监督实施监理法规以及相关的建设法规，审批建设监理单位资质，归口管理所辖区域的建设监理工作。对工程建设项目实施直接监理，如建设项目是否符合国家经济发展总体要求，是否符合环境保护要求等。

政府监理的主要机构是住房和城乡建设部和省、自治区、直辖市建设主管部门设置的专门的建设监理管理机构。市（地、州、盟）县的建设主管部门根据需要设置或指定的相应机构，统一管理建设监理工作。国务院工业、交通部门根据需要设置或制定相应的机构，指导本部门建设监理工作。

各级政府监理部门职责各不相同。住房和城乡建设部的监理职责是：起草或制定建设监理法规，并组织实施；审批全国性、多专业，跨省承担监理业务的监理单位的资质；制定社会监理单位和监理工程师的资质标准及审批管理办法，负责监理工程师资质考试，颁发证书并监督实施；参与大型工程项目建设的竣工验收；检查督促工程建设重大事故的处理；指导和管理全国工程建设监理工作。

省、自治区，直辖市建设行政主管部门的监理职责是：审批本地区大中型建设项目的开工报告，竣工验收，检查工程建设重大事故处理；审批全省性监理单位资质；指导和管理本地区工程建设监理工作。

（二）社会监理

社会监理是指社会监理单位受建设单位的委托，对工程建设实施阶段建设行为实施的

监理。社会监理单位可以是专门从事监理业务的工程建设监理公司或事务所，也可以是兼承建设监理业务的工程设计、科学研究、工程建设咨询单位等。

社会监理的内容非常广泛，从投资决策咨询的建设项目前期准备阶段，到工程保修阶段，贯穿整个工程的全过程。

这里需要指出的是，具体的建筑工程监理对建筑工程的监督与政府有关部门依照国家有关规定对建筑工程进行的质量监督，二者在监督依据、监督性质以及与建设单位和承包单位的关系等方面都不相同，不能相互替代。工程监理单位对工程项目实施的监督依据，是建设单位的授权，以社会中介组织作为公证身份进行监督；工程监理单位与建设单位和工程承包商之间是平等的民事主体之间的关系，没有行政处罚的权利。而政府主管部门监督的依据是法律法规，属于强制性、行政性监督管理，与建设单位和工程承包商属于行政管理与被管理的关系，政府主管部门有行政处罚权。

三、工程监理工作的程序

房地产综合开发企业委托监理的工作程序如下：

（1）与专业工程建设监理公司洽谈委托监理事宜。在选择洽谈对象时要注意，工程建设监理公司有不同的资质等级，并且承担不同范围内的工程建设监理任务。按现行规定，工程建设监理公司有甲、乙、丙三个等级。甲级工程建设监理公司可以跨地区、跨部门监理大、中、小型工程。乙级工程建设监理公司可以监理本地区，本部门中小型工程。丙级工程建设监理单位只能监理本地区，本部门的小型工程。

（2）与接受委托监理的工程建设监理公司签订委托监理合同。委托监理合同的内容应包括监理对象，双方的权利和义务，监理酬金的计取与支付，争议的解决方式，双方约定的其他事宜。在签订委托监理合同后，房地产开发企业应协助工程建设监理公司到受监工程所在地的县级以上地方人民政府建设行政管理部门备案。

（3）书面通知承建施工单位。将委托的工程建设监理公司、监理的内容，总监理工程师的姓名以及委托给工程建设监理公司的权限，书面通知承建的施工单位。同时，掌握受托工程建设监理公司总监理工程师将其授予监理工程师的权限和名单书面通知承建的施工单位的落实情况。

（4）定期接受检查监理报告。定期接受检查受托工程建设监理公司送交的监理报告。对于出现的问题，及时协调解决。对于应尽的义务，按合同内容履行。

（5）接收工程技术档案。房地产开发项目完工后，接收受托工程建设监理公司移交的工程技术档案。

（6）结清监理费用。工程建设监理公司完成房地产开发项目监理任务后，按监理委托合同约定，及时结算监理费用。

四、监理单位的资质及管理

建设监理是集经济、技术、法律手段于一体的综合管理行为，只有经过严格的专业资质审查的单位方能承担此项任务。建设监理单位的资质，是指从事监理业务的单位应具备的人员素质、资金数量、专业技能、管理水平及管理业绩等。

（一）建设监理单位的等级和资质条件

建设监理的资质，依据《工程建设监理单位资质管理试行办法》的规定，分为甲、乙、丙三级。

（1）甲级建设监理单位应具备的资质条件。①单位负责人应由取得监理工程师资格证书的在职高级工程师、高级建筑师、高级经济师担任；技术负责人应由取得监理工程师资格证书的在职高级工程师，高级建筑师担任。②人员的专业结构中，取得监理工程师资格证书的工程技术与管理人员不少于50人，且人员专业配套，其中高级工程师或高级建筑师不少于10人，高级经济师不少于3人。③注册资金不少于100万元。④应当监理过5个一等一般工业与民用建设项目或者2个一等工业、交通建设项目。

（2）乙级建设监理单位应具备的资质条件。①单位负责人应由取得监理工程师资格证书的在职高级工程师，高级建筑师、高级经济师担任；技术负责人应由取得监理工程师资格证书的在职高级工程师、高级建筑师担任。②人员的专业结构中，取得监理工程师资格证书的工程技术与管理人员不少于30人，且人员专业配套，其中高级工程师和高级建筑师不少于5人，高级经济师不少于2人。③注册资金不少于50万元。④应当监理过5个二等一般工业与民用建设项目或2个二等工业、交通建设项目。

（3）丙级建设监理单位应具备的资质条件。①单位负责人应由取得监理工程师资格证书的在职高级工程师，高级建筑师，高级经济师担任；技术负责人应由取得监理工程师资格证书的在职高级工程师，高级建筑师担任。②人员的专业结构中，取得监理工程师资格证书的工程技术与管理人员不少于10人，且人员专业配套，其中高级工程师和高级建筑师不少于2人，高级经济师不少于1人。③注册资金不少于10万元。④应当监理过5个三等一般工业与民用建设项目或2个三等工业、交通建设项目。

（二）建设监理单位的监理范围

不同等级的监理单位其业务范围是不同的。根据现行规定，甲级建设监理单位可跨地区、跨部门监理一、二、三等工程，乙级建设监理单位只能监理本地区、本部门二、三等的工程，丙级建设监理单位只能监理本地区、本部门三等的工程，已取得证书但尚未定级的建设监理单位，只能在原资质审批部门核定的监理范围内从事监理工作。

（三）建设监理单位资质管理的主要内容

建设监理单位资质管理的内容具体包括如下六个方面：

（1）建设监理单位设立时的资质审查。

（2）建设监理单位资质等级的例行核定（每3年核定一次）。

（3）建设监理单位定级时的资质审批。

（4）建设监理单位升级时的资质审批。

（5）建设监理单位资质变更与终止业务时的审查，批准。

（6）建设监理单位承接和实施监理过程中的有关资质管理工作。

（四）建设监理单位资质管理的分工

国务院建设行政主管部门（中华人民共和国住房和城乡建设部）归口管理全国的建设监理单位资质。其主要职责是：负责监理单位设立的资质审批，负责设立中外合营和中外合作建设监理单位的资质审批，负责全国甲级建设监理单位的定级审批，负责全国甲级建设监理单位资质的例行核定和制定全国甲级建设监理单位"升级资质证书"和"资质等级证书"等。

省、自治区、直辖市人民政府建设行政主管部门负责本行政区域地方建设监理单位的资质管理。其主要职责是：负责本行政区域地方建设监理单位设立的资质审批，负责本行政区域地方乙、丙级建设监理单位设立的资质变更与终止的审查，批准等。

国务院各工业、交通等部门负责本部门直属建设监理单位的资质管理。其主要职责是：分别负责本部门直属建设监理单位设立的资质审批，负责本部门直属乙、丙级建设监理单位资质变更与终止的审查，批准，负责本部门直属乙、丙级建设监理单位资质等级的例行核定。

第三节　房地产开发项目监理的内容与方法

从监理工作的主要服务对象来看，监理工作的内容大体可以分为工程进度监理、工程质量监理、工程投资监理、工程成本（造价）监理以及合同监理。

一、房地产开发项目进度监理

进度（工期）是房地产开发企业最为关心的目标之一，能否按时完成任务、及时交工直接影响到企业的商业信誉和公众形象。进度监理是指对工程建设项目的各建设阶段的工作顺序和持续时间进行规划、实施、检查，协调及信息反馈等一系列活动的总称。建设工程进度监理的总目标是通过监理单位的咨询和监督活动，确保如期完成工程。

（一）房地产开发项目进度监理的内容

工程项目进度监理包括：对工程项目建设总周期目标进行具体的论证和分析，编制工程项目总进度计划，编制阶段详细进度计划，监督阶段详细进度计划的执行，施工现场的调研与分析。

1.工程项目总周期的论证与分析

通盘考虑整个工程项目，全面规划，指导施工单位有计划地运用人力、财力、物力和时间、空间、技术、设备，按委托方对工程项目的工期要求，确定经济合理的实施方案。这种论证与分析反映在文字上，就是施工组织设计。

以住宅小区编制施工组织设计为例，其主要内容有：施工项目一览表——按区域系统形成，排列整齐，并分别计算其工程量；施工进度网络计划——按项目排列施工顺序，按时间安排项目的开竣工日期；施工纵剖面布置——绘制住宅工程，配套工程、附属工程（如各种管线），施工现场及大型临时实施的平面布置图和示意图。监理单位以此为总目标，要求参加建设施工的各单位分别做出单幢工程施工组织设计、分部分项工程组织设计。这样，按施工组织设计的要求，范围从大到小，项目由多到少，安排由粗到细，工期由长到短，层层落实，环环相扣，构成一个施工现场组织网络体系，从而保证现场各项工作有计划进行。

2.工程项目总进度计划的编制

工程项目总进度计划是包括设计、采购、施工等有关工作在内的综合进度计划，其考核指标是以投资完成额（工作量）来衡量，即将各项工程完成量按照预算折合成以货币表示的投资额相加，然后与原预算进行比较，得到总进度的完成情况。总进度计划的控制应根据项目施工组织设计的要求，首先将所有的单项工程按顺序排列，并确定其相互制约关系，然后计算出每一项工程所需的工时数，从而计算出其所需工期和整个工程所需工期。在此基础上再结合工程具体情况和定额工期，与委托方签订工程施工总工期。如委托方达不到合同工期的要求，则要想方设法采取有力措施（如增加工作班组、改进运输途径，调整施工方法等），力争做到不拖工期，也不增加费用。

3.阶段详细进度计划的编制

阶段详细进度计划以工程开竣工时间为中心进行编制。内容包括房屋的开工、施工、竣工、交付使用，市政公用工程及配套项目的开工，商业服务网点的开业，公共交通线路的开通，道路修建，现场清理，路灯及电话的安装，植树绿化，基层政权的建立和管理等计划等。整个工程的开竣工日期应与合同期相符合。

在计划的实施过程中要求监理（管理方）对现场情况进行调查分析，及时发现和解决问题。例如，目前多数开发商对现场的管理采用召开定期调度会的办法。调度会一般由业主或委托监理单位召开，参加单位一般包括规划设计单位，施工单位，建设单位，房管部门，市政公用部门等。会议内容主要是检查计划执行情况，研究解决工程项目建设中遇到的问题（包括措施、期限、落实等），以平衡、协调各方面的关系，保证计划的完成。

4.进度计划的监督

进度计划的监督主要工作包括：

（1）注意设计图纸进度对施工进度的影响，了解设计进度情况及预计完成日期对施工进度的影响。

（2）设备材料采购的进度情况，包括各项设备是否按计划完成、计划运到现场日期，检查验收办法及检测手段的落实。

（3）各项预制构、配件的预订及加工日期，具体到货日期及到货情况。

（4）施工进度情况。及时了解各单项工程的完成情况，实际动工日期和完成日期。

（5）监理控制。及时发现实际与计划的偏离情况，并采取有效补救措施，以确保计划的完成。

（二）房地产开发项目进度监理的方法

进度计划编制是进度管理的重要内容，通常采用横道图法、网络图法、计划评审技术和管理技术方法等。

1.横道图法

横道图法是用直线线条在时间坐标上表示出单项工程内容进度的方法。横道图的优点是制作简便，明了易懂；缺点是从图中看不出各项工作之间的相互依赖和相互制约的关系，看不出一项工作的提前或落后对整个工期的影响程度，看不出哪些是关键工作。

2.网络图法

网络图法的机理是应用网络形式来表示计划中各项工作的先后顺序和相互关系，通过参数计算找出计划中的关键工作和关键线路，在计划执行过程中进行有效的控制和监督。

利用网络图法可以在实际项目进度计划中找出工程实施的关键线路，确定出该工程项目的各个关键工作和任务，并利用时差不断地调整与优化网络，求得最短周期；还可以将成本与资源问题考虑进去，求得综合优化的项目计划方案，以便于为项目决策者、管理者和具体操作者提供指导，尤其是对那些子项较多、工序复杂的大型国际工程项目尤为重要。需要注意的是，在利用网络图法安排进度时，必须确定合理的工作细分程度。

3.计划评审技术

该方法在安排和表示进度的形式方面和网络图法差不多，但它利用活动的逻辑关系和活动持续时间的三个权重估计值来计算项目的各种时间参数。计划评审技术与网络图法的主要区别是计划评审技术中作业时间是不确定的，其适用活动持续时间三个值（最乐观值、最可能值和最悲观值）的加权平均，用概率方法进行估计的估计值，因此计划评审技术基础资料收集的难度及资料处理的复杂程度要比网络图法复杂得多。

4.管理技术方法

进度控制的管理技术方法是指规划，控制和协调。这里，可通过规划确定项目的进度总目标和分目标，通过控制发现偏差并及时采取措施进行纠正，通过协调项目建设各参与方之间的进度关系实现进度目标。

二、房地产开发项目质量监理

工程质量监理是指建设工程在准备和实施过程中，监理单位通过对市场调查、设计，采购物资，加工订货、施工、试验和检验、安装和试运转，竣工验收，用后服务等一系列环节中的作业技术活动的检查和督促，使建设工程在性能、寿命、安全性、可靠性和经济性等方面都达到一定的标准的活动。质量监理贯穿于工程建设的始终，是整个建设工程的重要组成部分。

（一）建设工程质量监理的作用

（1）促进设计单位和施工单位的质量控制活动，保证工程质量。受建设单位的委托，监理单位参与工程设计的监督，有利于促进设计单位按用户的要求，把好设计质量关。监理单位作为中间方，熟知使用单位和建设单位的要求，掌握设计标准和规范要求，可以及时传达用户信息，使产品设计的复合型和适用性得以提高。而对施工单位的技术规范、操作规程、施工方案的有效控制，可以及时地完善施工过程中的质量体系，最终使质量得以保证。

（2）优化设计单位和施工单位的质量环境。保证工程质量，主要靠设计单位和施工单位内部建立完善的质量管理体系，保证质量管理体系的正常运行。而监理单位、供应单位、分包单位、外协单位等则构成了质量管理体系的合同环境，没有这些单位的质量监督与保证，设计单位和施工单位的质量保证就不易实现。因此，监理单位对这些单位的监理，优化了设计、施工单位的外在质量环境，使质量监理工作更全面。

（3）促进建设单位对质量的控制。监理单位对设计施工等单位进行检查和督促，对建设单位，同样也存在着监督作用。如果由监理单位进行监理，则可以督促建设单位遵守质量责任制度和奖罚制度，慎重决策，认真对待每一个建设环节，严把质量关。

（二）建设工程质量监理的重点

完成质量监理的重点应在设计和施工阶段对各种技术的有效控制和加工订货的监督。一般可分为三个环节：一是对影响质量的各种技术和活动要求制定计划和程序，即确立监理计划与标准；二是要按计划和程序实施，并在实施过程中进行连续检验和评定；三是对不符合计划和程序的情况进行处置，并及时采取纠正措施等。抓住这三个环节，才能圆满地完成质量监理任务。

（三）建设工程设计阶段质量监理的依据

（1）国家和政府有关质量监理方面的规定。为了保证设计质量，国家和各级政府颁发了大量的有关规定，如在设计单位推行全面质量管理的规定和考核办法，关于勘察设计单位资格认证的规定，关于优秀设计奖评选的有关规定，设计文件的编制和审批办法等，都是设计质量监理的依据。

（2）勘察设计的规定。包括有关勘察设计的各种标准、规范、规程和手册等。

（3）已批准的设计任务书及可行性研究报告。设计任务书是在进行了可行性研究及经济评价后提出来的，是设计监理的总纲，必须遵守。

（4）施工单位的意见和反馈。在设计及设计交底，图纸会审中施工单位提出的意见及施工中对质量的反馈信息。

（四）建设工程施工阶段质量监理的依据

1.有关的标准、规范、规程和规定

技术标准和规范有国家标准、行业标准和企业标准。它是建立、维护正常的生产秩序和工作秩序的准则，是设备，材料和工程质量的尺度，是专业化协作的依据。施工方面进行质量监理的依据主要是工程施工及验收规范，质量检验评定标准，原材料、半成品的技术检验和验收标准等。

技术规程是为执行技术标准和保证施工有秩序进行而制定的职工统一行动的规则，如施工技术规程、操作规程、设备维护和检修规程及安全技术规程等。各种技术规程与质量密切相关。

各种有关质量方面的规定，是有关主管部门根据需要发布的带有指导性的文件，它对于标准规范的实施，对于改变实践中存在的许多问题，都具有指令性、及时性、科学性的特点。质量监理工作对这些法定的有关标准、技术规范、技术规程和各项规定，都必须了解、执行、严格遵守。

应当指出的是，建设监理制度是按照国际惯例建立起来的，特别适用于大型工程、外资工程及对外承包工程，因此进行质量监理还必须注意国际标准和国内标准。一般说来，国际标准要比国内标准要求高，故国内标准要向国际标准看齐，逐渐采用国际标准。

2.设计文件

"按图施工"是约定俗成的事。但是作为监理单位和施工单位，在进行质量监理时，必须进行图纸审查，及时发现其中存在的问题或矛盾之处，及时协商，提请设计单位修改。没有变更的设计是不存在的。不注意研究设计图纸的正确性的监理单位和施工单位是不能保证质量的。因此，要把图纸会审与协商变更形成制度，写进合同，以保证设计的完善和实施的正确性。可以说，监理单位对设计的监理不但体现在设计之时，也体现在施工之中。

3.监理合同和承包合同

监理合同中有建设单位和监理单位有关质量监理的权利和义务条款，承包合同中有建设单位和施工单位有关质量监理的权利和义务条款，各方都必须履行在合同中的承诺。尤其是监理单位，既要履行监理合同的条款，又要监督建设单位，设计单位和施工单位履行质量监理条款。因此，监理单位要熟悉这些条款，当发生纠纷时，及时采取协商、仲裁等手段予以解决。

4.施工方案

施工方案是施工单位进行施工准备和指导现场施工的规划性文件的基本部分，其内容突出了技术方法的选择和保证质量措施的设计。实行监理的工程，施工方案在监理单位审核后才能定案。它是施工单位和监理单位进行质量控制的共同依据。

5.施工技术资料管理的规定

为了统一工程施工技术资料的管理，加强企业的基础业务建设，提高管理水平，确保工程质量，有关地区和行业均根据国家颁发的施工验收规范，结合实际情况颁发了施工技术资料管理的规定。该规定对单位工程竣工时应具备的技术资料及资料的取得方式，管理办法、使用的表格等，都有明确的要求，施工单位在进行质量监理时必须遵守。

（五）建设工程质量监理的内容

工程质量监理从内容上看主要包括以下三个方面：

（1）对原材料的监理。对项目工程使用的每种原材料，都要审查其生产厂家的有关数据资料，并通过试验决定能否在该工程上使用。施工单位不得使用未经监理部门批准的任何一种原材料。

（2）对混凝土浇灌的试验监理。工程的任何部门浇灌混凝土都要由监理单位和施工单位双方共同测试，根据规范严格检查。未经监理单位认可，施工单位不得自行浇灌混凝土，否则要炸掉，并且不付工程款。

（3）对施工程序的监理。在工程建设中，承建单位的每一项施工活动，都要事先上报监理方取得认可。在施工过程中监理方按施工方报告逐项检查，不合格的即下令停工，直至修改合格后方准继续施工。全部施工活动完毕，监理方还要进行严格检查。

三、房地产开发项目投资监理

工程投资监理是对工程的投资可能性、投资量，投资分配形式和方案等作具体的研究、考证和管理。工程投资监理贯穿于工程全过程。在工程未决策前，对工程投资可行性进行考察和验证，选择效益好的投资项目，避免造成严重的投资决策失误。在项目实施过程中，投资控制能在限定的投资估算额的前提下，少花钱、办好事、多发挥生产能力或效益等；同时有利于减少各种资源的消耗，达到建设任务与资金供应平衡，建设任务与物资和人力平衡、资金与资源平衡。

（一）投资监理的内容

按工程项目的不同阶段，投资监理的内容可分为：

（1）投资决策阶段的投资监理。在工程项目投资决策阶段，即编制项目建议书阶段，应把项目建设纳入长远规划和年度计划通盘考虑，审批项目建议书；可行性研究报告和设计任务书，为最终投资决策奠定基础。

（2）设计阶段的投资监理。在设计阶段，进行设计监理的建设项目，监理单位应在初步设计阶段提出设计要求，组织设计招标或设计竞赛，评选设计方案，选择勘察设计单位并签订委托设计合同，审查初步设计和初步设计概算；在施工图设计阶段，同样要在施工图进行中间审查，控制设计标准及主要设计参数，审查施工图预算，参加图纸会审等。

（3）施工招标阶段的投资监理。在施工招标阶段，监理单位通过编制与审查标底、编制与审核招标文件，提出决标意见，协助建设单位签订发包合同，审查分包单位的选择等进行投资监理。

（4）施工阶段的投资监理。在施工阶段，监理单位通过审核设计变更与协商、核批索赔文件、签发工程付款凭证，审查工程结算、审查主要建筑材料与设备订货、掌握工作进度与工程款发放，对投资计划与实际费用支出进行比较等进行投资监理。

（二）投资监理的措施

（1）组织措施。包括落实投资监理人员；明确监理人员的任务分工和管理职能分工；确定投资监理的工作流程。

（2）经济措施。包括编制投资规划和详细计划；编制资金的使用控制计划；投资的动态控制，即通过计划值与实际值的比较，提出控制报表与付款审核。

（3）技术措施。包括挖掘节约投资的潜力，开展技术经济比较论证等。

（4）合同措施。包括确定合同的结构，审核合同中有关投资的参数，参与合同谈判，处理合同执行过程中的变更与索赔。

（三）投资监理的方法

对项目的投资监理，应该运用具体的技术经济方法，针对不同的技术方案进行经济分析，选择合理的技术方案。其基本程序是：建立技术方案—分析各技术方案的优缺点—监理各种技术方案的数学模型—对技术方案作综合评价。适用于投资监理的主要技术经济分析方法有下列五种。

1.方案比较法

这是一种简便而适用的方法，主要是对比分析各种方案的技术经济指标或综合指标，从中选择指标最优的方案。利用这种方法，各对比方案要满足下述四个条件：

（1）满足需要的可比，即对比的方案必须满足相同的需要，它们的产量、质量品种指标具有可比性。

（2）消耗费用可比，各个方案的消耗费用必须从整个国民经济观点和综合的观点出发，考虑它的全部消耗费用。

（3）价格指标上可比，即都利用同一时期的比价水平，或都计算利息等。

（4）时间上可比，生产、消耗、资金占用时间的迟早，对企业和国民经济的作用不尽相同。但在对比时，要消除时间上的矛盾，采用相等的计算期。

2.盈亏平衡分析（量本利分析）法

这种方法适用于分析技术方案的生产规模与盈利关系，可用来进行经济预测和决策。

3.回归分析法

即研究经济、技术指标间的因果关系的方法，可用来对技术方案进行决策。

4.决策树法

决策树是一种树状图，可用来对不同技术方案进行概率分析，从而求出期望值，以便进行优选决策。

5.价值分析法

价值分析法是以最低寿命周期费用，可靠地实现必要的功能，着重于产品作业的功能分析的有组织活动，最适用于对设计方案进行分析和优选。

四、建设工程成本（造价）监理

建设工程成本（造价）监理是确保工程投资与资源充分利用，实现工程合同计划的重要保证；是防止预算超概算，决算超预算的重要手段；也是工程项目争取最大经济效益的重要管理措施。由此可见，工程成本（造价）监理对企业的经济效益尤为重要。

（一）建设工程成本（造价）监理的任务和控制方法

在项目建设实施过程中，工程成本（造价）监理的任务是按预算成本阶段、分部位地进行成本控制，使其每个部位或每个项目不超出预算规定，否则就要进行比较分析，找出原因。

工程成本（造价）监理与传统管理方法的重要区别是：传统管理是一次拨款，竣工后决算，对工程的预控工作难以落实，往往是亏盈既成事实；而工程成本（造价）监理则正好弥补了传统管理的缺陷，实行工程建设过程的预先控制，发现问题及时分析处理，并采取补救措施。

（二）施工阶段的成本（造价）监理

施工阶段的成本（造价）监理要求做到以下两点：

（1）把好按进度拨款关，即要从审查每个工程和分部分项工程的清单，单价入手，按进度拟订拨款计划。

（2）及时掌握和记录相关情况，如修改设计所引起的工程量、工程项目的增减情况，并保留项目变更的原始记录和审批手续。如遇不可预计的情况时（如地质条件变化、恶劣气候影响、材料供应拖延和价格调整等），更应进行详细记录，以便区分责任和原因进行处理（如赔偿、索赔等）。

（三）招标承包工程的成本（造价）监理

招标承包工程的成本（造价）监理要求做到以下四点：

（1）详细分析中标者的标书和报价，根据合同预算，组织双方签订合同，并以此作为工程结算的依据。

（2）工程开工后，要逐月进行成本分析，具体核算实际成本与计划价格，投标报价、合同预算、施工预算之间的各分部分项工程及各阶段差别，进行比较和盈亏分析。如果发现问题，应及时采取有力措施，确保施工过程中的实际成本始终在计划价格幅度之内，直至工程竣工结算。

（3）逐步建立检查制度和程序，进行定量工作，制定切实可行的措施（负责人，执行人等），从而保证计划的实施和目标的实现。

（4）根据工期计算工程造价的监理程序，应先根据建设单位提出的工期计算造价，编制2～3个不同工期的进度计划方案，详细计算每个方案的造价，然后求得最低造价的工期即为最优工期。

五、建设工程合同监理

建设工程合同监理的主要任务是对各方合同的实施执行情况和问题进行了解和处理。合同的订立，使合同各方在经济法规的约束下，各自履行一定的责任，达到各自的经济目的。签订合同的原则是"守约、保质、营利、重义"，为了实现合同规定的目标，对合同的监理是十分必要的。

（一）合同监理的内容

合同监理的内容主要是监督承发包双方的责任履行情况，确保合同的完整履行。这里将一般情况下承发包方的责任明确如下：

1.发包方的责任

（1）办理正式工程和临时设施范围内的土地征收、租用、申请施工许可执照和占用地、爆破以及临时铁道专用线接岔等的许可证。

（2）确定建筑物（或构筑物）、道路、线路、上下水道的定位标桩、水准点和坐标控制点。

（3）开工前接通施工现场水源、电源和运输道路，拆迁现场内地上、地下障碍物（也可委托承包方承担）。

（4）按双方协定的分工范围和要求，供应材料和设备。

（5）向经办银行提交拨款所需文件，按时办理拨款和结算。

（6）组织有关单位对施工图等技术资料进行审定，按照合同规定的时间、数量交给承包方。

（7）派驻工地代表，对工程进度、质量进行监督，检查隐蔽工程，办理中间交工工程验收手续，负责签证，解决应由发包方解决的问题以及其他事宜。

（8）负责组织设计单位，施工单位共同审定施工组织设计、工程价款和竣工结算，负责组织竣工验收。

2.承包方的责任

（1）施工现场的平整，施工界区以内的用水、用电道路和临时设施的施工。

（2）编制施工组织设计，做好各种施工准备工作。

（3）按双方商定的分工范围，做好材料和设备的采购、供应和管理。

（4）及时向发包方提出开工通知书、施工进度计划表、施工平面布置图、隐蔽工程验收通知，竣工验收报告，提供月份施工作业计划、月份施工统计报表、工程事故报告，提出应由发包方供应的材料、设备的供应计划。

（5）严格按施工图与说明书进行施工，确保工程质量，按合同规定的时间如期完工和交付。

（6）已完工程的房屋，构筑物和安装的设备，在交工前应负责报关，并清理好场地。

（7）按照有关规定提出竣工验收技术资料，办理竣工结算，参加竣工验收。

（8）在工程规定的保修期内，对属于承包方的工程质量问题，负责无偿修理。

监理单位要随时注意承发包方的职责履行情况，并及时督促检查，力争达到100%的合同履约率。

（二）合同执行中的监理方式

合同执行中的监理方式必须采用书面形式。一般应预先口头通知或协商，重大问题还应会议讨论，并作会议纪要。这主要是由于在合同执行过程中，监理方与合同方的交往活动属于民事法律行为，通过书面形式可以保证合同监理的严肃性。监理单位在合同执行过程中多借助如下所述书面形式。

（1）信件。这是监理中最郑重的形式，要求信件内容必须清楚，文字表达准确，符合法律语言规范。同时，信件要编号，注明日期，通过法定当事人认真执行。

（2）指示。现行的工地指示，就是监理单位的现场人员根据工程需要，通知施工单位的一种形式。增加或改变工作的内容，施工程序安排和向施工单位提供图纸，资料以及费用的处理意见等，都可采用这种方式。对"指示"应进行编号，并由常驻工地监理工程师签字。

（3）现场通知书。这主要适用于小的变更，只需驻地工程师过目即可。但若涉及工程费用的变化，则应补发工地指示。

（4）工地批准书。这主要指施工单位使用的材料、施工方法和供需质量的批准书。

第四节　房地产开发项目的竣工验收

房地产开发项目竣工验收是指房地产开发项目在完工后和交工前所进行的综合性检查验收。它是房地产开发项目建设管理的最后环节，是全面考核工程建设成果和全面检验设计施工质量的总结性环节，是工程建设成果流入流通和消费阶段的标志，是房地产开发企业与承建施工单位进行商品交换的仪式。

一、建设工程竣工验收备案管理

（一）建设工程竣工验收备案管理的依据及适用范围

工程竣工后，由建设单位组织设计，施工、监理等有关单位进行竣工验收，验收合格后方可交付使用，并应当自建设工程验收合格之日起15日内，将建设工程竣工验收报告同规划、公安消防和环保等部门出具的认可文件报建设行政主管部门备案。建设行政主管部门发现建设单位在竣工验收过程中有违反国家有关建设工程质量管理规定行为的，可责令停止使用，重新组织竣工验收。

由建设单位自己组织竣工验收报政府建设行政主管部门备案的管理模式取代了原先由政府质监机构对建设工程竣工直接发合格证的管理模式。

新建、扩建、改建的土木工程、建筑工程、线路管道和设备安装及装修工程均实行竣工验收备案制度。竣工验收备案由行政区域的建设行政主管部门委托竣工备案部门实施。

（二）备案文件

建设单位办理工程竣工验收备案应提交下列文件：

（1）工程竣工验收备案表。工程竣工验收备案表一式两份，一份由建设单位保存，一份由备案机关存档。

（2）建设工程竣工验收报告。工程竣工验收报告主要包括工程概况，报建日期，建设单位执行基本建设程序情况，对工程勘察、设计、施工、监理等方面的评价，工程竣工验收时间、程序、内容和组织形式，验收小组人员签署的工程竣工验收意见等内容。

（3）施工许可证。

（4）施工图设计文件审查意见。

（5）工程质量评估报告。

（6）工程勘察、设计质量检查报告。

（7）市政基础设施的有关质量检测和功能性试验资料。

（8）规划验收认可文件。

（9）公安、消防及环保部门验收文件或批准使用文件。

（10）建设工程使用功能性试验资料。

（11）商品住宅还应有建设单位签署的"住宅质量保证书"和"住宅使用说明书"。

（12）法律、法规、规章等规定必须提交的其他文件。

（三）备案程序

（1）建设单位向备案机关申领《房屋建筑工程和市政基础设施工程竣工验收备案表》。

（2）建设单位应自竣工验收合格之日起15个工作日内，持加盖公章和单位项目负责人签名的《房屋建筑工程和市政基础设施工程竣工验收备案表》及上述规定的材料，向备案机关备案。

二、房地产开发项目竣工验收的内容

（一）竣工验收的范围

凡新建、改建、扩建或迁建的房地产开发建设项目，按批准的设计文件和合同规定的内容建成；对住宅小区的验收还应验收土地使用情况和单项工程，市政、绿化及公用设施等配套设施。符合验收标准的，必须及时组织验收，交付使用，并办理固定资产移交手续，交给产权人。

（二）竣工验收的任务

建设项目通过竣工验收后，由承包方移交给发包方使用，并办理各种移交手续，这标志着建设项目全部结束，即建设资金转化为使用价值。建设项目竣工验收的主要任务有：

（1）建设单位、勘察和设计单位、承包方分别对建设项目的决策和论证、勘察和设计以及施工的全过程进行系统的总结，对各自在建设项目进展过程中的经验和教训进行客观的评价，同时检验管理机制和制度的有效性。

（2）办理建设项目的验收和移交手续，并办理建设项目竣工结算和竣工决算，以及建设项目档案资料的移交和保修手续等。此外，还应完成整个工程项目的结尾工作、移交工作和善后清理工作。

（三）竣工验收的依据

竣工验收的依据主要有批准的设计文件、施工图和说明书、双方签订的施工合同；设备技术说明书、设计变更通知书、施工验收规范及质量验收标准。外资工程应依据我国有关规定提交竣工验收文件。

（四）竣工验收的条件

竣工验收应符合以下条件：

（1）完成工程设计和合同约定的各项内容。

（2）施工单位在完工后对工程质量进行了检查，确认工程质量符合有关法律、法规和工程建设强制性标准，符合设计文件及合同要求，并提出工程竣工报告。工程竣工报告应经项目经理和施工单位有关负责人审核签字。

（3）对于委托监理的工程项目，监理单位对工程进行了质量评估，具有完整的监理资料，并提出工程质量评估报告。工程质量评估报告应经总监理工程师和监理单位有关负责人审核签字。

（4）勘察，设计单位对勘察、设计及施工过程中由设计单位签署的设计变更通知书进行检查，并提出质量检查报告。质量检查报告应经该项目勘察、设计负责人和勘察，设计单位有关负责人审核签字。

（5）有完整的技术档案和施工管理资料。

（6）有工程使用的主要材料、建筑构配件和设备进场试验报告。

（7）建设单位已按合同约定支付工程款。

（8）有施工单位签署的工程质量保证书。

（9）城乡规划行政主管部门对工程是否符合规划设计要求进行了检查，并出具认可文件。

（10）有公安、消防、环保等部门出具的认可文件或准许使用文件。

（11）建设行政主管部门及其委托的工程质量监督机构等有关部门责令整改的问题全部整改完毕。

三、房地产开发项目竣工验收的程序

（一）单项工程竣工验收

在开发小区总体建设项目中，一个单项工程完工后，根据承包商的竣工报告，房地产企业应先进行检查，并组织承包商和设计单位整理有关施工技术资料（如隐蔽工程验收单，分部分项工程施工验收资料和质量评定结果，设计变更通知单，施工记录，标高、定位、沉陷测量资料等）和竣工图纸。然后，由房地产企业组织承包商、设计单位、客户（使用方）和质量监督部门正式进行竣工验收，验收合格后开具竣工证书。

（二）综合验收

综合验收是指开发项目按规划，设计要求全部建设完成，并符合竣工验收标准后，按规定要求组织的验收。验收准备工作以房地产企业为主，组织设计部门、承包商、客户（使用方）和质量监督部门进行初验，然后邀请城市建设有关管理部门，如住房和城乡建设厅、银行以及人防、环保、消防部门和开发办公室、规划局等参加正式综合验收，验收合格后签证验收报告。对已验收的单项工程，可以不再办理验收手续，但在综合验收时应将单项工程的验收单作为全部工程的附件并加以说明。

在组织竣工验收时，应对工程质量的好坏进行全面鉴定，工程主要部分或关键部位若不符合质量要求会直接影响使用和工程寿命，应进行返修和加固，然后再进行质量评定。工程未经竣工验收或竣工验收未通过的，开发商不能办理客户入住手续。

（三）分户验收

分户验收是指由客户参加的一户户地验收过关，体现了房地产开发以市场为导向、客户利益至上，达到客户满意的目的。如果客户不满意，则一票否决，工程不能通过验收。

四、房地产开发项目竣工验收档案的编制

房地产开发项目竣工验收档案是工程在建设全过程中形成的文字材料、图表、计算材料、照片、录音带、录像带等文件材料的总称。

技术材料和竣工图是开发建设项目的重要技术管理成果，是使用单位安排生产经营、住户适应生活的需要。物业管理公司依据竣工图纸和技术资料进行管理和进一步改建、扩建工作。因此，开发项目竣工后，要认真组织技术资料的整理和竣工图的绘制工作，编制完整的竣工档案，并按规定分别移交给房屋产权所有者和城市档案馆。

（一）技术资料的内容

1.前期工作资料

开发项目的可行性研究报告，项目建议书及批准文件，勘察资料，规划文件，设计文件及其变更资料，地下管线埋设的实际坐标、标高资料，征地拆迁报告及核准图纸，原状录像或照片资料，征地与拆迁安置的各种许可证和协议书，施工合同，各种建设事宜的请示报告和批复文件等。

2.土建资料

开工报告，建（构）筑物及主要设备基础的轴线定位，水准测量及复核记录，砂浆和混凝土试块的试验报告，原材料检验证明，预制构件，加工件和各种钢筋的出厂合格证和实验室检查合格证，地基基础施工验收记录，隐蔽工程验收记录，分部分项工程施工验收记录，设计变更通知单，工程质量事故报告及处理结果，施工期间建筑物或构筑物沉降观测资料，竣工报告及竣工验收报告。

3.安装方面的资料

设备安装记录，设备、材料的验收合格证，管道安装、试漏、试压的质量检查记录，管道和设备的焊接记录，阀门、安全阀试压记录，电气、仪表检验及电机绝缘、干燥等检查记录，照明、动力、电信线路检查记录，工程质量事故报告和处理结果，隐蔽工程验收单，设计变更及工程资料，竣工验收单等。

（二）绘制竣工图

开发项目的竣工图是真实地记录各种地下、地上建筑物、构筑物等详细情况的技术文件，是对工程进行验收、维护、改建、扩建的依据。因此，开发商应组织、协助和督促承包商和设计单位，认真负责地把竣工图编制工作做好。竣工图必须准确、完整。如果发现绘制不准或遗漏时，应采取措施修改和补齐。

技术资料齐全，竣工图准确、完整，符合归档条件，这是工程竣工验收的条件之一。在竣工验收之前不能完成的，应在验收后双方商定期限内补齐。绘制竣工图的做法如下：

（1）按施工图施工而无任何变动，则可在施工图上加盖"竣工图"标志后，直接作为竣工图。

（2）结构形式改变、建筑平面改变、项目改变以及其他重大改变，不宜在原施工图上修改、补充，要重新绘制竣工图。

（3）基础、地下构筑物、管线、结构、人防工程等，以及设备安装等隐蔽部位，都要绘制竣工图纸。

（4）竣工图一定要与实际情况相符，要保证图纸质量，做到规格统一，图面整洁、字迹清楚，一经施工技术负责人签认，不得随意涂改。

第五节　房地产开发项目质量保修

一、建设工程质量保修办法

为保护建设单位、施工单位、房屋建筑所有人和使用人的合法权益，维护公共安全和公众利益，根据《中华人民共和国建筑法》和《建设工程质量管理条例》，建设部于2000年6月发布了《房屋建筑工程质量保修办法》，适用于在中华人民共和国境内新建、扩建、改建的各类房屋建筑工程（包括装修工程）的质量保修。

房屋建筑工程质量保修是指对房屋建筑工程竣工验收后在保修期限内出现的质量缺陷予以修复。质量缺陷，是指房屋建筑工程的质量不符合工程建设强制性标准以及合同的约定。房屋建筑工程在保修范围和保修期限内出现质量缺陷，施工单位应当履行保修义务。

（一）房屋建筑工程质量保修期限

建设单位和施工单位应当在工程质量保修书中约定保修范围、保修期限和保修责任等，双方约定的保修范围、保修期限必须符合国家有关规定。按照工程质量管理条例规定，工程质量的保修期规定如下：

（1）基础设施工程，房屋建筑的地基基础工程和主体工程，为设计文件规定的该工程的合理使用年限。

（2）屋面防水工程，有防水要求的卫生间和外墙面的防渗漏为5年。

（3）供热与供冷系统为两个采暖期、供冷期。

（4）电气管线、给排水管道，设备安装和装修工程为2年。

其他项目的保修期限由建设单位和施工单位约定。房屋建筑工程保修期从工程竣工验收合格之日起计算。

（二）房屋建筑工程质量保修责任

（1）房屋建筑工程在保修期限内出现质量缺陷，建设单位或者房屋建筑所有人应当向施工单位发出保修通知。施工单位接到保修通知后，应当到现场核查情况，在保修书约定的时间内予以保修。发生涉及结构安全或者严重影响使用功能的紧急抢修事故，施工单位接到保修通知后，应当立即到达现场抢修。

（2）发生涉及结构安全的质量缺陷，建设单位或者房屋建筑所有人应当立即向当地建设行政主管部门报告，采取安全防范措施；由原设计单位或者具有相应资质等级的设计单位提供保修方案，施工单位实施保修，原工程质量监督机构负责监督。

（3）保修完后，由建设单位或者房屋建筑所有人组织验收。涉及结构安全的，应当报当地建设行政主管部门备案。

（4）施工单位不按工程质量保修书约定保修的，建设单位可以另行委托其他单位保修，由原施工单位承担相应责任。

（5）保修费用由质量缺陷的责任方承担。

（6）在保修期内，因房屋建筑工程质量缺陷造成房屋所有人、使用人或者第三方人身、财产损害的，房屋所有人、使用人或者第三方可以向建设单位提出赔偿要求。建设单位向造成房屋建筑工程质量缺陷的责任方追偿。因保修不及时造成新的人身、财产损害，由造成拖延的责任方承担赔偿责任。

房地产开发企业售出的商品房保修，还应当执行《城市房地产开发经营管理条例》和其他有关规定。

二、房地产开发项目竣工后的服务

房地产开发项目竣工验收后，为使项目在竣工验收后达到最佳状态和最长使用寿命，承建单位在工程移交时，必须向建设单位提出建筑物使用和保护指导要领，并在用户使用后，实行回访和保修制度。

在房地产开发项目竣工验收投入运行之后的一定期限内，设计单位、施工单位、设备供应单位等，对房地产开发项目的实际运行情况（如设计质量、功能实现程度、施工质量、设备运行状况等）和用户对维修的要求等进行回访。通过回访了解项目在运行中暴露出来的各方面的问题，并根据用户的意见和要求，对需要进行处理的质量问题，在保修期内分别予以保修。

项目在竣工验收交付使用后，按照合同和有关规定，在一定的期限，即回访保修期内，应由项目经理部组织项目人员，主动对交付使用的竣工工程进行回访，听取用户对工程的质量意见，填写质量回访表，报有关技术与生产部门备案处理。

（一）保修

在项目竣工验收后，项目施工单位应向建设单位送交"建筑安装工程保修证书"。保修证书中应列明工程简况、使用注意事项、保修范围、保修时间、保修说明，并附有工程保修情况记录栏。

在工程保修期内，如项目运行中发生质量问题影响项目正常运转时，用户可及时向有关保修部门说明情况，要求其派人进行检修。有关保修部门得到用户的检修请求后，须尽快派人前往，会同用户和监理工程师共同对发生的质量问题做出鉴别，拟订修理方案，并组织人力、物力进行修理。

当检修完毕，排除了故障，项目进入正常运行后，报修人员须在保修证书的"保修情况记录"栏内填好检修记录，并经用户和监理工程师验收签证。

（二）回访形式

回访一般采用三种形式：

（1）季节性回访。大多是雨季回访屋面、墙面的防水情况，冬季回访采暖系统的情况，如发现问题，应采取有效措施，及时加以解决。

（2）技术性回访。主要是了解在工程施工过程中所采用的新材料、新技术、新工艺、新设备等的技术性能和使用后的效果，如发现问题应及时加以补救和解决。同时也便于总结经验，获取科学依据，为改进、完善和推广创造条件。

（3）保修期满前的回访。在保修期内，属于施工单位施工过程中造成的质量问题，要负责维修，不留隐患。一般施工项目竣工后，承包单位的工程款保留5%左右，作为保修金。按照合同在保修期满后退回承包单位。

（三）回访内容

在执行回访和保修制度时，施工单位应定期向用户进行回访。一般在保修期内每个项目至少要回访一次，若保修期为一年的，可半年左右回访一次，到一年时，进行第二次回访。回访的内容包括：

（1）听取用户意见。施工单位应针对不同的回访形式，有目的地询问用户的使用情况，并耐心地倾听他们的意见与建议，将这些记录在案后整理归档，再采取相应的措施。

（2）查询和察看现场由施工原因而造成的问题。

（3）分析问题产生的原因。

（4）商讨施工项目返修事宜。施工单位在接到用户来访、来信的质量投诉后，应立即组织力量维修，发现影响安全的质量问题，应组织有关人员进行分析、制定措施，作为进一步改进和提高质量的依据。同时，对所有的回访和保修都必须予以记录，并提交书面报告，作为技术资料归档。项目经理还应不定期地听取用户对工程质量的意见。对于某些质量纠纷或问题应尽量协商解决，若无法达成统一意见，则由有关仲裁部门负责仲裁。

（四）保修费用的规定

房地产项目施工完毕竣工验收时，虽经过了各方面的严格检查，但仍可能存在如屋面漏雨、建筑物基础出现不均匀沉降、采暖系统供热不佳等质量问题或其他质量隐患。这些质量问题或隐患会在项目运行过程中逐渐暴露出来。为了确保房地产项目处于良好的运行状态，建设监理工程师应注意督促有关单位及时做好工程保修工作，同时做好工程保修期间的投资控制工作，要求监理工程师根据具体的工程质量问题，明确其责任与具体返修内容，并与应返修单位协调质量问题的处理办法及有关费用的支付责任。常见的质量责任单位及处理办法如下：

（1）因设计原因造成的工程质量问题，应由原设计单位承担责任。由原设计单位修改设计方案，其所需费用由原设计单位负责。业主委托施工单位对工程进行施工处理，其所需施工费用由原设计单位负责。监理工程师还应认真确定由此而给业主造成的生产经营上的经济损失，向原设计单位提出索赔以便得到补偿。

（2）因施工安装原因造成的工程质量问题，则应由施工安装单位承担责任。由施工安装单位进行保修，其费用由施工安装单位负责。监理工程师确定由此而给业主造成的经济损失，向施工安装单位提出索赔。

（3）因设备质量原因造成的问题，则应由设备供应单位承担责任，并由设备供应单位进行保修，其费用由设备供应单位负责。监理工程师确定由此而给业主造成的经济损失，向设备供应单位提出索赔。

（4）因用户使用不当而造成的问题，应由用户承担责任，并由用户与施工单位协商进行修理，费用由用户负责支付。

（五）"住宅质量保证书"和"住宅使用说明书"

房地产开发企业须在商品房竣工验收、交付使用时，向购买人提供"住宅质量保证书"和"住宅使用说明书"。"住宅质量保证书"须列明工程质量监督单位检验的质量等级、保修范围、保修期限和保修单位等内容，并承担保修责任。保修期内如因开发企业进行维修时造成房屋使用功能受到影响，给购买人造成损失的，须依法承担赔偿责任。

第十章 住宅建设项目竣工备案和交付使用许可管理

第一节 住宅工程竣工备案制度

一、建设工程质量管理方法的改革

建设工程项目是一种特殊产品，它的质量好坏都直接关系到社会的公众利益和公共安全，因此历来成为政府、社会及相关的企事业单位加强监督和管理的重点，只是因经济体制与投资建设体制的不同，以及建设规模的大小等因素的影响，而采取了不同的监督和管理方法。在我国历史上，对建设工程质量监督、管理曾先后采取过三种不同的管理模式或方法。

（一）由参与工程项目建设各方自我控制的传统模式

这种模式与我国长期以来实行的计划经济体制有着直接的关系。在计划经济体制下，建设工程都是由国家投资，各政府部门都有隶属于自己的勘察、设计、施工队伍，由于各部门的建设工程项目规模相对较小，建设工程项目的实施大多数自行完成，基本上不存在建筑业或房地产的市场，因而建设工程质量管理实行的是以建设、勘察、设计、施工等各方面独立管理、自我控制、自我负责为主的管理模式，各级政府主管部门主要负责考核和检查建设工程项目的完成情况。

参与各方自我控制的建设工程质量管理模式的特点是适应了计划经济体制下建设工程质量管理的需要。工程项目是自己使用，与本部门的发展直接挂钩，经济责任十分明确，参与建设的各方一般都能努力地按要求将工程做好。但是，这种管理模式不能适应市场经济体制下建筑业和房地产市场发展的需要，例如：各部门自行组织对建设工程质量管理，使工程质量的技术标准和管理方法政出多门，矛盾较多，不利于提高建设工程整体质量水平；各部门都备有勘察、施工队伍，往往任务不饱满，现代化技术装备率低，劳动生产率低下，人力浪费较大；参与建设各方虽能自律，但往往标准不高、管理不严，容易造成工程隐患。

（二）政府建立专门的工程质量监督机构

政府建立专门的工程质量监督机构，强化对工程项目建设过程的监督和管理的模式。之后我国经济体制改革不断向建立社会主义市场经济体制的目标推进，基本建设投资体制建设体制和管理体制等也相应进行了改革。政府从过去既是工程建设的投资者，又是建设项目的实施者、管理者，逐步转变职能，担当起管理者的角色。建设、勘察、设计和施工等单位逐步从政府的附属转变为市场的主体，工程技术咨询、建设监理等社会组织不断发展壮大，全国工程建设的规模急剧增大，所有这些都对建设工程质量管理的方法、组织形式和管理制度等提出了新的要求。原来的传统管理模式已很难适应市场经济体制下统一的建设市场管理的需要。

1.优点

政府对建设工程质量监管、对竣工项目发合格证的管理模式的优点是：

（1）较好地适应了在计划经济体制向市场经济体制的转轨和建设、勘察、设计、施工等单位从政府的附属向独立的法人地位和市场主体的转换过程中，加强工程质量监管的需要，为培育建筑业和房地产市场创造了条件。

（2）统一了工程质量的技术标准、规范的制定和管理方法，有利于提高建设工程整体质量水平。

（3）通过进行建设过程的监理、监督，加强了对隐蔽工程的管理，提高了建设工程质量的保证程度。

（4）有效地防止了不合格的建设工程项目投入使用，为保护公众利益和公共安全起到了积极作用。

2.缺点

（1）由于在工程建设全过程中，政府的质量监督机构始终处于质量监管的主导地位，投资建设企业处于被动的被监管地位，不利于调动以投资建设企业为主抓好质量的责任心和积极性，容易使其产生对政府质监机构的依赖思想。

（2）对工程建设全过程的直接监督检查，需要大量的人力和财力，随着建设工程规模的不断扩大，质量监检队伍力量难以完全适应需要，容易产生监管的漏洞。

（3）发生工程质量问题，谁承担责任？是政府质监机构，还是投资建设单位？对此往往各执一词。

（三）实行建设工程竣工备案管理模式

工程竣工后，由建设单位组织设计、施工、监理等有关单位进行竣工验收，验收合格方可交付使用，并应当自建设工程验收合格之日起15日内，将建设工程竣工验收报告同规划、公安消防和环保等部门出具的认可文件报建设行政主管部门备案。建设行政主管部门发现建设单位在竣工验收过程中有违反国家有关建设工程质量管理规定行为的，可责令停止使用，重新组织竣工验收。

（1）建设工程竣工备案管理的模式具有显著的特点。①建设单位既是投资者，又是工程质量的责任主体。建设过程中，勘察、设计、施工，监理等单位按合同约定对建设单位负责；工程竣工后，由建设单位组织各参与方进行竣工验收，确定合格与不合格，建设单位对工程质量负总责；②质量监督管理机构对工程建设过程的监督检查，从过去的实体性检查为主转变为程序性检查为主；③政府建设行政主管部门对工程建设质量由以往的事前把关为主，转变成事后发生质量问题的追索为主。

（2）建设工程竣工备案管理模式与前两种管理模式相比，优点如下。①确立了建设单位对工程质量负责的主体地位，从根本上唤醒了建设单位"百年大计，质量第一"的意识，调动了抓好工程质量的积极性。②理顺了建设工程参与各方在质量问题上的相互关系。建设工程质量由建设单位负总责，其他参与各方按合同约定负分责，防止了发生工程质量问题，找不到责任单位或者参与各方相互推诿的现象发生。③政府质量监督机构改变了过去既当"运动员"，又当"裁判员"，政企不分，职责不清的状况，有利于集中精力搞好对工程质量的监督。④有利于发挥工程质量监理、检测和技术咨询，评估等社会组织（第三方）的作用，更好地适应建立统一的建筑业市场和房地产市场的需求。

作为一种崭新的改革举措，对比前两种管理模式，进步是显著的。但是，从实际操作层面所反映的情况来看，工程项目的购买者或使用者，仍然留有一丝的担忧：事后的追索，尽管保持着建设单位对质量问题负总责的强大压力，但如果某个建设单位质量意识淡薄，疏忽大意，其竣工交付使用的工程万一出了质量问题，造成了财产损失或生命危害，并不是靠追索都能挽回或补偿的。因此，如何进一步加强工程竣工验收交付前的监督和预防管理，以及实行工程质量保险，仍是工程竣工备案制度推行中应该研究解决的重要课题。

二、住宅工程竣工备案管理的特点

住宅建设工程作为房屋建筑工程的一种，应当实行竣工验收备案制度。但是，由于住宅建设工程本身所固有的特性，使得住宅工程竣工备案管理又具有与其他建设工程竣工验收备案管理不同的特点。

（一）住宅建设工程竣工备案往往不能一次完成，需要分期分批地进行

与办公楼、商业楼或道路、桥梁等单幢或单个建设工程相比，显著不同点之一是，住宅工程往往由十几幢或几十幢住宅楼所组成，统一规划、设计，以组团、小区和居住区立项，在实施过程中，房地产开发企业往往是根据市场需求情况和企业自有资金或融资的多少，分期分批开发建设，分期分批销售和交付使用，不可能将组团、小区或居住区全部建成后再销售和交付使用。因此，对住宅建设工程竣工验收备案管理，应当从住宅组团、小区或居住区开发经营的实际需要出发，允许分期分批地进行住宅工程竣工验收备案。

（二）需要完成相应的配套设施，经审核许可后方能交付使用

住宅建设工程显著不同点之二是，住宅及其内配套工程完成后，并不能马上投入使用，需要同时完成组团级或小区级或居住区级的市政、公用和公共建筑设施配套后才能交付使用。而居住区的市政、公用和公共建筑设施配套是根据住宅交付使用的需要分期分批地建设的，这就要求对每批交付使用的住宅，按照居民入住以后基本生活条件是否具备的标准，对竣工住宅进行综合性的复核，只有满足居民入住后基本生活条件需要的住宅才许可交付使用。

由于住宅建设工程具有以上两个特点，因此对负责备案管理的建设行政主管部门提出了采取不同于办公楼，商业楼等建设工程竣工验收备案的管理办法，主要是：①允许分期分批地进行住宅工程竣工验收备案；②除最后一批住宅工程竣工验收备案应当备齐资料文件外，对前几批竣工验收备案资料文件要求从简，仅以能反映本批备案的住宅工程质量情况为限。

三、住宅工程竣工备案制度的实施

根据建设部《房屋建筑工程和市政基础设施工程竣工验收备案管理暂行办法》的要求，以上海为例，住宅工程竣工备案按照以下所述的规定实施。

（一）主管部门和验收条件

1.主管部门

上海市建设和管理委员会是本市建设工程竣工验收备案主管部门。上海市建筑业管理办公室负责本市建设工程竣工验收备案管理工作。各区、县建设行政主管部门负责本区、

县立项工程的竣工验收备案管理工作。上海市建设工程质量监督总站和各区、县建设工程质量监督站，分别受市和区、县建设行政主管部门委托，具体实施建设工程竣工验收备案工作。

2.竣工验收主体

竣工验收由建设单位组织实施其他参与单位参加。

3.竣工验收条件

（1）完成工程设计和合同约定的各项内容，达到竣工标准。

（2）施工单位完成对工程质量自检，并提出工程竣工报告。

（3）勘察、设计单位确认施工单位的工程质量达到设计要求，并提出工程质量检查报告。

（4）监理单位对工程质量完成检查并确定合格，提出工程质量评估报告。

（5）有完整的竣工档案资料（分期分批建设的住宅，除最后一批外，可暂不作要求）。

（6）建设单位已按合同约定支付工程款，附有证明。

（7）施工单位与建设单位签订了工程质量保修书。

（8）规划部门对工程是否符合规划设计要求进行了检查，出具认可文件（分期分批建设的住宅，除最后一批外，可暂不作要求）。

（9）公安、消防、环保等部门出具许可文件（分期分批建设的住宅，除最后一批外，可暂不作要求）。

（10）要求整顿的质量问题全部整改完毕。

（二）竣工验收程序和方法

1.竣工验收程序

（1）建设单位收到施工单位报告、勘察设计报告、监理单位报告、组织施工单位、勘察设计单位、监理单位及其他单位的专家组成验收组，制订验收方案。

（2）在竣工验收7日前，向备案管理部门（质量监督站）申领建设工程竣工验收备案表、建设工程竣工验收报告，并书面通知质监站验收时间、验收地点、验收组名单。

（3）备案管理部门（质量监督站）审查，符合要求者，发给"两表"；不符合要求者，通知其整改，确定重新验收的时间。

2.建设单位组织竣工验收方法

（1）由参与各方汇报，介绍工程合同履约情况和标准，以及规范执行的情况。

（2）验收组审阅档案资料。

（3）验收组实地查验。

（4）验收组形成验收意见，当意见不一致时，协商解决；否则由建设行政主管部门或质监站裁决。

3.建设单位编写工程竣工验收报告

按照"建设工程竣工验收报告（样本）"逐项填写，并附下列文件：

（1）施工许可证。

（2）施工图设计文件审查意见。

（3）施工、勘察、设计、监理单位提供的质量报告。

（4）施工单位保修书。

（5）规划部门认可文件（分期分批建设的住宅，除最后一批外，可暂不作要求）。

（6）公安、消防、环保等部门认可文件（分期分批建设的住宅，除最后一批外，可暂不作要求）。

（7）有关工程质量检测和使用功能试验资料。

（8）住宅质量保证书和住宅使用说明书。

4.备案

自竣工验收合格之日起15日内，向备案部门（质量监督站）备案。备案时必须提交下列文件：备案表、竣工验收报告、其他必须提交的文件。备案部门收到建设单位备案文件和质量监督报告后，在备案表上签署文件收讫。备案表一式两份，一份由建设单位保存，另一份由备案部门存档。

（三）工程质量监督机构责任及法律责任

1.工程质量监督机构责任

（1）对建设单位组织竣工验收实施监督：①竣工标准的掌握是否符合规定？②验收组织形式、程序、执行标准和验收内容是否正确？③工程质量和保证资料有无重大缺陷？④验收文件是否齐全？质量责任制档案是否建立？

（2）在建设单位竣工验收之日起5日内，提出（向备案部门）质量监督报告。

2.法律责任

有下列行为，按国务院《建设工程质量管理条例》和建设部《房屋建筑工程和市政基础设施工程竣工验收备案管理暂行办法》处罚：

（1）发现建设单位在竣工验收过程中有违反有关规定的，在备案后15天内，备案部门可通知停止使用，重新组织验收。建设单位在未重新组织验收前，继续擅自交付使用的，责令停止使用，并处工程合同款2%～4%的罚款；造成居民损失的，由建设单位赔偿。

（2）建设单位验收后15日内未办理备案手续，责令限期改正，并处以20万～30万元罚款。

（3）采用虚假证明办理备案手续的，工程竣工验收无效，备案机关责令停止使用，重新组织竣工验收，处20万~50万元罚款；构成犯罪的，依法追究刑事责任。

（4）备案部门不办理备案手续的，责令改正，对直接责任人员给予行政处分。

第二节　住宅项目竣工交付使用许可制度

一、住宅项目竣工交付使用许可制度的基本含义与作用

住宅项目竣工交付使用许可是住宅建设过程最后一道审批程序。随着住宅制度改革的深化，住宅商品化、供应社会化程度的提高，住宅项目竣工交付使用许可管理对于保护住宅消费者的利益，推进住宅建设水平的提高具有越来越重要的作用。

（一）住宅项目竣工交付使用许可制度的有关概念

1.住宅项目竣工

住宅项目按照批准的规划设计图纸和文件的内容全部建成，达到入住居民使用的条件，经过竣工验收合格，称为住宅项目竣工。住宅项目包括住宅建筑单体工程，相应的市政、公用、公建配套工程和环境工程。住宅项目中的一项或数项工程竣工是住宅单项工程竣工，只有按照规划设计图纸和文件规定的内容全部完成，满足了居住使用的要求，才称得上是住宅项目的竣工。住宅单项工程竣工，建设单位或各专业主管部门可以及时组织竣工验收，但还不能申办交付使用许可手续。只有住宅项目达到入住居民的使用条件，才可以申办交付使用许可手续。

2.住宅工程竣工验收

住宅一项或数项工程已按照规划设计要求建成，在施工单位预先完成自检自验并认为符合正式验收条件的基础上，向建设单位办理正式验收并移交手续，建设单位组织设计、施工、工程监理等各有关方面对住宅项目技术资料和实物进行检查验收，称为住宅工程竣工验收。

3.住宅项目竣工交付使用许可

住宅工程竣工验收合格后，相应的市政、公用、公建配套项目也已完成，达到入住居

民的使用条件，建设单位就可向政府住宅建设主管部门提出交付使用许可审核申请，住宅建设管理部门在规定的期限内按照确定的标准进行综合检验。经审核符合交付使用条件的住宅，按幢颁发"住宅交付使用许可证"称为住宅项目竣工交付使用许可。规模较小的住宅项目是等住宅及相应的配套设施全部完成并验收后，一次性申请交付使用许可。规模较大的住宅项目，不必等整个建设内容全部完成再集中办理交付使用许可申请，如对一些分期分批建设的住宅项目，在其部分建成后，只要相应建设的配套设施能够达到入住居民生活正常使用的条件，就可以分期分批进行交付使用许可审核申请，以早日发挥投资效益。

（三）实行住宅项目竣工交付使用许可制度的重要作用

1.有力地阻止了不符合要求的住宅投入使用，维护了居民切身利益和社会稳定

上海市市和区、县两级住宅建设管理部门按照《上海市新建住宅配套建设与交付使用管理办法》规定的标准和程序，核发"住宅交付使用许可证"这一制度的实行收到了实际效果，既保证了购房者利益不受侵犯，又维护了社会的稳定。

2.增强法治意识

增强了房地产开发企业依法，依规划和依标准建设住宅的意识，有力地推动了住宅配套建设

住宅交付使用许可制度的实施，明明白白地告诉房地产开发企业和购房者，什么样的住宅可以交付使用。一方面促进了房地产开发企业依法投资经营，规范运作，增强社会责任意识；另一方面，使广大的购房者能够依据《上海市新建住宅配套建设与交付使用管理办法》（以下简称《交付使用管理办法》）维护自己的合法权益。从而，使住宅的开发建设供应方和需求消费方都有法可依，推动了住宅配套建设。

3.有力地推进了住宅建设全过程管理

住宅交付使用制度要求竣工投入使用的住宅必须符合规定的标准，否则，就不能进行销售和交付。实际交付审核中，有些存在的问题通过整改是可以解决的，有些存在的问题，如规划选址不当，基地周围没有城市基础设施配套条件，这样先天不足的问题是一时难以解决的。为了避免社会资源的浪费和开发商的损失，必须加强住宅建设全过程的管理，在容易产生矛盾和问题的环节上，加强综合性的审核。为此，随着交付使用许可制度的实施，本市对住宅建设全过程管理相继出台了不少在全国来说颇有创意的管理措施，建立住宅项目申请选址前的配套条件审核制度、加强住宅建设管理部门在审核住宅项目扩大初步设计中的作用、建立基地代码管理制度等等。

二、新建住宅交付使用许可制度的主要内容

（一）住宅竣工交付使用申请的条件和管理原则

新建住宅工程竣工验收合格并备案后，已达到入住居民生活基本条件可以交付使用的，住宅建设单位应当向市或区（县）住宅建设管理部门提出交付使用许可审核的申请。这里提出了两个申请交付使用的前提条件：一是住宅工程项目包括的各个单体及相应的配套设施已经竣工，并经验收合格；二是已达到满足入住居民生活基本条件需要。

按照"谁开发，谁配套"的原则，新建住宅应当按照规划设计要求和住宅建设投资、施工、竣工配套计划，配建满足入住居民基本生活条件的市政、公用和公共建筑设施。新建住宅经审核合格，取得"住宅交付使用许可证"后，方可交付使用。

（二）办理新建住宅交付使用审核申请手续时应提交的文件和资料

1.反映住宅项目来源合法性的文件和资料

（1）项目建设用地批准证书或土地批租合同、土地出让合同；

（2）投资计划、施工计划、竣工配套计划的批准文件；

（3）项目建设工程规划许可证及建筑工程项目表。

2.建设规划设计要求的资料

经批准的住宅项目总平面图。

3.反映住宅项目完成情况的文件和资料

（1）供水、供电、供气、电话和有线电视配套合格证明、邮电通信、环卫验收证明；

（2）住宅项目（包括公建）建设工程质量验收合格备案表。

（3）雨水、污水排放证明。

（4）住宅配套费交纳证明或包干批复文件。

（5）规划验收合格证明。

4.反映住宅能安全使用的资料

（1）公安门牌编号和消防验收证明，高层电梯安全和消防验收证明。

（2）房屋建筑面积测定表。

（三）审核时间的规定及限制措施

市或区、县房地局从受理新建住宅交付使用审核申请之日起，必须在30日内对新建住宅的配套设施建设进行审核，并提出审核意见。确认合格的，按幢颁发"新建住宅交付使

用许可证"。

"新建住宅交付使用许可证"是住宅开发建设单位交付使用住宅项目的依据，有了该证，方可到房地产管理部门办理商品房注册登记、入户手续，居民才能入住。

（四）对住宅建设管理部门的责任规定

为确保依法行政，《交付使用管理办法》对住宅建设管理部门做了责任规定。如住宅建设管理部门未按规定对新建住宅交付使用实施监督管理，造成入住居民基本生活困难的，住宅建设管理部门要及时消除影响，造成直接经济损失的，还要依法赔偿。其所在单位或上级主管部门对直接责任人员要给予行政处分和经济追偿。

第三节　住宅交付时的"两书"提供

一、"两书"制度的含义与特征

（一）"新建住宅质量保证书"的含义与特征

"新建住宅质量保证书"是房地产开发企业对销售的商品住宅建设质量以书面的形式承担质量责任的承诺。"新建住宅质量保护书"具有以下法律特征。

1.开发企业是具有行为责任能力和资格的主体

承担质量责任的主体是经批准的有行为能力的开发企业，有法律规定的对自己生产的产品质量负责的责任、能力和资格。

所谓"行为能力"是指权利主体能够以自己的行为，依法行使权利和承担义务的能力。所谓"法律规定的对产品质量负责的责任"是指《城市房地产开发经营管理条例》和《建设工程质量管理条例》规定的建设单位、勘察单位、设计单位、施工单位和工程监理单位依法对建设工程质量负责的要求。

所谓有负责的"能力"是指房地产开发企业，除应当符合有关法律、行政法规规定的企业设立条件外，还应当有规定的资金、专业人员，并依法进行工商登记和到房地产主管部门备案。

所谓有负责的"资格"是指按照建设部制定所核定的房地产开发企业资质的等级，包括一级资质、二级资质、三级资质和四级资质。一级资质的房地产开发企业承担房地产项目的建设规模不受限制，可以在全国范围承揽房地产开发项目。二级资质及二级资质以下的房地产开发企业可以承担建筑面积20万平方米以下的开发建设项目，承担业务的具体范围由省、自治区、直辖市人民政府建设行政主管部门确定。

各资质等级企业应当在规定的业务范围内从事房地产开发经营业务，不得越级承担任务。企业超越资质等级从事房地产开发经营的，将受到处罚。

2."新建住宅质量保证书"是具备法律效力的书面承诺

"新建住宅质量保证书"是建设单位依据法律，法规规定所做出的有关住宅建设质量的单方面书面承诺。

（1）建设单位必须向购房者提交"新建住宅质量保证书"和"住宅使用说明书"。

（2）建设单位做出的单方面的书面承诺，不用购房者回应，一经提交就生效。

（3）由于"新建住宅质量保证书"是单方面的约定，可设置符合技术标准的前置条件，如不改动结构、合理装修、正常使用、保修时间等。

3.承担保修责任

建设单位应当按"新建住宅质量保证书"做出的承诺，承担保修责任。

（二）"住宅使用说明书"的含义与特征

"住宅使用说明书"是房地产开发企业对建设的住宅结构、性能和各部位（部件）的类型、性能、标准等，以书面形式向购房者做出的使用说明和注意事项。"住宅使用说明书"具有以下特点：

（1）编制和提交"住宅使用说明书"的主体是建设单位，不是设计、施工或物业管理公司。

（2）"住宅使用说明书"既是建设单位为方便住户安全使用住宅而编制提交的指导性文书，也是向住户发出的建设单位承担质量保证责任的前置条件的详细说明，是"住宅质量保证书"的配套性文件。

（3）建设单位对"住宅使用说明书"的真实性、正确性和科学性负责。真实性是指介绍和说明的事项是实事求是、真实可靠，没有半点的虚假；正确性是指介绍和说明的事项中有关数字、功能、空间位置，走向等都是符合设计标准和规范的，没有一点差错；科学性是指介绍和说明的事项是有科学依据的，没有半点的随意性。

二、"新建住宅质量保证书"和"住宅使用说明书"的主要内容

（一）"新建住宅质量保证书"的主要内容

"新建住宅质量保证书"按理应该由建设单位自己编制确定，但是由于我国市场经济体系还在逐渐建立和完善之中，市场信息的披露、运作的透明度及市场主体的自我约束机制等方面还有很多缺陷，加上房地产开发企业的人员素质参差不齐，因此政府主管部门有责任提供一个建设单位对购房者必须做出的最低或最基本的质量承诺的样本。

主要内容包括：

（1）相关责任主体验收确定的质量等级；

（2）地基基础和主体结构在合理使用寿命年限内承担保修；

（3）正常使用情况下各部位、部件保修内容与保修期。

（4）用户报修的单位，答复和处理的时限。

（二）"住宅使用说明书"的主要内容

"住宅使用说明书"的内容按理应该由建设单位自己编制确定，包括：

（1）开发企业与住宅建设单位、设计单位、施工单位、监理单位的名称。

（2）建筑结构类型，承重墙体平面布置说明。

（3）自来水、雨污水、强弱电、燃气、热电、通信等设施容量、配置、管线走向的说明。

（4）有关设施安装预留位置的说明和安装注意事项。

（5）门、窗类型，使用注意事项。

（6）配电负荷说明。

（7）装饰、装修注意事项。

（8）其他需说明的问题。

（9）住宅公用面积使用规定说明。

（10）住宅外立面使用、底层天井使用、封阳台的说明。

（11）小区公用设施使用、维护说明。

第四节　物业的交接与前期物业管理

物业管理服务是对传统的房屋管理全面改革的产物。住宅项目竣工后，项目开发单位将组织向社会选聘物业管理企业来管理物业。而在项目开始启动时，就有必要实施物业管理早期介入，以提高住宅项目的经济性。当住宅项目竣工并开始出售，就进入前期物业管理服务阶段。

一、物业管理早期介入

（一）早期介入的含义

1.物业管理服务

物业管理服务是物业管理企业接受业主，开发商和业主委员会委托，对已建成并经竣工验收投入使用的房屋建筑物及其相关的公共设施进行全面管理服务的经营活动。

这里要明确物业管理服务的内涵：物业管理服务是一种委托管理服务；物业管理服务要签订书面委托管理服务合同，依照合同进行管理服务；物业管理服务是对已竣工验收合格投入使用的物业进行管理服务；物业管理服务是一种有偿的管理服务经营活动。

2.物业管理早期介入的概念

物业管理的早期介入是指在住宅项目开始设计时，拟由竣工验收后接管该物业的企业主要管理人员、工程人员、维修人员参与介入，或请有关的物业管理企业上述人员对规划设计、环境布局、市政配套、设备安装等方面，就质量和使用功能从物业管理角度提出意见和建议，为今后用好、管好物业打下基础。

这里要把早期介入与前期物业管理、业主委员会成立后的物业管理加以区分。

住宅项目物业管理早期介入的要点：一是项目设计开始，聘请物业管理企业有关人员参与；二是项目实施开始，最迟于商品住宅预售前，开发单位必须选聘物业管理企业，请企业有关人员介入管理服务。

3.早期介入方式

物业管理早期介入方式有两种：一种是口头委托物业管理企业派管理人员、工程技术员人员参加提建议；另一种是签订书面委托物业管理企业早期介入合同，或签订委托咨询合同。

（二）早期介入内容

1.设计阶段

规划设计是住宅项目建设的重要环节，物业管理的早期介入应从住宅项目的规划设计阶段开始。要保证住宅项目具有完备性和竞争力，开发商必须具有全过程管理的理念和行为。住宅建设既要十分重视房屋本身的工程质量，又要考虑整个物业小区或大厦的使用功能、小区的合理布局、建筑的造型、建筑材料的选用、室外的环境、居住的安全和舒适、生活的方便、环境优美等。一个住宅项目建设期往往只需几年时间，但其使用的时间却是几十年甚至是上百年。要有一个高起点的设计，就必须请熟悉物业管理的专业人员对规划设计方案发表意见，或由物业管理专业人员用专题咨询报告形式提交给开发商、设计单位，以便提升楼宇的品质。

（1）在小区规划布局上，征求物业管理专业人员意见，设计与小区规模相适应的公共活动中心，应综合考虑路网结构、公建与住宅布局、群体组合、绿地系统及空间环境等，构成一个相对独立的居住环境，合理安排公交站和停车库等，有利于组织人流、车流，并利于今后安全防范。

（2）在套型设计上，对套型内功能区，如卧室、厨房、卫生间、储藏室、阳台、阳光室等，要请物业管理公司人员反馈在以往的管理中业主们的意见和看法。例如：套型朝向、间距、层高、自然通风和采光，各套之间应采取的防水、隔声和便于检修的措施，阳台、阳光室净深及栏杆、栏板的净高问题，外墙管道的设置安全及美观等。

（3）公共部位如楼梯、电梯、走道、连廊、出入口、公用房等的布置，也应征询物业管理公司有关管理技术人员意见，怎样做到既符合设计规范，又使今后入住的业主感到方便安全。

2.基础验收之前

加固地基方案、房屋内外高差、房屋预留沉降量等，请物业公司有关人员参与并注意保存资料。

3.建筑结构封顶前

对封闭结构、管线方面，材料应用，隐蔽工程等，住宅项目部应随时请物业公司有关人员参与提出意见，并为他们提供资料。

物业管理公司在施工阶段介入的重点是，对物业施工质量进行跟踪和了解，配合开发企业和施工部门确保工程的质量。对施工中材料的检测和工程质量的监理活动，物业管理公司都应介入，派相关人员参加。

4.设备安装

对水、电设备，如生活给水系统、消防系统、排水设备、燃气设备、供电设备、弱电设备，电梯设备等，物业管理公司工程部、维修部人员要深入现场，掌握设备资料，了解设备结构性能和注意事项等，随时做好记录，保存资料。

5.竣工验收

要求物业管理企业参与旁听，倾听质量监督部门对工程质量验收的意见、建议和结论。

（三）早期介入的作用

（1）有利于住宅功能的完善，保证住宅性能完备性；

（2）有利于物业管理企业掌握所管物业原始设计和施工情况，为今后管好物业打下基础；

（3）有利于促进住宅物业的销售，保障其经济性。

物业管理的早期介入是一种全新的全过程管理的理念，有利于贯彻"物业质量第一性，管理服务第二性"的原则，同时又使得管理服务提早融入住宅商品性之中。目前许多开发商越来越重视在楼盘打造时，请物业管理公司早期介入。

二、竣工验收后物业交接

（一）竣工验收后物业交接的概念和前提条件

1.住宅项目物业交接的概念

住宅项目的物业交接是指开发单位在住宅经竣工验收并交付使用许可后进行选聘物业管理公司，并签订委托管理服务合同，将物业交给物业管理企业进行管理服务的活动。

2.物业交接验收的前提条件

物业交接验收的前提条件是建筑施工正式完成，设施运行已经正常，竣工验收已经通过，取得新建住宅交付使用许可证，资料齐全并且准确无误。

（二）组建物业管理公司的形式

1.组建条件

（1）公司名称预先审核。公司的名称一般由四部分组成：公司所在地、具体名称、经营类别、企业种类等。其具体名称可考虑原行业的特点、所管物业名称特点、地理位置、企业发起人名字等。除称"物业管理公司"外，也有称"物业管理有限公司""物业发展公司""物业公司"等。根据公司登记管理有关规定，设立公司应当申请名称预先核准。公司名称是企业品牌的一部分，从开始起名的时候就要注意其合法性和效应，一般要求简明、响亮，有寓意，有创意。

（2）公司住所。法人以它的主要办事机构所在地为住所。物业管理公司的主要办事机构所在地为物业管理公司的住所。物业管理公司设立条件中的住所用房可以是自有产权房或租赁用房。在租赁用房作为住所时，必须办理合法的租赁凭证，房屋租赁的期限一般必须在1年以上。

（3）法定代表人。物业管理公司作为企业法人，经国家授权审批机关或主管部门审批和登记注册后，企业主要负责人是企业的法定代表人。全民和集体企业的主要负责人是经有关主管机关审查同意，当企业申请登记经核准后，主要负责人取得了法定代表资格。

物业管理公司选好法定代表人对企业的经营管理有着至关重要的作用。"千军易得，一将难求"，就是强调决策人物的重要性。物业管理公司法定代表人应在合法前提下，在企业章程规定的职责内行使职权履行义务：代表企业参加民事活动，对物业管理全面负责，并接受本公司全体成员监督，接受主管物业管理的政府部门的监督。

（4）注册资本。公司的人员，住所和注册资本是公司设立的三要素，其中注册资本是公司从事经营活动、享受和承担债权债务的物质基础。一般来说，注册资本的大小直接决定公司的负债能力和经营能力。物业管理公司，作为服务性企业，其注册资本不得少于10万元人民币。

（5）公司章程。公司章程是明确企业宗旨、性质、资金状况、业务范围、经营规模、经营方向和组织形式、组织机构，以及利益分配原则、债权债务处理方式、内部管理制度等规范性的书面文件。

（6）公司人员。根据规定，申请成立全民、集体、联营、私营、三资等企业，必须有与生产经营规模和业务相适应的从业人员，其中专职人员不得少于8人。物业管理公司一般应具有8名以上的专业技术管理人员，其中中级以上职称须达3人以上。

设立物业管理有限责任公司，应当由2人以上50人以下股东共同出资；设立股份有限公司，除国有企业改建为股份有限公司外，应当有5个以上发起人，且其中须有过半数的发起人在中国境内有住所。国家授权投资的机构或部门，可以单独设立国有独资的有限责任公司。外国投资者包括外国的企业和其他经济组织或个人，可以独资设立外资性质的物业管理有限责任公司。

2.设立登记

（1）三资物业管理企业的设立登记。三资物业管理企业在向工商行政管理部门申请登记之前，先要向工商行政部门申请名称登记，然后报对外经贸主管部门审查批准。审查机关一般在3个月内做出批准或不批准的决定。当三资物业管理企业接到对外经贸主管部门的批准书之后30日内，向工商行政管理部门申请营业登记。

营业登记的主要事项有名称、住所、经营范围、投资总额、注册资本、企业类别、董事长、副董事长、总经理、副总经理、经营期限、分支机构等。在登记时应向工商行政管理部门提交下列文件、证件：①由董事长，副董事长签署的外商投资企业登记申请书；②合同章程及审批机关的批准文件和批准证书；③项目建议书、可行性研究报告及其批准文件；④投资者合法的开业证明；⑤投资者的资信证明；⑥董事会名单及董事会成员、总经理、副总经理的委派（任职）文件和上述中方人员的身份证明；⑦其他有关文件证件。

当三资物业管理企业取得营业执照后，将进入资质登记和资质备案阶段。

（2）内资物业管理企业的设立登记。内资全民所有制、集体所有制、联营、私营、股份制、股份合作制等物业管理企业，当具备前文所述的设立条件时，即可进行营业登记。登记的主要事项有名称、地址、负责人、经营范围、经营方式、经济性质、隶属关系、资金数额等。

当登记核准取得营业执照后，进入资质登记和资质备案阶段。

3.资质等级备案

根据上海市规定，资质备案与核发资等级证书同步进行。物业管理企业，一般要在取得营业执照30日内按规定申办资质备案。

外商独资、中外合资、中外合作的物业管理企业的资质备案和资质等级向市房地局申报，由市房地局审批。

内资物业管理企业资质备案和资质等级向注册地的区、县房管部门申报。

4.物业管理企业的机构设置

（1）物业管理有限责任公司的组织机构：根据《公司法》，有限责任公司设立股东会、监事会和董事会。股东会是公司的权力机构，它决定公司的经营方针和投资计划，选举和更换董事，选举和更换由股东代表担任的监事，对发行公司债券等做出决议等。监事会由股东会选出的监事和公司职工民主选举产生的监事组成，是公司的监督机构。董事会是经营决策机构和业务执行机构，董事长为公司的法定代表人。有限责任公司经理，由董事会聘任或解聘。

（2）物业管理股份有限公司的组织机构：股份有限公司和股份合作公司应订立章程，发起人、认股人举行创立大会，通过公司章程，选举董事会成员，选举监事会成员等。

（三）住宅开发单位选聘物业管理企业的方式

房地产开发企业在出售住宅小区房屋前，应当选聘物业管理公司承担住宅小区的管理，并与其签订物业管理合同，住宅小区在物业管理公司负责管理前，由房地产开发企业负责管理。

受聘用的物业管理企业可以是主营物业管理的企业；也可以是兼营物业管理的企业，其经营物业管理的是该企业下属分公司或管理部。

开发商自己下设的物业管理部门，须考虑该管理部门是否具有企业法人资格的物业管理公司，同时必须依法进行工商登记。开发商不得与下属非企业法人部门签订委托服务合同。

开发单位可以通过协议与招标方式选聘物业管理企业。

所谓协议选聘物业管理企业，是指住宅开发单位直接邀请某些物业管理公司进行磋商，然后选定其中的一家并达成协议委托进行物业管理的选聘方式，这一方式在物业管理市场化程度不发达的情况下被广泛采用，其缺点是缺乏公开性和竞争性。

住宅开发单位组织招标活动选聘物业管理企业。首先，住宅开发单位必须组织招标领导小组及招标工作小组，领导和组织实施招标活动。其次，必须制定招标文件，招标文件包括招标书，以及招标公告或招标邀请书、投标须知等，其中最重要的是招标书，招标书必须说明物业的概况、委托管理事项和要求、双方主要权利和义务等，有条件的开发单位应制定标底。住宅开发单位可决定用公开招标或邀请招标的方式邀请物业管理公司前来投标，公开招标必须发布招标公告，邀请招标必须发出投标邀请书。再次，住宅开发单位组织标前会议，组织查勘拟招标管理服务的楼宇，回答拟参加投标企业的各类问题。最后，必须组织评标委员会，组织评标活动。物业管理企业应在指定时间把密封的标书投入标箱，开发单位应组织由公司人员、物业管理方面专家及房地产行业主管部门相关专家领导等，组成评标委员会，在预定时间召开评标会，当众拆封各物业管理企业的投标书。可以先组织答辩，然后进行评标，评标结果转报开发单位，由开发单位定标，定标后，住宅开发单位必须发出中标通知书，由中标的物业管理企业在规定时间内前来签订委托管理服务合同。

（四）开发单位与物业管理企业交接物业的内容和程序

1.新建房屋接管验收的内容

（1）新建房屋接管验收，建设单位应向物业管理企业提交相关资料，如产权资料、竣工图纸为主的技术资料，包括总平面、建筑、结构、设备、附属工程、隐蔽管线的全套图纸等。

（2）质量与使用功能的检验，包括对主体结构、楼宇的外立面、地面、水、电、燃气、消防设施及其他设备在使用功能和质量上进行目测、检测和实测。可用满负荷运载实验法、调试法、泼水法、灌水法、灌球法等方法进行物业使用功能验收。验收时，对水、电、燃气等各种表具读数要一式两份，当场记录。

2.原有房屋的接管验收内容

（1）原有房屋的接管验收也应提交相关资料，如产权资料，包括房屋平面图。房屋分隔平面、房屋设施等技术资料。

（2）质量与使用功能的检验：以危险房屋鉴定标准和国家有关规定作检验依据；外观检查建筑物整体的变异状态；检查房屋结构、设备的完好与损坏程度；检查房屋使用情况（包括建筑年代，用途变迁、拆改扩建、专修和设备情况），评估房屋现有价值、建立资料档案。

3.交接验收符合标准，7日内签署验收合格证，并正式实施物业管理

交付验收时如发现一般性质量问题，甲、乙双方可达成协议，由开发单位给予补偿，委托物业管理接管单位负责保修。房屋接管交付使用后，在保修期内如发生重大质量问题，应由质量检验部门进行鉴定。如属建设质量问题，由开发建设单位负责；如属业主使用不当造成的质量问题，则由业主负责；如属管理不善造成的质量问题，则由物业管理单位负责处理。

三、前期物业管理服务

（一）前期物业管理的含义

前期物业管理是指住宅出售后至业主委员会成立前的物业管理，它是物业全过程管理的重要一环。

住宅开发单位在住宅开始出售后，必须做好以下工作：交付买受人"两书"，即"新建住宅质量保证书""住宅使用说明书"；制定住宅使用公约，选聘物业管理企业，签订前期物业管理服务合同，并报区（县）房管部门备案。与买受人签订转让合同时，把前期管理服务合同、住宅使用公约、住宅使用说明书作为转让合同的附件，让买受人认可。

一般情况下，符合下列条件之一，住宅开发单位就应会同所在区县房地产管理部门召开业主大会或业主代表大会，成立业主委员会：

（1）公有住宅出售建筑面积达到30%以上；

（2）新建商品住宅出售建筑面积达到50%以上；

（3）住宅出售已满两年。

在业主委员会成立前，房地产开发企业与物业管理公司签订的委托合同，称为前期物业管理服务合同；而在业主委员会成立后所签订的合同称为物业管理服务合同，前者签订合同的主体是开发商与物业管理公司，后者是业主委员会与物业管理公司。

（二）前期物业管理与物业管理早期介入的区别

"前期物业管理"与"物业管理早期介入"的区别主要有以下两点：

（1）早期介入的物业管理公司不一定与房地产开发企业确定物业管理的委托关系，可以咨询、顾问等服务形式提出建议和意见；而前期物业管理活动必须在与房地产开发企业确定了委托关系后方可进行，此时，物业管理公司已依约拥有该物业的管理服务权。

（2）早期介入的物业管理公司是从物业管理者的思维角度，从是否有利于日后物业管理服务等具体细节上提出改进意见或建议，是否接受提出的意见或建议进行改进，还有待开发商决定。早期介入能否进行、介入的时机、介入的程度均取决于开发商，因而物业管理的早期介入仅有辅助功能；而在前期物业管理中，物业管理公司被开发商全权委托，进行物业管理服务，承担相应民事法律责任。

四、房地产产权、产籍管理

（一）房地产产权、产籍管理的内涵

1.房地产产权、产籍的概念

以房地产为标的的产权，统称为房地产产权。在房地产产权中，有房屋所有权，有从国有土地所有权分离出来的土地使用权，有以房地产为担保与债权并存的房地产抵押权等。

产籍是记载财产权属关系的各种簿册资料的总称。房地产产籍是记载房地产权属关系和历史情况的各种簿册资料。房地产产籍资料包括在房地产权属申请登记、调查、测绘、确权及发证上等过程中获得的各种图、档、卡、册及相关资料。这些档案资料集中反映了房地产的权属、坐落、位置、用地面积、房地权界、房屋建筑面积、结构、层数、建造时间、用途、有无设定他项权利、是否受到限定等基本状况。

2.房地产产权、产籍管理的内容

房地产产权管理是指国家通过县级以上地方人民政府设置的房地产行政管理机关及房地产产权、产籍管理职能机构，依据国家法律和政策，通过审核确认所辖区域范围内房地产权归属关系，实施保障房地产权利人合法权益的行为。从广义上讲，它还包括对确认房地产权属关系所必须依据的房地产档案、资料所进行的综合性管理，即产籍管理。房地产产权、产籍管理是房地产行政管理重要的基础性工作。

房地产产权、产籍管理中产权管理和产籍管理是密切联系、互为依存、互相促进的两项工作。产权管理是产籍管理的基础，没有产权调查、产权确定、产权登记，就不可能形成完整、准确的产籍资料。反之，产籍管理是产权管理的依据，是为产权管理服务的。

（二）房地产权属登记发证制度

房地产权属登记发证制度是产权产籍管理的核心内容，通过对房地产审查确认产权、核发权属证书、办理权属转移变更等方式，可以调处产权纠纷，监督规范权利人行为，建立准确、完整的产籍档案资料，从而建立正常的产权管理秩序，保护权利人的合法权益。房地产权属登记分为总登记、初始登记、转移登记、变更登记、他项权利登记、注销登记六种。

1.总登记

总登记也称静态登记，是指县级以上地方人民政府根据需要，在一定期限内对本行政区域内的房地产进行统一的权属登记。凡列入总登记范围的，无论权利人以往是否领取房地产权属证书、权属状况有无变化，均应在规定的期限内办理登记。进行总登记往往是因没有建立完整的产籍资料或原有产籍资料因故造成了散失混乱，必须全面清理房地产产权，整理房地产产籍资料。

2.初始登记

初始登记分为土地使用权的初始登记和房屋所有权的初始登记。

以出让、租赁等有偿方式取得国有土地使用权的，应当在土地使用权出让等合同规定的期限内申请土地使用权初始登记；以划拨方式取得国有土地使用权的，应当在县级以上人民政府批准用地文件后的规定时间内申请土地使用权初始登记。

新建非商品房屋的，应当自房屋竣工交付使用之日起的30日内申请房屋所有权的初始登记。新建商品房，房地产开发企业应当在房屋竣工验收后交付给买受人之前，办理新建商品房初始登记。

3.转移登记

转移登记是指房地产权利主体因买卖、赠与等原因发生房地产权利转移而进行的登记。如在房地产买卖、交换、赠与、继承、划拨、分割、合并、判决、裁决等原因导致房地产权利转移时，当事人应申请房地产转移登记，并提交原房地产权属证书以及相关的合同、协议等证明文件。

4.变更登记

房地产变更登记是指房地产权权利人名称变更或房屋现状发生变化等进行的登记。如房地产坐落的街道、门牌号或者房地产名称发生改变，房地产面积增加或者减少，房屋翻新等原因造成原房地产登记内容与房地产现状不相一致的，房地产权利人应当申请变更登记并提交原房地产权属证书以及相关证明文件。

5.房地产其他权利登记

（1）下列房地产权利的文件，当事人应当申请登记：①房地产抵押权设定、变更的合同；②房地产典权设定、变更的合同；③法律、法规规定应当登记的其他文件。

（2）下列房地产权利的文件，当事人应当申请登记备案：①商品预售合同及其变更合同；②房地产租赁合同及其变更合同；③房屋维修，使用公约和物业管理文件；④当事人认为有必要登记备案而登记机构准予登记备案的文件。

当事人未办理上述文件登记的，不得对抗第三人。

6.注销登记

注销登记是指因房屋灭失、土地使用年限届满、他项权利终止而进行的登记。房地产权利丧失时，原权利人应申请注销登记并提交原房屋权属证书、他项权利证书及相关的合同协议等证明文件。

（三）产籍资料的业务管理

一般产籍资料的业务管理内容包括产籍资料的收集、整理、鉴定、保管、统计、利用六项工作，通常称为产籍资料工作的六个业务环节，也可将"检索""编研"从"利用"中分离出来，"异动管理"从"整理"中分离出来，称为九个业务环节。

（1）收集。产籍资料的收集有很多渠道。通过房地产总登记，全面收集各种权属证书及有关证明材料；通过日常办理的转移变更登记、房地产交易业务，收集房地产转移、变更等方面的情况；通过与房地产管理部门的业务联系，收集房地产经营管理部门直管公房的增减变动情况；通过与城建、规划、拆迁、司法等有关部门建立的工作制度及经常的联系，收集有关产籍的文书、资料，及时掌握整个房地产增减变动的情况。

（2）整理。收集的产籍资料，数量大，内容复杂，有的还很零乱，不便于保管和利用，需要分门别类系统化。产籍资料的整理工作是指将档案由零乱到系统的过程，是产籍资料工作的基础。

（3）鉴定。随着时间的推移，产籍资料数量日益增多，有些资料失去保存的价值，需要对档案进行去粗取精的鉴别工作，这就形成了产籍资料的鉴定工作。

（4）保管。由于自然和社会的因素都能使产籍资料遭到破坏，为了更长远地利用产籍资料，需要延长产籍资料的寿命，保证产籍资料的完整安全，这就形成了产籍资料的保管工作。

（5）检索。产籍资料是按照一定办法整理和保管的，而利用产籍资料，则是有特定的目的和要求，需要编制检索工具，从各种途径揭示产籍资料的内容和成分，这就形成了产籍资料检索工作。

（6）编研。为了保护产籍资料的原件和满足更多人利用产籍资料，需要对产籍史料进行编辑研究，这就形成了产籍资料的编研工作。

（7）统计。为了科学管理产籍资料，需要了解产籍资料和产籍资料工作的情况，必须对产籍资料状况进行统计、分析和研究，这就形成了产籍的统计工作。

（8）异动管理。为了动态管理产籍资料，产权转移变更后，必须对产籍进行异动整理和统计，建立与实际一致的档案，这就形成了产籍资料的异动管理工作。

（9）利用。保存产籍资料的目的，是为各种工作提供使用便利，因此为满足利用者需要，采取各种形式和方法，向利用者介绍产籍资料馆库藏，这就形成了产籍资料利用工作。

第十一章 房地产开发资金筹集与成本监控管理

第一节 开发资金流动的特征与资金筹集的基本原则

一、开发资金运动的过程及资金流动的特征

纵观房地产开发全过程，房地产开发资金随着房地产开发经营活动的进行而不断运动，并且在房地产开发过程中的不同阶段表现为不同的形式。在房地产开发的前期准备阶段，开发商以货币资金购入具备开发条件的土地，或先将货币资金用于完成"三通一平"等工作，等待合适时机开发。这样，货币资金就转化为储备资金。在房地产开发建设阶段，开发商一方面将购入的土地投入开发工程，储备资金转化为生产资金；另一方面，开发商将货币资金直接支付工程进度款及其他开发费用，这部分货币资金直接转化为生产资金。在预销售阶段，开发商可能通过预售部分房屋，在开发过程中收回部分投资，从而又使部分生产资金直接转化为货币资金；房屋交付后，生产资金转为成品资金，开发商通过销售继续收回投资，这样成品资金又转化为货币资金。所以，房地产开发资金在其运动过程中不断改变其形态，从货币资金开始，分别转化为储备资金、生产资金和成品资金，最后又回到货币资金形态。这样周而复始，形成房地产资金的运动过程。

（一）资金占用量大

由于房地产开发需要耗用大量的土地资源、人力资源及各种材料的设备等工业产品，而城市经济的发展、土地的稀缺性及市场需求的拉动又使这些资源和产品价格昂贵，使房地产开发需占用大量的资金，并进一步影响到房地产流通和消费领域，从而使房地产再生产和资金运动的各个环节都要大规模地占用资金。这种资金运用规模，如果仅仅是依赖于自有资金，不仅容易发生财务风险，甚至可能难以实现。如果其中某一环节有资金缺

口，就会使资金运动受阻，影响再生产过程的顺利进行，房地产的价值和使用价值也难以实现。

（二）资金占用时间长，周转速度慢

由于房地产开发建设周期长，往往在半年、一年，甚至更长时间内，只有资金投入，没有资金回收。如采用出售方式，资金回收和周转速度相对较快。但前提必须是市场需求旺盛，产品适销对路，否则产品滞销，交易困难，同样会延长资金占用时间。若采用出租方式，由于必须以租金方式逐年、分期收回资金，所以资金占用量虽然可以逐渐减少，但全部收回资金时间相当长。

（三）资金运动受区域范围的影响

房地产区位的固定性，加上房地产的流通和消费有较强的地域性，使其资金运动受区域范围的显著影响，往往局限于某一城市或某一区域内。

房地产开发资金的上述特点，带来了房地产开发项目资金运用与资金来源之间的尖锐矛盾，主要表现在：

（1）资金投入的一次性与资金积累的长期性的矛盾。

（2）资金运用的集中性、大额性与资金来源的小额性、分散性的矛盾。

（3）资金回收缓慢与再生产中资金投入的连续性的矛盾等。

这些矛盾最集中的表现为：由于房地产开发周期长，流动性差，资金运动过程中的各种资金状态转化的速度慢，使得房地产资金投入与回收在时间上、数量上极端地不平衡。因此，如何通过各种渠道有效地筹集资金，保证房地产开发资金投入与回收在时间上、数量上的协调平衡，从而保证资金的循环运动和开发项目建设的顺利进行，具有十分重要的意义。

二、开发资金筹集的基本原则

尽管企业的财务状况不相同，各项目的投资计划与工程建设进度也不尽相同，但房地产开发资金运动的特点决定了筹集房地产开发资金必须遵循以下基本原则：

（1）安全性原则。衡量安全性的指标主要是风险程度：一方面，筹集资金要考虑利率变动，汇率变动的风险，同时要考虑到影响企业财务状况和偿债能力的举债规模，偿债日期、利率高低等各种因素；另一方面，从筹集资金的目的看，筹集资金主要是为了更好地实现资金平衡，使开发项目顺利进行，并最终取得预期利润。因此，筹集资金应以不改变既定目标或以顺利实现既定目标（如进度目标、利润目标等）为原则。任何由于筹集资金而可能影响既定目标的因素都是不安全因素，筹集资金必须以筹资风险尽可能小为原则。

（2）经济性原则。由于房地产开发资金需求量极大，资金筹集的成本（包括有关费用），直接影响开发项目的效益及资金周转。因此，筹资成本必须尽可能低。一般来说，筹资成本不能高于开发项目可能的投资效益率。

（3）可靠性原则。主要是指资金来源的保证程度要高。从房地产资金运动的特征可以看出，在一定的时点保证一定数量的资金投入尤为重要，因此筹集资金的渠道、方式、时间、数量等必须是切实可靠的。

第二节　开发资金筹集的渠道和方案编制

一、开发资金的筹集渠道

由于房地产开发资金需求量特别大，房地产开发商的自有资金一般不可能完全满足需要，通过哪些渠道落实资金就成为房地产开发商必须解决的一个重要问题。随着我国房地产市场的逐步完善，房地产金融业的逐步发展，房地产开发资金的筹集渠道也越来越多。通常，房地产开发商的资金筹集渠道主要有自有资金、银行贷款、发行债券及预收房款等形式。对股份制企业而言，发行股票也是有效的筹资方式。

（一）自有资金的筹集

房地产开发商对任何房地产开发项目都必须投入相当量的自有资金，这是房地产开发的基本条件之一。通常，开发商可以筹集的自有资金包括现金和其他速动资产，及近期可收回的各种应收款。有时企业内部一些应计费用和应交税金，通过合理安排，也可应付临时的资金需求。

一般情况下，开发商不可能在银行存有大量的货币资金等待开发项目，货币资金只是自有资金筹集的一方面，速动资产的变现也是重要的资金来源之一。它包括企业持有的各种银行票据、股票、债券等（可以转让、抵押或贴现而获得货币资金），以及其他可以立即售出的建成楼宇等。至于各种应收款，包括已定合同的应收售楼款及其他应收款。

只要开发项目的预期收益高于企业自有资金的机会收益（如银行存款利息等），或速动资产变现损失（包括机会损失）等，开发商都可以根据自身的能力，适时投入自有资金。

（二）银行贷款

任何房地产开发商要想求得发展，都离不开银行和其他金融机构的支持。而且由于"杠杆效应"的存在，任何开发商都不可能、也不愿意完全靠自有资金周转而不利用银行或其他金融机构的借贷资金。常用的银行贷款方式有：

1.房地产开发企业流动资金贷款

房地产开发企业流动资金贷款是房地产金融机构对开发企业发放的生产性流动资金贷款，其贷款对象是在规定贷款范围内、具有法人地位、实行独立经济核算的从事房地产开发活动的企业。一般来说应具备以下贷款条件：

（1）必须具有开发企业资格证书，必须持有工商营业执照。

（2）必须在贷款银行开立账户，持有贷款证。

（3）必须拥有一定量的自有资金。

（4）必须具有开发计划，必须具有有关部门下达的年度投资计划和开发项目的有关批准文件。

（5）必须具有健全的管理机构和财务管理制度。

（6）必须具有还本付息的能力等。

另外，贷款银行对企业的实有资本、信誉、拟开发项目的成本和效益情况、开发商在建筑工程情况（是否超能力开发）等也将进行审核。

2.考核房地产开发企业财务状况和还本付息能力的主要指标

（1）短期偿债能力指标。

流动比率，这是衡量企业短期偿债能力的一个重要指标。

速动比率，这是衡量企业近期支付能力的一个指标。

现金比率，也称变现比率，这是衡量即期偿付能力的指标。

（2）长期偿债能力指标。

资产负债率，这是衡量企业利用债权人提供的资金进行经营活动的能力，并反映债权人发放贷款的安全程度的指标。

产权比率，这是衡量债权人投入的资金受所有者权益保障程度的指标。

已获利息倍数，这是衡量企业是否有充足的收益支付利息费用能力的指标。

（3）盈利能力指标。

资产总额收益率，这是衡量企业利用资产获取利润能力的指标。

所有者权益利益率，这是衡量企业所有者权益获利能力的指标。

此外，反映企业盈利水平的指标还有销售利润率、资本金利润率、销售毛利率等。

房地产开发企业流动资金贷款一般要经过贷款申请、贷款评估与贷款审核、核定贷款额度与期限，签订贷款合同和担保合同等过程，并办妥有关手续，最后由银行按贷款合同规定发放贷款。

3.房地产开发项目贷款

房地产开发项目贷款是指房地产金融机构对具体房地产开发项目发放的生产性流动资金贷款。它的特点是贷款只能用于规定的开发项目，贷款对象是一些投资额大、建设周期长的开发项目，如大型住宅小区等，承担项目开发的房地产开发企业是开发项目贷款的债务承担者。

开发项目贷款，除必须符合房地产开发企业流动资金贷款条件外，还必须具备以下条件：

（1）贷款项目必须列入当年的开发计划；

（2）必须具备批准的设计文件，并经过银行的项目评估；

（3）必须前期工作准备就绪，落实施工单位，具备开工条件。

与房地产开发企业流动资金贷款不同，开发项目贷款时，银行参与项目的选择，参与可行性研究工作，并进行项目评估，未经评估的项目一般不承诺贷款。银行参与项目扩初设计及概算的审查，并根据项目有关情况参与销售价格的评估。银行参与项目年度计划的安排，并根据计划执行情况，编制年度贷款计划，核定贷款额度。

房地产开发项目贷款程序与流动资金贷款程序基本相同。

4.房地产抵押贷款

房地产抵押贷款是指借款人以借款人或第三人合法拥有的房地产以不转移占有的方式向银行提供按期履行债务的保证而取得的贷款。当借款人不履行债务时，银行有权依法处分作为抵押物的房地产并优先受偿。当处分抵押房地产后的资金不足以清偿债务时，银行有权继续向借款人追偿不足部分。

可以设定抵押权的房地产有依法取得的土地使用权、依法取得的房屋所有权及相应的土地使用权、依法取得的房屋期权、依法可抵押的其他房地产等。

以划拨方式取得的土地使用权设定抵押权的，依法处分该房地产后，应当从处分所得的价款中缴纳相当于应缴纳的土地出让金的款额后，贷款银行方可优先受偿。

房地产抵押贷款的对象可以是符合条件、具有可抵押的房地产的法人，也可以是具有可抵押的房地产、并具有完全民事行为能力的自然人。

房地产抵押贷款的条件除一般贷款的基本条件外，最主要的就是拥有可抵押的房地产。房地产抵押是建立贷款关系的前提，也是取得贷款的条件。

房地产抵押贷款的程序与房地产开发企业流动资金贷款基本相同，不同之处在于：

（1）房地产抵押贷款的额度由贷款银行根据借款人的资信程度、经营收益、申请借款金额和借款时间长短确定，但最高不超过抵押物现行作价的70%，并且抵押物的现行作价一般由具备专业资格条件的房地产评估机构评估确定。

（2）抵押合同由借款人或抵押人与贷款银行双方共同签订，抵押合同是房地产抵押贷款合同不可分割的文件。

（3）房地产抵押贷款合同，房地产抵押合同签订后，必须办理抵押登记手续，若按规定须公证的，贷款合同和抵押合同必须经过公证机关公证。

（三）债券筹资

发行公司债券是房地产开发商的资金来源之一。与银行贷款一样，同属企业外来资金，但可使用时间较长。由于公司债券较政府债券风险大，因此其利率要高于政府债券利率。其发行主体为房地产股份有限公司，国有独资房地产公司和两个以上国有企业或者两个以上的国有投资主体设立的房地产有限责任公司。

1.发行企业债券的一般条件

（1）企业规模达到国家规定的要求。

（2）企业财务会计制度符合国家规定。

（3）具有偿债能力。

（4）企业经济效益好，发行债券前连续3年盈利。

（5）所筹集的资金用途符合国家产业政策。

（6）债券利率不得高于国务院限定的水平。

（7）国务院规定的其他条件。

对房地产企业而言，在此一般条件上，还有一系列限制性规定。

2.企业债券的发行程序

（1）由公司权力机构做出决定。有限责任公司或股份有限公司发行债券由董事会制定方案，股东大会或股东会做出决议；国有独资公司由国家授权投资的机构或国家授权部门做出决定。

（2）报请国务院证券管理部门批准。申请时应提交下列文件：①公司登记证明；②公司章程；③公司债券募集办法；④资产评估报告和验资报告。

（3）公告债券募集办法。在债券募集办法中一般还包括该公司债券经证券主管机关指定的评估机构评定的债券等级。

（4）债券承销机构承销。

（四）股票筹资

对股份公司而言，发行股票是有效的筹资渠道之一，其发行主体限于房地产股份有限公司，包括已经成立的房地产股份有限公司和经批准拟成立的房地产股份有限公司。

1.股票发行条件

设立房地产股份有限公司申请公开发行股票，应当符合设立股份有限公司申请公开发行股票的一般规定：

（1）符合国家产业政策。

（2）发行的普通股限于一种，同股同权。

（3）发起人认购的股本数不低于总股本的规定比例。

（4）向社会公众发行的部分不低于股本总额的规定比例。

（5）证券委规定的其他条件。

2.原有企业改组申请公开发行股票的，还应具备以下两个条件

（1）发行前一年末，净资产在总资产中的比例不低于规定要求；无形资产在净资产中的比例不高于规定要求；

（2）近3年连续盈利。

增资扩股发行股票，除上述条件外，还应当具备以下条件：①前一次发行的股份已募足，并间隔1年以上；②最近3年连续盈利，并可向股东支付股利；③公司预期利润率可达同期银行存款利率；④证券委规定的其他条件。

（五）其他筹资方式

1.各类信托基金

各类信托基金除将部分资金用于购买可以确保其利息收入的政府债券等风险较小、收益水平相对较低的投资外，仍有愿望将基金的一部分用于有一定风险性、但收益相对较高，又有相对较高安全保证的房地产投资，作为其投资组合的一部分。开发商可以约定的利益向各类基金组织融资，也可以吸收其投资入股。尽管其利率水平相对高于银行贷款，但对资金需求量很大的房地产开发企业而言，仍不失为一条有效的筹资渠道。

2.预收购房定金或购房款

在房地产开发进行到一定的程度，政府允许房地产企业预售房屋。预售房屋对于购房者来说，由于只需支付少量定金或部分房款，即可以享受未来一段时间的房地产增值收益；而对开发商来说，预售部分房屋既可以筹集到必要的建设资金，又可降低市场风险。适时、适价地预售部分房屋仍是必要的，尤其对自有资金实力不强的开发商来说，成功地组织预售是房地产开发成败的关键。

3.寻找经济实力雄厚的承包商

一方面可以在资金临时短缺时，争取由承包商垫付部分费用（当然，这种方式应慎用），而将部分融资困难和风险分担给承包商。同时，延期支付工程款的利息通常不会

超过银行贷款利率。另一方面，对于一些预期效益好的开发项目或具有投资价值的房地产，开发商可以吸引承包商投资参与房地产开发，承包商和开发商共担融资风险和市场风险。此外，寻找有实力的合作伙伴合作，共同开发房地产项目也是一条有效的筹集资金的方式。

以上是房地产开发过程中，房地产开发商通常使用的资金筹集的渠道。一般情况下，在进行具体项目的开发建设时，上述各种渠道是综合运用的。例如，开发商将汇集到的自有资金用于支付地价款和各项前期费用，达到开工条件；在取得土地使用权后，将土地使用权抵押取得贷款，用于建筑物的建造。当达到预售条件后，收回部分售楼款或定金，再加上其他渠道筹集的资金，将楼宇开发完毕，交付使用。如果开发商拟将楼宇建成后以出租为主经营，则开发商重点要考虑长期融资，在投入使用后，以每年的租金收入逐年还本付息。由于以出租为主的开发项目投资回收期很长（一般要10年左右），只有实力很强又有银行或财团支持的大型房地产开发企业才愿做。

另外，需要说明的是，由于房地产开发资金的筹集一般必须以房地产开发企业——法人为主体进行，因而上面从企业角度介绍了开发资金筹集的各种渠道。而实际上，我们在进行开发项目的可行性研究、资金筹集方案的比较时，一般都是以具体项目为主体而展开的。对具体开发项目而言，其资金筹集渠道主要有自有资金（项目资本金）、借入资金和预收定金或购房款等三种形式，项目资本金可能来自投资开发企业的自有资金，也可能来自投资开发企业通过发行债券，股票取得的资金或房地产开发项目贷款，也可能是来自共同投资开发企业的自有资金。因此，由于主体不同，资金筹集渠道是有区别的。当然，除自有资金外，其他渠道基本相同。

（六）对金融机构的选择

随着我国金融体制的改革，金融业务打破了过去几家银行垄断的局面，地方性银行和开办信贷业务的非银行金融机构、外资银行、中外合资银行纷纷涌现，这为开发商选择金融合作伙伴提供了较大的选择空间。在选择金融合作伙伴时，要考虑到以下因素：

（1）最好选择国际交往信誉好、政府和公众都很信任的大型金融机构合作。

（2）有良好的服务质量和办事效率。

（3）收费合理，无论是存贷利息、佣金还是手续费用等，均能给予优惠待遇。

（4）便于资金调动和转移。

开发工程量大、营业额高而又有较好资信的开发商，也是众多金融机构争夺的主顾，开发商可利用金融机构之间的竞争来选择合作伙伴，根据金融机构的特点和性质建立相应的业务往来。

二、资金筹集方案的编制

一个好的资金筹集方案是成功地筹集到资金的第一步。筹集资金很重要的就是取得贷款，但借款是有风险的。由于财务杠杆作用，它可能会使投资者由于借款而增加盈利，也可能使投资者由于借款而蒙受更大的损失。另外，当借款到期而市场不旺时，企业可能不得不低价出售房地产或者由于筹资过多而利息负担过重等。因此，把握好资金筹集的时间、数量、成本等各个方面，编制一个切实可行的资金筹集方案非常重要。

（一）资金筹集方案的主要内容

一般来说，所筹集的资金必须在币种、数量、期限、成本四个方面满足房地产开发项目的需要。币种是指房地产项目开发所需资金的货币种类；数量是指房地产开发项目所需的资金总额和分期使用额；期限是指房地产开发项目所需资金从使用到偿还的时间；成本是指房地产开发项目所需承受的资金成本。

房地产开发项目资金筹集方案主要应包括以下内容：

（1）资金筹集的币种和数额。

（2）资金筹集的流量，即与房地产项目资金投入和资金偿还的需求相适应的不同时间内筹集资金和偿还资金数量。

（3）资金来源、结构，即各个资金来源渠道筹集的资金所占的比重。

（4）资金筹集的风险评价，即预测筹集资金的风险，提出降低风险的措施等。

（5）资金成本，即估算为合理有效地筹集到所需要的资金将付出的各种费用。

（6）资金筹集方式，即选择是企业自行直接筹资还是委托有关金融机构筹集资金。

（7）资金筹集步骤，详细安排筹资工作各阶段的具体目标、任务、时间、地点和负责人等。

（二）资金筹集方案编制过程

资金筹集方案的编制一般要经历以下十个阶段：

（1）根据设计文件、进度计划等有关资料编制资金流动计划（包括资金投入计划和资金回收计划），确定不同时期资金需求数量和可能的占用时间，并根据可行性研究资料等计算开发项目所能承受的最高资金筹集成本。

（2）分析不同资金流量对项目开发进度、效益的影响，确定资金筹集目标，进行资金筹集方案的总体设计。

（3）调查资金筹集的渠道，确定适合本项目要求的资金筹集范围，以及各种资金渠道筹集资金的数量、条件、期限、成本和风险。

（4）设定所筹集资金的币种、数量、期限、计算资金筹集费用。

（5）研究、分析资金筹集的风险，提出降低风险的措施。

（6）计算资金成本，包括资金筹集的全部费用。

（7）确定资金筹集方式，如果是委托筹集资金，则应提出委托的代理机构。

（8）提出资金筹集分阶段工作计划。

（9）准备资金筹集方案文件，包括所需要的各种法律条文和政策文件。

（10）形成正式的资金筹集方案。

不论企业采用何种资金筹集方式，都可以委托有资格的银行、证券公司或其他金融机构代为制订资金方案。

（三）资金流动计划的编制

资金流动计划是编制资金筹集方案的基础，资金流动计划的准确程度如何，对资金筹集方案的可靠性有相当的决定性影响。

1.资金投入计划

编制资金投入计划，主要是根据开发项目的进度计划，工程承包合同中的工程成本预算，施工组织设计中关于材料、设备和劳动力的投入时间、要求，以及付款方式来分项计算的。开发项目的资金投入大致包括以下一些方面：

（1）土地费用（包括土地出让金、征地或拆迁安置费用等）。

（2）前期费用（包括"三通一平"费用，勘察设计费用），可行性研究费用及有关执照、许可证申领过程中必须支付的保证金，城市基础设施配套费用和招投标费用等。

（3）建安工程费用（包括土建工程费用，水、电、燃气等安装费用及设备费用）。

（4）室外配套工程费用（包括红线内水、电、燃气、电信、道路、绿化、变电房及环卫、照明设施费用等，以及必须承担的红线外的配套费用）。

（5）管理费。

（6）利息。

（7）不可预见费。

（8）税金。

2.资金收入计划

编制资金收入计划，主要是根据楼宇租售计划，结合市场分析中预计的最可能的租金、售价水平等进行计算。必须注意的是，由于预期租金、售价的不确定性较大，而资金收入计划直接影响开发项目对资金筹集时间、数量的要求，因此必须经过认真的市场调查，在对市场竞争情况、市场吸收能力进行认真细致分析的基础上，估计预算租金、售价水平及资金收入数量，否则资金流动计划的误差将很大。资金收入计划的时间间隔必须与资金投入计划一致。

资金收入的项目主要包括定金、售楼收入和租金收入，按不同的时间段分别计算，便得到资金收入计划表。

第三节　资金筹集的成本分析和风险分析

一、资金筹集的成本分析

（一）资金成本的概念

房地产开发项目从各种渠道筹集的资金，不外乎来自投资人或债权人两大途径。前者称之为自有资金，后者称之为借入资金。投资者将资金投入开发项目，其目的是取得一定的投资报酬，或者说投资报酬必须达到一定的期望水平；而债权人将资金借贷出去的目的是获得一定的贷款利息。因此，作为资金使用人的具体开发项目，其资金不论来自投资者还是来自债权人都必须为此付出一定的代价，而绝不可能无偿地使用这些资金。简而言之，资金成本就是为筹集与使用资金所付出的代价。

从理论上讲，资金成本是资金所有权与资金使用权相分离的产物。作为资金所有者，决不会将资金无偿地让渡给资金需求者使用，因为资金使用权的让渡意味着资金所有者失去了凭资金获取其他盈利的机会和条件。同样，作为资金使用者，也不能无偿地占用他人的资金，因为得到了资金的使用权，也就得到了使用资金获取利润的机会，这也要求资金的使用者将获取的利润与资金所有者共同分享。

总之，资金成本实质上是资金使用者支付资金所有者的报酬，或者说是资金使用者为取得资金使用权而付出的代价。由于资金投入性质不同，这一报酬的形式也有所区别。如果是吸收投资者投入资金，那么这一报酬的形式就是投资利润。如果是从债权人处借入资金，那么这一报酬形式就是借款利息。由于企业都希望以最小的资金成本获取所需的资金，因此分析资金成本有助于筹资人选择筹资方案，确定筹资结构，以及最大限度地提高筹资的效益。

（二）资金成本的内容

由前述可知，资金成本是资金使用者为取得使用资金而付出的代价，它由两部分组成，一部分是资金筹集费用，另一部分是资金使用成本。

1.资金筹集费用

它是指在资金筹措过程中所花费的各项费用的总和。它包括银行借款的手续费、佣金，发行债券、股票所支付的各项代理发行费用等。资金筹集费用一般属一次性费用，它与筹集次数有关，因而通常将其作为所筹集资金的一项内容扣除。

另外，如果是境外投资房地产开发项目，还将发生调汇、转汇及有关手续费和佣金等。如果是房地产抵押贷款，还可能发生抵押评估费用等。这些都必须考虑计算在资金筹集费用之内。

2.资金使用成本

它是指资金使用者支付给资金所有者的报酬，如支付股东的投资股利、支付给银行的利息及支付给其他债权人的各种利息费用等。资金使用成本一般与所筹集资金的总额及使用时间有关，通常具有经常、定期支付的特点，是资金成本的主要构成内容。

资金成本一般以相对数表示，因而也称资金成本率，通常以资金使用成本与实际资金使用额（所筹集的资金额扣除资金筹集费用）的比值来表示资金成本的大小。其一般的计算公式如下：

$$R_k = \frac{D}{K - F} \qquad (11\text{--}1)$$

式中：R_k——资金成本率，以百分数表示；

D——资金使用成本；

K——所筹集的资金额；

F——资金筹集费用。

另外，由于资金筹集方式不同，需计算不同形式的资金成本，包括个别资金成本、综合资金成本以及边际资金成本等，不同形式的资金成本，其计算方法亦不相同。

（三）资金成本的计算

1.个别资金成本的计算

通常将银行贷款和债券的资金成本称为债务成本或负债成本，而将发行股票和企业留存收益的资金成本称为权益成本，债务成本和权益成本的计算有较大的差别。

（1）债务成本的计算。

一般而言，通过各种负债形式取得资金，如银行贷款、发行债券等具有如下特点：第一，资金成本的具体表现形式是利息，且利息率的高低事先确定，不受企业经营业绩的影响；第二，在债务生效期内，利息率一般固定不变，且利息应该按期支付；第三，利息费用是税前的扣除项目；第四，本金应按期偿还。

由前可知，利息费用是构成债务成本的主要内容。由于利息费用是税前的扣除项目，因而债务资金成本有两种计算方法，即税前债务成本和税后债务成本。

①税前债务成本的计算。

对于直接从银行取得贷款则其税前债务（资金）成本计算公式为：

$$\text{税前债前(资金)成本} = \frac{\text{年利息费用}}{\text{借款总款}} = \text{年利息率} \tag{11-2}$$

对于通过发行债券方式取得资金或通过中介机构取得银行贷款，则必须支付发行手续费或中介费，这部分筹资费用减少了实际资金使用额，从而加大了资金成本。这种情况下，税前债务（资金）成本的计算公式为：

$$\text{税前债前(资金)成本} = \frac{\text{利息费用}}{\text{贷款总额-资金筹集费用}} = \text{年利息率} \tag{11-3}$$

②税后债务成本的计算。

当企业盈利时，税前列支利息费用有减免企业所得税的效应。因而，对企业来说，债务资金的实际成本是从利息费用中扣除由此少交的所得税以后的净额。

$$\text{税后债务成本} = \text{税前债务成本} \times (1-\text{所得税税率}) \tag{11-4}$$

如果不发生资金筹集费用，则：

$$\text{税后债后债务} = \frac{\text{利息费用}}{\text{贷款总额}} \times (1-\text{所得税税率}) = \text{年利息率} \times (1-\text{所得税税率}) \tag{11-5}$$

如果发生资金筹集费用，则：

$$\text{税后债后债务} = \frac{\text{利息费用}}{\text{借款总额}-\text{资金筹集费用}} \times (1-\text{所得税税率})$$
$$= \frac{\text{年利息率}}{1-\text{资金筹集费率}} \times (1-\text{所得税税率}) \tag{11-6}$$

当企业没有利润时，由于得不到减税的好处，因而税前债务成本就是实际资金成本。

（2）权益成本的计算。

权益资金是企业的所有者投入企业的资金。根据它的不同形式，可分为优先股、普通股以及留存收益等。权益资金的成本包含两大内容，即投资者的预期投资报酬和资金筹集费用。由于除优先股外，投资报酬不是事先确定的，它完全由企业的经营效益所决定，因而权益成本的计算有很大的不确定性。另外，与债券的利息不同，权益资金报酬是税后支付的，没有减税效应。所以权益成本的计算有其自己的特点。

①优先股资金成本的计算。

优先股同时具有普通股和债券的双重性质，其特征表现为：投资报酬形式为股利形式，股利率固定，本金不需偿还。优先股的成本也包括两部分，即额定股利和资金筹集费用，其资金成本计算公式如下：

$$R_k = \frac{D}{K - F}$$ （11-7）

式中：D——优先股年股利；

其他符号含义不变。

由于优先股股利是税后支付的，很明显的，优先股的风险比债券大，因而通常优先股的资金成本高于债券的资金成本。

②普通股资金成本的计算。

普通股是构成股份公司原始资本和权益的主要部分，股利的分配是不确定的。从理论上分析，人们认为普通股的成本是普通股股东在一定的风险条件下所要求的最低投资报酬，在正常情况下，这种最低报酬表现为逐年增长的。普通股资金成本计算公式如下：

$$R_k = \frac{D}{K - F} + g$$ （11-8）

式中：g——预期的股利率增长率；

其他符号含义不变。

另外，除上述以股利为基础计算普通股的资金成本以外，还可以采用风险大小为基础计算普通股的成本。

③留存收益资金成本的计算。

留存收益是企业税后净利润在扣除发放的股利后形成的。它包括提取的盈余公积和未分配利润，其所有权属于普通股股东。对于股东来说，如何处理留存收益有多种选择，它可以作为未来股利的发放，也可以作为本企业的扩大再生产的资金来源。但不论如何处理，都会使股东付出代价，因而，留存收益资金的使用也有成本。通常，人们将留存收益视同普通股东对企业的再投资，并参照普通股的方法计算资金成本。

2.综合资金成本的计算

各种不同的资金具有不同的资金成本。一般来讲，一个企业几乎不可能采用单一的筹资方式，而是组合采用多种不同的筹资方式，所以，要衡量一个企业的筹资成本，除分别计算不同来源资金的个别资金成本外，还必须计算全部资金的成本——综合资金成本。一般根据不同资金的资金成本及它们占全部资金的比重来确定，因而也称加权平均资金成本，其计算公式为：

$$\bar{R}_k = \sum_{i=1}^{n} R_{k_i} W_i \qquad (11-9)$$

式中：$\bar{R}_k$——加权平均资金成本率或综合资金成本；

R_{k_i}——个别资金成本；

W_i——个别资金占全部资金的比重；

n——资金来源种类。

由公式可知，综合资金成本取决于两大因素，个别资金成本和该资金占全部资金的比重，通常也称资金结构。确定资金结构有多种不同的计算方法，可以按资金的账面价值计算，也可以按市场价值计算，甚至可以利用资金的目标价值计算。以上各种计算方法各有利弊。通常，以现行市场价值为基础，并对未来市场的变化趋势做出合理的估计，从而确定资金的目标价值来计算确定资金结构。

二、资金筹集的风险分析

在一般财务管理活动中，未来的风险难以测定和计量。然而，风险是客观存在的，企业财务管理工作几乎都是在各种风险和不确定状态下进行的，资金筹集活动也不例外。

（一）资金筹集的风险

1.财务风险

通常，我们把由于企业采用各种方式筹集资金而产生的风险，尤其是企业负债筹资而面临的风险，称为财务风险，也称为筹资风险或破产风险。当企业由于资金不足或出于其他目的而运用一定的方法筹集资金后，有可能使企业取得更多的利润，也有可能使企业发生亏损。但无论如何，企业都必须按规定向债权人按期支付利息和偿还本金等，如果企业的经营收入不足以偿付负债利息和本金，则可能使企业面临财务危机，严重的可能导致企业破产。

产生财务风险的主要原因如下。第一，筹资决策时缺乏可靠的信息。在大多数决策中，决策事项（如收入、价格、销路等）未来变化的各种情况在决策时是无法掌握的，或者说不能取得可靠的信息。这可能是根据现行的预测手段根本无法取得将来各种正确的信息，也可能在许多情况下，由于要取得这种正确的信息要花费极高的成本，而使决策者无法承受。因而，进行筹资决策时，往往只能根据历史资料或经验来判断，只是一种近似的估计，或多或少地带有主观性，从而使决策具有一定的风险性。第二，筹资决策者不能控制事物未来发展的过程。决策事项未来发展的过程，直接受到未来客观经济环境的影响，如政府宏观经济政策的改变、市场景气与否、产业结构的调整、顾客需求的变化、市场价格和利息率的波动等。所有这一切都使筹资决策处于风险之中，而且这种风险与时间长短有关，未来收益的风险就明显大于近期收益的风险。

因此，由于上述原因的存在，在项目开发过程中，实际的现金流量就会与筹资决策时预期的现金流量发生偏差，从而使企业面临财务风险。

2.财务杠杆作用

财务杠杆是指企业的全部负债与企业总资产的比例关系。财务杠杆的变化会对企业普通股收益产生影响，也就是财务杠杆作用。财务杠杆的作用程度，通常用财务杠杆系数（Degree of Financial Leverage，简称DFL）来衡量，它表示每股收益随着息前税前利润的变化而变化的幅度，或每股收益的变动率相当于息前税前利润变动率的倍数。

一般来说，当企业的全部资金的息前税前利润率高于同期负债成本率时，财务杠杆使企业在不增加权益资本投资的情况下，取得更多的利润，财务杠杆具有正效应；反之，则财务杠杆为负效应，并对企业所有者权益带来损失。对优先股而言，当企业全部股本税后利润率高于优先股股利率时，会对普通股权益产生财务杠杆收益；反之则对普通股权益产生相应的财务杠杆损失。由此可见，财务杠杆作用方向的不确定性使企业的普通股权益面临额外的财务风险。财务杠杆作用是筹集资金时必须考虑的一个重要因素。

3.资金结构与财务风险

不同的资金结构使企业面临的财务风险存在差异。由财务杠杆作用可知，由于负债和优先股杠杆作用的不同，企业的财务风险是不同的。此外，长期负债与短期负债的财务风险也是不相同的。通常，短期负债的利息费用较长期负债要低，但使用短期负债比使用长期负债有更高的风险。主要表现在两个方面。第一，企业使用长期负债筹资，在既定负债时期内，其利息费用是固定购；但如以短期负债来取得长期的资金使用权，则可能由于利率的调整造成利息费用的不确定性。第二，企业利用长期负债筹资，可利用较长的经营期为偿还债务提供现金来源，虽有风险，但相对较小。如果企业以重复的短期负债来筹措长期资金，可能会因频繁的债务周转而产生一时无法偿还的情况，从而落入财务困境，甚至导致企业破产。

因此，在筹集房地产开发资金时，必须充分重视房地产开发项目投资量大、投资回收时间长、正好与短期负债还款期短的特征相反的特点，避免产生过大的财务风险。因此，自有资金严重缺乏、负债比例较高的企业更应避免以短期负债的连接来达到长期使用资金的做法，应根据企业的资产结构来确定企业的资金结构，选择合适的资金筹集方法。

（二）资金筹集风险的度量

由前述可知，由于房地产市场的不确定因素的存在，在同一筹资方案下，开发项目的预期收益可能有多种情况，再加上财务杠杆作用方向的不确定性，筹资可能使开发商取得更大的利润，也可能使开发商蒙受额外的损失，所以在市场变化不定和杠杆作用方向不确定的双重作用下，筹集资金存在很大的风险。通常我们以各种条件下项目可能的收益率与期望收益率的差异程度来衡量风险程度，常用的统计指标有期望收益率、标准差和变异系数。

1.期望收益率（额）

期望收益率是指一定资金筹集方案下根据各种可能的收益率和不同概率计算出来的加权平均报酬率。

2.标准差

标准差是反映各种可能结果的收益率偏离期望收益率的综合差异，或称离散程度的指标。

标准差是以期望收益率为基准的概率加权平均离差。标准差越大，说明实际数值（实际收入或收益率）偏离期望值或期望收益率的可能性越大，风险也就越大；反之，说明实际收入或收益率偏离期望值或期望收益率的可能性越小，风险也就越小。

3.变异系数

变异系数是标准差与期望收益率（或期望值）的比值。由于标准差的作用具有局限性，它只适用于相同的期望收益率（或期望值）的各种资金筹集方案进行比较，分析其风险的大小，而不能比较分析不同的期望收益率（或期望值）的各种资金筹集方案的风险大小，变异系数以相对数来表示离散程度即风险的大小更具有可比性。

（三）资金筹集风险的控制

由前述分析可知，由于取得信息的不完全性及事物发展的不可控性，使得实际现金流量与预期现金流量的偏差较大而发生财务风险；而财务杠杆作用方向的不确定性则加剧了财务风险的作用程度。因此，控制财务风险，可以从以下方面考虑：

1.针对企业自身财务状况，合理编制资金筹集方案，选择筹集资金的渠道

通常应注意以下四点：

（1）除资金回收较快且利润丰厚的项目以外，要注意适量地直接投入自有资金，当然，必须保证达到投入自有资金的最低限额。

（2）应视市场情况灵活选择支付固定利息或分割固定利润的筹资方式，对于风险较大的项目，自己又难以筹措到足够的资金时，寻找有实力的伙伴合作开发可以分散风险，

共享利润。

（3）在政府许可的条件下，尽可能提前预售部分楼宇，是保证开发商利益、分散风险、筹措建设资金的有效办法，认真做好营销策划和销售组织工作是确保预售收入按计划实现的关键。

（4）应针对企业状况及项目开发的风险程度、资金回收情况选择合理的资金来源结构，避免短期资金的长期使用。

2.加强债务管理，尽可能保持资金流动过程中的收支平衡

一般应遵循如下基本原则：

（1）债务与自有资本保持适当的比例，避免过度负债。

（2）债务的偿还日期分布尽可能均匀，避免集中在某一时期，并且债务中应保持一部分长期负债，以保证资金供给的相对稳定性。

（3）贷款利息尽可能均匀分布，减少现金支付的压力。

（4）如开发项目有外汇负债，应采用各种方法减少汇率变动风险。

（5）借款时应考虑赋税条件。

3.采取各种措施，分散风险因素

除通过前述寻找合作伙伴、尽可能预售及合理安排债息偿还时间等以外，应尽可能分散在不相关的筹资渠道上筹集资金；应尽可能选择合理的币种、渠道组合，使相关的风险因素相互抵消；等等。

此外，对于周期长的项目，应随着开发的不断进行，不断分析资金的投入与回收情况，及时调整资金筹集方案。

第四节　资金筹集方案的比较与开发成本控制

一、资金筹集方案的比较

资金筹集必须遵循的基本原则是安全性、经济性、可靠性，这也是选择比较资金筹集方案的三个基本原则。通常，我们可以按如下方法进行资金筹集方案的比较选择。

首先，列出方案比较的主要指标，即判断因素，一般可用安全性（风险程度）、经济性（资金成本率）、可靠性（资金在数量、时间上的可能落实程度）等指标。

其次，计算确定不同方案的判断因素的评价值。

二、开发成本核算

（一）开发成本的构成

需要特别提醒的是，在房地产开发项目经济效益评价时，将各项成本与费用进行归并，以便于经济效益的评价。而这里根据现行财务制度与会计制度，进行房地产成本核算与细分，其本质与前面所述是一致的，请读者注意区分。根据财务会计制度，房地产开发成本包括直接费用和间接费用，而发生的销售费用、管理费用和财务费用不再计入成本，作为期间费用直接计入当期损益。相应地，企业设立"开发成本"账户和"开发间接费用"账户作为成本类账户，核算企业在土地、房屋、配套设施、代建工程等开发过程中发生的各项费用；设立"销售费用""管理费用""财务费用"等损益类账户，核算企业的期间费用。

1.直接费用和间接费用

房地产开发成本（按会计中的要求）中的直接费用和间接费用包括：

（1）土地征用及拆迁补偿费，包括土地出让金或土地征用费，耕地占用税，劳动力安置费及有关地上、地下附着物，拆迁补偿的净支出，动迁安置用房支出等。

（2）前期工程费，包括规划、勘察、设计、可行性研究，测绘、"三通一平"及执照审批等支出。

（3）建筑安装工程费，包括企业以发包方式支付给承包单位的建筑安装工程费和以自营方式发生的建筑安装工程费。

（4）基础设施费，包括开发小区内道路、供水、供电、供气、排污、通信、照明、环卫、绿化等工程发生的支出。

（5）配套设施费，包括不能有偿转让的开发小区内公共配套设施发生的支出。

（6）开发间接费用，指企业所属内部独立核算单位组织、管理开发项目所发生的各项间接费用，包括职工工资、福利费、修理费、办公费、水电费、劳动保护费、周转房摊销等。

如由公司直接组织、管理房地产开发项目，所发生的开发间接费用，列入管理费用，不设开发间接费用项目。

2.期间费用

（1）销售费用是指企业为产品销售而发生的各项费用。包括产品销售前的改装修复费、看护费、水电费，产品销售过程中发生的广告宣传费、展览费、代销手续费、销售服务费，以及为销售产品而专设的销售机构的职工工资、福利费、业务费等经常费用。

（2）财务费用是指企业在房地产开发经营过程中，为进行资金筹集等理财活动而发生的各项费用，包括利息支出（减利息收入）、汇兑损失（减汇兑收益），以及相关的手续费、佣金等。

（3）管理费用是指企业行政管理部门（总部）为组织和管理房地产开发经营活动而发生的各项费用。包括职工工资、福利费、工会经费、职工教育费、劳动保险费、待业保险费、房产税、车船使用税、印花税、土地使用税、技术开发、无形资产摊销、递延资产摊销、业务招待费、坏账损失等各项费用。

（二）开发成本核算的原则和要求

1.开发成本核算应遵循的原则

（1）合法性原则，计入成本的费用都必须符合有关的法律、法规和制度等，不合规定的费用不能计入成本。

（2）分期核算的原则，成本计算一般按月进行，同一个成本计算期内核算的收入、产量的起讫日期必须相一致，以保证当期成本的真实性。开发产品的生产周期较长，即使没有竣工交付使用，也要按月汇集生产费用，计算开发成本。

（3）实际成本计价原则，企业应当按照实际发生额核算成本和费用，不得以估算成本、计划成本代替实际成本。

（4）权责发生制原则，本期支付应由本地和以后各期负担的费用，应当按一定标准分配计入本期和以后各期；本期尚未支付但应由本期负担的费用，应计入本期。只有这样，才能正确计算各期的成本和损益。

（5）成本核算的真实性和及时性原则、成本核算必须有根有据，做到真实、正确、完整和及时。成本核算中运用的大量数据资料，其来源必须真实可靠，一定要以审核无误、手续齐备的原始凭证为依据。

（6）成本核算的一致性和相关性原则，成本核算所采用的方法前后必须一致，使各期的成本资料有统一的口径、前后连贯一致、相互关联，具有可比性。

为保证开发成本核算的质量，企业必须重视和加强基础工作，必须建立和健全有关成本核算的原始记录和凭证，制定必要的耗用定额，建立和健全房屋、材料等的计量、验收、调拨等制度，制定必要的内部结算价格和结算方法等。加强基础工作是保证数据资料准确性的重要前提。企业成本核算的基础工作不健全、财产不清、计量不准确、原始记录不全，成本计算就很难达到真实反映各种耗费情况的目的。

2.成本核算必须划清界限

（1）划清收益性支出、资本性支出、营业外支出的界限。收益性支出是指与当期收入相配比的费用支出。收益性支出全部列作当期的成本、费用，也称营业支出。资本性支出是指其效益在两个或两个以上会计年度的各项支出。资本性支出要由各受益期的营业收入分期负担，区分收益性支出和资本性支出是为了正确计算各期的损益，正确反映资产的价值和企业的经营情况。如果把收益性支出列作资本性支出，就会虚增固定资产而减少当期费用开支，多计当期盈利；反之，如果将资本性支出列作收益性支出就会减少固定资产而增加当期费用支出，少计当期盈利。营业外支出是指与企业生产经营无关的其他支出，如非常损失、处理固定资产损失等。这些支出与生产经营无关，不能作为企业的成本或费用。可见，区分不同性质的支出是企业正确计算开发成本的前提条件。

（2）划清本期开发经营成本与下期开发经营成本的界限。企业应计入开发经营成本的费用，并不等于全部由当期的开发经营成本负担。有些费用虽然在本期支付，但受益期包括本期及以后一段时期，是应由本期和以后若干期内均衡承担的待摊费用；还有一些费用，虽是本期尚未支付，而应由本期负担的费用，按权责发生制的原则，应预提计入本期成本。

（3）划清开发成本和期间费用的界限。房地产开发成本包括开发直接费用和开发间接费用。销售费用、财务费用和管理费用属期间费用，不计入开发成本。企业应按发生费用的性质，分别计入开发成本或当期损益。

（4）划清不同核算对象的成本界限。企业应按不同的核算对象，归集各种费用。直接费用应直接计入核算对象的成本；间接费用应选择合理的分配方法，分摊计入各核算对象的成本。

（三）开发成本、费用的核算

1.成本核算对象的确定

房地产开发企业在开发经营过程中发生的各项支出，应当按成本核算对象进行归集。确定成本核算对象除应当根据有关财务管理办法和会计制度的要求外，应考虑满足成本计算的需要，以便于开发费用的归集，真实、准确、及时地反映开发成本。一般可按以下原则确定成本核算对象：

（1）一般的房屋或土地开发项目，应当以每一独立编制设计概（预）算或每一独立的施工图预算所列的单项工程为一个成本核算对象；

（2）对同一地点、结构类型相同的住宅群体（小区）开发项目，若开、竣工时间相近，又是同一施工单位施工的，可合并为一个成本核算对象；

（3）规模较大、工期较长的房屋或土地开发项目，可根据实际情况按区域或部位划分为不同的成本核算对象。

成本核算对象应在开工之前确定，一经确定，不得随意更改，更不能相互混淆。

2.开发成本的核算

房地产开发企业应当根据《房地产开发企业会计制度》的规定，设置"开发成本"账户。核算企业在土地、房屋、配套设施和待建工程的开发过程中所发生的各项费用。如果企业的开发项目是由企业内部独立核算单位直接组织、管理的，还应设置"开发间接费用"账户，核算发生的费用。

企业在土地、房屋、配套设施和待建工程的开发过程中所发生的土地征用及拆迁补偿费、前期工程费、基础设施费、建筑安装工程费、配套建设费和分配计入的开发间接费用等，均应在"开发成本"账户核算。上述费用发生时，如果能够分清成本核算对象，可直接计入有关成本项目；如果发生时不能分清成本核算对象，可按一定的分配标准，分配计入有关的成本核算对象的有关成本项目。

不同成本项目费用的分配，可根据费用的性质和企业的实际情况，采用不同的分配方法。

对于与商品房同步建设的配套设施，受益者为两个或三个以上成本核算对象的，在明确分配方法和分摊率后，按实际应分摊额分别计入各核算对象的成本。如果企业开发的受益商品房即将结转成本，而配套设施尚未建造完毕，根据权责发生制和收入与费用配比原则，及时结转竣工项目成本，对其应承担的配套建设费，可采取预提的方法进行处理。

企业内部独立核算单位为组织、管理开发项目而发生的各项间接费用，包括工资、福利费、折旧费、修理费、办公费、水电费、劳动保护费、周转房摊销等，均在"开发间接费用"账户核算。

"开发间接费用"应按企业成本核算办法的规定，分配计入有关的成本核算对象，借记"开发成本"科目，贷记"开发间接费用"科目。

不属于开发间接费用范围的支出，即使是在内部独立核算的单位管理开发项目时发生的，也应列入"管理费用"账户，不在"开发间接费用"账户核算；期末，"开发间接费用"账户无余额。

期间费用包括销售费用、财务费用和管理费用，直接计入当期损益。会计处理时，借记"销售费用""财务费用"或"管理费用"，贷记有关科目。此三项费用在期末全部转入"本年利润"账户，期末应无余额。

三、开发成本的控制

（一）成本控制的意义

1.成本控制的含义

以开发成本的发生为基点，成本控制可分为事前控制、事中控制和事后控制。开发成本的事前控制是指在房地产开发项目正式实施前，对影响成本的各项经济活动进行事前规划、审核，确定目标成本，它是成本的前馈控制，主要是确定成本目标；成本的事前控制包括成本预测、成本决策和编制成本计划。开发成本的事中控制是指在项目实施、成本形成过程中，随时与目标成本对比，发现问题采取措施，予以纠正，以保证目标成本的实现，它是开发成本的过程控制，主要是单项成本的控制。开发成本的事后控制是指成本形成之后，对日常发生的成本差异及其原因进行分析，研究成本变动的原因，它是成本的后馈控制，主要是分析考核、总结经验。

成本控制有广义和狭义之分。广义的成本控制包括事前控制、事中控制和事后控制。狭义的成本控制仅指成本的事中控制，即过程控制。对房地产开发项目而言，由于其开发过程复杂，周期长，投资量大，投资风险及成本变动的可能性较大，因而广义的成本控制具有重要的意义。

2.开发成本控制的基本原则

（1）政策性原则：要处理好质量和成本的关系，处理好国家利益、企业利益和消费者的利益的关系，要处理好当前利益和长远利益的关系，力求经济效益、社会效益和环境效益的统一。

（2）全面性原则：由于开发成本涉及企业的方方面面，成本控制要进行全员控制、全过程控制、全方位控制。

（3）分级归口管理的原则：开发成本目标，要层层分解，层层归口，层层落实，落实到各部门、各项目、各个环节甚至个人，形成一个成本控制系统。

（4）权责利相结合的原则：落实到各部门、各项目、个人的成本目标，必须与他们的责任大小、控制范围相一致，否则成本控制就不可能产生良好的效果。为充分调动每一个人的积极性，必须将成本控制的好坏与奖惩的轻重结合起来。

（5）例外管理原则：例外管理原则是成本效益原则在成本控制中的体现。成本控制所产生的效益必须大于因进行成本控制而发生的耗费。成本控制应将精力集中在非正常的、金额非常大的例外事项上，集中在开发过程中的一些关键环节上，如设计阶段的成本控制、施工阶段的成本控制及财务费用的控制等。解决了这些问题，就等于解决了关键问题，目标成本的实现就有了可靠的保证。

3.成本控制的基础工作

（1）明确各级管理组织和各级人员的责任和权限，把成本、费用根据发生的部门，地点分解开来，落实到有关部门、项目或个人，并赋予他们相应的权利，由他们进行成本控制，同时根据控制情况的好坏予以一定的奖惩。开发成本的分级归口管理是对成本进行有效控制的必备基础之一。

（2）根据实际情况，制定切实可行的开发成本控制目标。成本控制目标是成本控制的依据，必须定得切合实际，并随着项目开发过程的不断进行、情况的变化，及客观条件的变化不断修正。

（3）做好成本费用的日常核算工作。做好日常核算工作可以为成本控制提供相关的信息，企业必须根据成本效益原则，建立一套完整的成本核算系统。

（4）做好成本目标与实际发生情况的动态跟踪对比分析工作，这些工作能及时揭示成本变动的异常情况，为采取对策措施、调整成本目标等提供依据。

（二）目标成本确定的依据

从开发成本的构成内容看，土地征用及拆迁补偿费在项目洽谈或项目落实后即可测算或确定；前期费用和基础设施费、配套设施费等在规划方案确定后可以根据有关规划方案、参数、使用功能等测算确定；建筑安装工程费用随着设计的深入、细化，才能逐步精确估算；而销售费用、财务费用、管理费用则必须根据预计的销售收入、项目总投资、规模及企业实际情况等进行估算。因此，在房地产开发的不同阶段，编制成本目标的依据不同，成本目标也不尽相同。一般而言，编制成本目标的主要依据有：

（1）开发项目可行性研究报告。

（2）扩初设计及概算。

（3）施工图设计及施工图预算。

（4）有关的政策、法规及相应的收费标准。

（5）其他有关资料。

通常，在房地产开发的各个阶段都编制成本目标，作为下一阶段工作的成本控制目标，并逐步细化、优化，最后作为正式的目标成本，分解落实到有关部门和有关人员。同时，根据实际实施情况，对实际成本与目标成本进行动态对比分析，不断修正成本目标。因此，前面各个阶段的成本发生资料也是制定、修正目标成本的主要依据之一。

值得注意的是，由于房地产开发周期长、变动性大、个别性强、可比性差的特点，开发成本目标既没有理想的标准，也没有现行的标准，它只能是一种预期成本，因而在制定成本目标时，必须根据企业自身的资金实力、经营管理能力等实际情况，并充分考虑未来一段时期内各种可能的变化因素。这样方能恰如其分地反映企业各部门、各项目乃至个人的工作效率的高低、成本的节约或浪费，促进成本目标的实现。

（三）开发成本控制的主要环节

房地产开发项目的成本控制贯穿于房地产开发的全过程。相对而言，前期阶段（尤其是设计阶段）和施工阶段的成本控制较为重要。同时，由于房地产开发投资大，周期长，也必须充分重视财务费用和货币时间价值的表现，加强对其的控制。

1.前期阶段的成本控制

前期阶段的成本控制首先是设计阶段的成本控制。应随着设计的不断深化，根据设计内容进行建筑安装费用的跟踪测算，并与可行性研究时的成本目标进行比较，把建筑安装费用控制在目标成本之内。较为有效的做法如下：第一，在对设计单位提出设计要求时，根据可行性研究报告确定的目标成本对设计单位提出成本限额设计的要求。只要确定的成本限额科学、合理，就可以作为初步设计的成本控制的有效依据。第二，在设计过程中，及时对设计内容进行跟踪、对比测算，在确保工程安全可靠和使用功能的前提下，及时组织有关人员对工程结构形式、地基处理方案、建筑装修标准、原材料及设备的选用等方面进行挖潜、降本分析，努力挖掘设计潜力，探求节约成本的可能。

同时，由于土地征用及拆迁补偿费用中往往有相当部分为固定费用，精心做好用地方案，最大限度地发挥土地的开发价值也是节约、降本的有效途径。

2.施工阶段的成本控制

建筑安装工程发包合同有总价合同、单价合同、成本加酬金合同等种类，其中以采用单价合同较多。合同价款以国家或地方统一规定的预算定额、材料预算定额和取费标准为依据。承包方根据发包方提供的工程范围和施工图纸给出报价。工程量按实际完成的数量进行结算。因此，在施工阶段的成本控制也尤为重要，施工阶段成本控制的主要工作有：

（1）熟悉设计图纸和设计要求，对工程费用最易突破的部分和环节，制定成本控制重点。

（2）工程变更、设计修改前进行技术经济合理性分析。

（3）严格经费签证。

（4）认真进行工程量复核，按时按量支付进度款，严把工程决算关。

（5）定期、不定期进行工程费用超支分析，提出成本控制方案和措施等。

3.强化现金流量管理、加强财务费用控制

加强现金流量管理有利于节约财务费用，提高企业的经济效益。主要应做好以下三点：

（1）合理编制资金投入计划。根据项目开发的实际需要，适时适量投入是节约使用资金的关键，编制资金投入计划应同时遵循不影响工程进度和节约使用资金两个原则。

（2）做好销售资金回收工作。在不影响项目经济收益指标的前提下，做好销售资金回收工作，及时、足量地回收资金，并编制合理的资金回收计划，确保资金回收计划的实现。

（3）根据资金投入计划和资金回收计划，合理利用资金，减少资金闲置。

此外，从投资决策，经营决策的角度看，应考虑货币的时间价值，以"净现值"为标准，处理好售价与资金回收等的关系，争取最佳投资效益。

参考文献

[1]殷为民，杨建中.土木工程施工（第2版）[M].武汉：武汉理工大学出版社有限责任公司，2020.

[2]苏健，陈昌平.建筑施工技术[M].南京：东南大学出版社，2020.

[3]刘将.土木工程施工技术[M].西安：西安交通大学出版社，2020.

[4]郝增韬，熊小东.建筑施工技术[M].武汉：武汉理工大学出版社有限责任公司，2020.

[5]洪树生.现代房屋建造技术[M].北京：知识产权出版社，2020.

[6]丁源.智慧建造概论[M].北京：北京理工大学出版社有限责任公司，2018.

[7]周绪红，刘界鹏，冯亮等.建筑智能建造技术初探及其应用[M].北京：中国建筑工业出版社，2021.

[8]王鑫，杨泽华.智能建造工程技术[M].北京：中国建筑工业出版社，2021.

[9]张鸣，纪颖波.装配式钢结构建筑与智能建造技术[M].北京：中国建材工业出版社，2022.

[10]戚军，张毅，李丹海.建筑工程管理与结构设计[M].汕头：汕头大学出版社，2022.

[11]马兵，王勇，刘军.建筑工程管理与结构设计[M].长春：吉林科学技术出版社，2022.

[12]潘智敏，曹雅娴，白香鸽.建筑工程设计与项目管理[M].长春：吉林科学技术出版社，2019.

[13]刘雁，李琮琦.建筑结构[M].南京：东南大学出版社，2020.

[14]张建新，宁欣，陈小波.建筑结构[M].沈阳：东北财经大学出版社，2019.

[15]王勇.建筑设备工程管理（第3版）[M].重庆：重庆大学出版社，2018.

[16]王飞，李志兴.高层建筑结构设计与施工管理[M].北京：北京工业大学出版社，2018.

[17]熊海贝.高层建筑结构设计[M].北京：机械工业出版社，2018.

[18]袁志广，袁国清.建筑工程项目管理[M].成都：电子科学技术大学出版社，2020.

[19]索玉萍，李扬，王鹏.建筑工程管理与造价审计[M].长春：吉林科学技术出版社，2019.

[20]林拥军.建筑结构设计[M].成都：西南交通大学出版社，2019.

[21]李德智，蒋英，陈红霞.房地产开发与经营[M].北京：机械工业出版社，2020.

[22]吴丹，万建国.房地产开发经营与管理[M].北京：北京理工大学出版社有限责任公司，2021.

[23]柳立生，贺丹.房地产开发与经营[M].武汉：武汉理工大学出版社有限责任公司，2019.

[24]余佳佳，郭俊雄.房地产开发经营与管理[M].成都：西南交通大学出版社，2019.

[25]全国房地产估价师执业资格考试辅导用书编写组.房地产开发经营与管理[M].哈尔滨：哈尔滨工程大学出版社，2019.